RPA

流程自动化引领数字劳动力革命

ROBOTIC PROCESS AUTOMATION
USHERING IN THE REVOLUTION
OF DIGITAL WORKFORCE

王 言——著

机械工业出版社
China Machine Press

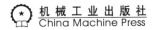

图书在版编目（CIP）数据

RPA：流程自动化引领数字劳动力革命 / 王言著. —北京：机械工业出版社，2020.6（2022.1 重印）

ISBN 978-7-111-65700-2

I. R… II. 王… III. 机器人 - 程序设计 IV. TP242

中国版本图书馆 CIP 数据核字（2020）第 089008 号

RPA：流程自动化引领数字劳动力革命

出版发行：机械工业出版社（北京市西城区百万庄大街 22 号 邮政编码：100037）
责任编辑：董惠芝
责任校对：殷 虹
印 刷：北京诚信伟业印刷有限公司
版 次：2022 年 1 月第 1 版第 3 次印刷
开 本：147mm × 210mm 1/32
印 张：10.25
书 号：ISBN 978-7-111-65700-2
定 价：89.00 元

客服电话：（010）88361066 88379833 68326294 投稿热线：（010）88379604
华章网站：www.hzbook.com 读者信箱：hzjsj@hzbook.com

前言

为何写作本书

“机器人流程自动化”（Robotic Process Automation，RPA）这个概念是由 Blue Prism 公司市场总监 Pat Geary 先生在 2012 年首次提出来的，由于理念新颖、用词巧妙，很快被市场认可，被同业的其他相关软件公司纷纷采纳。虽然直至今日，大家对 RPA 概念的理解仍然不完全一致，但这不妨碍在 2017 年，全球已有超过 45 家软件厂商声称自己提供的是 RPA 软件，有超过 29 家大型咨询公司或 IT 服务公司可以提供 RPA 相关的咨询和实施服务。到了 2019 年，国内外提供 RPA 软件的厂商更是不计其数。

根据 Gartner 的调查报告，2018 年 RPA 市场规模增长了 63% 以上，总市值达到 8.462 亿美元，成为增长最快的企业软件类别。另一家调研机构 Forrester 的研究表明，预计到 2021 年全球 RPA 市场规模将达到 29 亿美元。Grand View Research 预计在 2024 年全球 RPA 市场规模将达到 87 亿美元，而这个数字在 2016 年仅为 2.5 亿美元。来自中国的一份调研报告表明，虽然中国 RPA 市场的总体规模占全球市场的比重很小，但预计在 2022 年也将实现 2.27 亿美元的市场总量。虽然各家调研机构的数字不尽相同，但是能够看到市场规模的增长情况。鉴于前期的试点项目和价值验证周期较长，真正大规模的急速增长将在今后的 4 至 5 年内发生。

由于各软件厂商以及服务厂商所倡导的 RPA 理念和方向略有不同，加之各种过度的市场宣传以及一些错误的理解，RPA 概念经常被误解和扭曲，常常走向对立的两个极端。一个极端是过度夸大 RPA 的能力，如宣传 RPA 是最佳实践且快速落地的一种新型人工智能技术，是颠覆人类工作理念和工作环境的跨时代技术。另一个极端却是极力贬低 RPA 的能力，如说 RPA 不过是模拟用户的键盘和鼠标操作，是把十年前的自动化脚本技术配合这次人工智能的热潮重新进行炒作。

从软件到服务，从市场到用户，RPA 的市场变化很快，技术理念也很新。对于新鲜事物总是众说纷纭，这很正常。直到今天，关于区块链的争论还是不绝于耳。但是，任由这种困扰肆意发展，并不利于市场和用户真正了解什么是 RPA，也不利于软件和服务厂商在未来寻找发力点，更容易让市场迷失在喋喋不休的争论中。

近年来，笔者研究了大量关于 RPA 及人工智能领域的调研报告、学术论文、网上资料。在这本书里，笔者总结了研究心得，并给出了多年业务流程设计和再造、企业数字化转型方面的相关经验，希望能够帮助读者厘清机器人流程自动化的内涵和外延。从对技术的剖析到对企业业务流程的影响分析，从机器人运营体系的建立到未来对企业组织人员的影响，本书把 RPA 的全貌有深度、有思考地呈献给读者。

为什么笔者觉得这个话题值得探讨？并不是因为这项技术有多么伟大，也不是因为它带来的流程优化和运营管理有多么创新，而是因为它帮助我们开启了一扇有别于传统 IT 实现方式的大门，一扇通往人工智能世界的大门，让我们有机会直接接触和探索大门内所有可能发生的事情。这种尝试既不是乌托邦式的思想实验，也不是法国大革命式的突变，而是一种既可以满足企业现实利益，又可以引发创新和思考的方式。

就在几年前，机器学习、深度学习走进人们视野，打破了原有的技术障碍。当全世界亲眼见证了AlphaGo打败围棋世界冠军时，我们意识到人工智能时代即将到来。杰瑞·卡普兰在2016年的《人工智能时代》一书中畅想了人工智能带来的各种可能性，如机器犯罪、决策权转移、失业以及人机共生问题。但所有这些问题，只不过是作者的假想。到底真实情况是什么？没有人知道。在人工智能时代，技术是逐步演进的，企业的管理、社会的形态甚至人的思维方式也是渐进的，那么大家所面临的问题也是逐渐发生的。人们总是习惯于遇到问题，解决问题，再引发新的问题，周而复始。我们在今天这个时代就设想能够解决未来时代所发生的那些问题，犹如痴人说梦。但是我们终究要面对，哪里才是这次渐进演变的开始呢？很多企业已经开始尝试使用人工智能技术，但是能否达到预期呢？IBM的Watson医生依然会给出不靠谱的治疗建议，亚马逊的Echo智能音箱半夜还会莫名发笑，无人驾驶汽车事故频发，这些投入巨额研发费用的国际领先公司尚且如此，不知那些在人工智能项目上投资几十万就想见效的公司会做何感想。不过在今天，RPA这种作为人工智能领域最易落地的解决方案给了我们这样一个机会，即通过小额的投资、较短的实施周期、渐进的方式来为企业导入人工智能技术。同时，RPA所体现出来的对企业流程、运营、管理，甚至是组织、岗位、安全等多方面的影响，让行业内所有参与者都有机会直面人工智能时代可能遇到的各种挑战和机遇。

与其说笔者是信息的编撰者，不如说笔者是信息的收集、归纳、整理和串讲者。在这个信息爆炸的互联网时代，最不缺少的就是信息。这些信息相互碰撞，有精品也有糟粕，体现着各式的话语体系。体系与体系之间既有交叉又有冲突，特别是对于 RPA 这样的新鲜时髦领域来讲，各路专家学者、商业公司更是乐此不疲地发明和创造着各种新词汇、新理念，不仅让旁观者眼花缭乱，而且让 RPA 从业者无所适从。写书的过程也是笔者整理个人思路、正本清源的一个过程，笔者将之前一些散乱的知识点串接起来，将一些头脑中偶尔闪现的想法记录下来，并深度思考了实际工作中客户、同事、朋友经常问到的那些问题。

笔者希望本书能够让读者达到学以致用的目的。记得万维钢老师的“精英日课”中有一段关于学习态度的叙述。一种态度是把知识当使用手册，手册上一般写明了每个具体的操作步骤。以这种态度学习的读者一定得有很好的记忆力，否则实际运用效果欠佳。对于各种 RPA 产品的使用手册，虽然中文资料难找，但英文的会很容易找到。如果你是抱着想学习如何操作某一个 RPA 软件的态度来阅读此书，那么会让你大失所望，笔者在本书中不会涉及此方面的内容。另一种态度是希望构建一个知识体系。学习知识是为了更好地理解事物，一旦理解了事物的工作原理和应用模式，不管遇到什么问题，你都能自己做出分析和判断，找到创造性的解决办法。对于一项具体的知识，构建知识体系的最好办法是找一本正规的教材，上一门正式的课程。然而世界变化太快，很多情况下并没有完备的知识体系等着你去学，而是必须自己慢慢摸索。你还需要将新的知识体系与已有的知识体系融汇在一起，并且随时修正。RPA 正是需要采用第二种态度来学习的一种新知识，希望你可以在本书中有所收获。

本书主要内容

本书共分为6章。第1章到第4章着重围绕RPA技术本身来进行剖析，包括RPA的概念、历史发展、深度技术解析，以及人工智能与RPA的结合、应用领域和使用场景。这里主要回答“为什么”（Why）和“是什么”（What）的问题，适合于初学者了解什么是RPA、为什么需要RPA，以及在什么场景应用RPA。第5章从方法理论和应用实践两个方面入手，介绍了典型的RPA项目实践历程，剖析与自动化工作有关的各个领域，包括RPA项目的实施过程、稳定性、安全控制、运行和开发效率、CoE构建等，并介绍了RPA整个市场的生态体系。这里主要回答“如何做”（How）的问题，适合于RPA从业者了解应该如何实施落地和管理RPA项目，过程中有哪些要点需要注意，如何做到运营和管理效率的最大化，以及应该与谁合作共赢。第6章主要介绍和分析RPA未来的发展趋势，包括人机协作、流程挖掘和分析、机器人云方案、机器人商店和数字化劳动力等新理念，以及数字化劳动力变革对企业内部人员、岗位、工作方式以及组织的影响。这章内容适合于企业领导者了解整个行业的大趋势和大变革。

本书读者对象

本书适合所有RPA从业人员，如RPA服务顾问或技术人员、RPA产品研发技术人员或主管、业务领域的负责人或专家、流程再造或精益流程的专家顾问、企业中高层管理人员、行业和市场研究人员。本书也适合所有对未来人工智能时代、自动化时代有所期待的人们。

RPA服务顾问或技术人员通过本书可以了解RPA的技术特征、应用场景、分析方法，以及RPA项目端到端的实施过程和经验总结。

RPA产品研发技术人员或主管通过本书可以了解RPA的发展历史、现状和未来趋势，深入洞察RPA底层所使用的技术，以及RPA与AI技术的关系，帮助他们研发具有自主知识产权的、更好的RPA产品。

业务领域的负责人或专家通过本书可以了解RPA的基本技术特征、实现原理及其在各业务领域的应用场景，了解未来RPA技术给业务和管理带来的影响。

流程再造或精益流程的专家顾问通过本书可以了解在传统的流程分析方法和工具的基础上叠结RPA技术所带来的影响和改变，分析和分解原有的业务流程的方法，以及新一代流程再造和精益流程的分析方法。

企业中高层人员通过本书可以了解RPA及AI+RPA这些新的技术能力如何帮助企业实现数字化转型，自动化在整个数字化转型中扮演的角色，以及RPA技术给企业运营、管理、劳动力管理等带来的影响。

行业和市场研究人员通过本书可以更加全面地了解整个RPA行业的生态环境，包括有哪些参与者，参与者之间是什么样的关系，以及RPA整个行业的发展趋势。

本书内容特色

笔者近些年来转型从事RPA相关的专职工作，并先后就职于全球顶尖的RPA服务公司和RPA产品公司，接触了大量RPA技术理念、发展趋势和发展前沿思想。笔者在流程模型、流程再造、企业数字化转型、企业架构等领域也已经深耕十几年，可以帮助读者深入解读 RPA 在各个行业的应用潜力，以及 RPA 对企业流程、运营、管理和劳动力转型的深远影响。

从内容上来讲，笔者收集并精炼了行业内调研报告、客户反馈和应用实践，将这些零散的知识串接在一起，形成了一套从技术到应用、从实施到管理的自动化理念和方法，使读者可以更加系统地学习 RPA 知识理论，而不必再到互联网上盲目地搜索。

本书是国内第一本系统讲述 RPA 理论和实践的书。书中内容回归到这项新技术的本质，不拘泥于某个 RPA 产品，也不满足于目前 RPA 产品的功能，而是着重介绍一些 RPA 前沿发展理念。

本书主题虽然是 RPA 技术，但是由于这项技术本身的特点，必须不能只就技术来谈技术，而是将重点放在其适用的行业、领域和场景上，希望教会读者如何梳理流程和分析流程，以及如何将这项新技术融入传统的流程、运营和劳动力管理方法中。通过 RPA 的引入，专业的技术人员、流程专家、企业运营者和管理者可以从中借鉴其他领域的发展理念，学习更多行业领域知识，以补充到自己已有的知识体系中。

本书并不拘泥于当前的技术和管理现状，更多的是放眼未来 5 到 10 年的发展，展示 RPA 对信息技术、各行各业企业运营和管理理念、劳动力管理等方面的变革和影响。对比工业自动化对制造业的影响，本书阐述了 RPA 对数字化企业的影响，以及引领下一次信息化革命浪潮的可能性。

目录

1

|第 1 章| CHAPTER 1

什么是 RPA

本章将从一个初学者的视角全面讲解什么是 RPA，它从哪里来，它的基本概念是什么，RPA 与传统的自动化技术的区别是什么，这种新技术的主要特征以及为企业带来的业务价值是什么，为什么企业有意愿推动这项技术的应用。

在充分了解“是什么”和“为什么”的基础上，再深入 RPA 的内部，进一步剖析它的基本分类和主要组成部分。最后解释 RPA 在整个自动化技术演进过程中所处的位置，以及它与数字化劳动力之间的关系。

1.1 从基本概念谈起

RPA 是 Robotic Process Automation（机器人流程自动化）三个英文单词的首字母缩写，该概念有别于新兴的人工智能技术，如机器学习、深度学习、神经网络等，这些人工智能技术大多来自学术机构或科研单位的研究成果，学者们首先会通过一些论文和报告对某个技术给出清晰的定义，然后由相关科技公司研发和生产相关产品。而 RPA 概念来自信息技术自动化实战经验的总结。

1.1.1 RPA 概念溯源

RPA 概念由一家研发此类软件的 IT 创业公司和一家研究机构在 2012 年提出，远迟于机器学习（1959 年）和深度学习（1986 年）等概念的提出时间。随后，RPA 逐步在外包服务领域以及为外包服务提供软件的厂商中推广开来。所以，RPA 更多是通过厂商和用户的实战总结、口口相传后逐步推广开来的，所以目前尚无机构给出公认的权威解释。正由于此，在后续市场推广和宣传 RPA 的过程中，各软件厂商和服务供应商对 RPA 概念各执一词，使最终用户对 RPA 概念缺乏统一的认识。

如果只从字面来理解，“机器人流程自动化”其实就是“利用机器人技术来实现流程的自动化处理”。当然，将这样的简单字面理解直接作为 RPA 的定义，是远远不够的。要真正理解什么是 RPA，通常需要对以下问题进行剖析。

第一，RPA 是什么样的机器人技术？比如，这是个新技术还是传统技术？是人工智能技术的一种吗？与工厂里的机器人是一样的吗？

第二，RPA 可以实现哪些流程的自动化？比如，像企业内已经实现的办公自动化吗？与利用工作流引擎来实现的自动化有什么区别？

第三，RPA 可实现什么程度的流程自动化？比如，它能帮助或替代人类做什么？完全不需要人参与吗？

这三点也是在第一次听说 RPA 时，所有读者和用户头脑中首先冒出的一些疑问。

首先我们找到一些关于 RPA 的官方解释，然后对其内涵逐步细化和展开。

1.1.2　RPA 的官方解释

隶属于 IEEE 标准组织，由领先的 RPA 软件厂商和咨询公司共同参与组成的一个工作组，针对智能自动化（Intelligence Automation）开展了一项概念梳理和定义工作，希望对智能自动化各个部分的概念达成行业共识。显然，这些概念的定义真正在行业中被广泛采用还需要相当长的时间。

2017 年，IEEE 给出了 RPA 的定义："RPA 通过软件技术来预定义业务规则以及活动编排过程，利用一个或多个相互不关联的软件系统，协作完成一组流程、活动、交易和任务，需要在人工对异常情况进行管理后交付结果和服务。" IEEE 强调了 RPA 具有预定义规则、活动编排、串接不同的系统等主要特征。

"机器人流程自动化及人工智能"（IRPAAI）研究机构在 2017 年也给出了 RPA 的定义："RPA 是一种技术应用模式，使计算机软件或者'机器人'能够捕获并解释现有应用的信息，从而能够处理事务、操作数据、触发响应以及与其他数字化系统进行通信。" IRPAAI 强调了它是一种应用模式，具有获取现有应用的信息、不同系统的操作处理等特征。

Gartner 在 2018 年 AI 技术曲线报告中对 RPA 进行了定义："机器人流程自动化整合了用户界面识别和工作流执行能力。它能够模仿人们操作电脑的过程，利用模拟的鼠标和键盘操作来驱动和执行应用系统。有时候，它被设计成应用到应用之间的自动化处理。虽然它被称为机器人流程自动化，但是并不存在一个物理设备，相似于其他如工作流引擎和人工智能工具。"Gartner 指出 RPA 能模仿人类，具有工作流执行能力，是软件并非物理设备。

IDC 组织的"RPA 软件带来业务运营变革"报告（2017）给出了 RPA 的定义："RPA 软件能够处理基于固定规则且重复执行的流程，而不需要人类操作。在那些高度重复、单调且劳动量大的工作中，RPA 消除了对人类员工处理的需要。"IDC 表达了能实施 RPA 的流程具有规则固定、重复执行和工作量大的主要特征。

IBM 组织的"市场研究及远景趋势"报告（2017）给出了对 RPA 的定义："机器人流程自动化（RPA）是利用软件来执行业务流程的一组技术，其按照人类的执行规则和操作过程来执行同样的流程。RPA 技术可以降低工作中的人力投入，避免人为的操作错误，大大减少了处理时间，使人类可以投入到更加高级的工作环节中。"IBM 强调了 RPA 是一组技术、按照规则执行流程，以及 RPA 带来的业务价值。

麦肯锡（McKinsey）给出对 RPA 的定义："RPA 是一种可以在流程中模拟人类操作的软件。它能够更快速、精准、不知疲倦地完成重复性工作，使人们投入到更加需要人类脑力的工作中，如情感、推理、判断或与客户沟通。"可见，模拟人类和替代工作是 RPA 的主要特征。

普华永道（PWC）给出对 RPA 的定义为："RPA 利用了流程自动化技术及更易配置的软件机器人，业务人员只需要少量 IT 经验，在快速培训后就能操作，以替代手工工作。”普华永道提到了 RPA 不需要专业人员就能快速实施的特征。

综上所述，看起来各家机构讲的是同一个概念，侧重点却各不相同。本书并无意重新定义 RPA，只要我们能对前面提到的三个问题给出清晰的解释就可以了。

1.1.3　回答 RPA 的三个关键问题

问题 1：RPA 是什么样的机器人技术？

我们从五个方面来回答这个问题。

（1）RPA 是一种软件技术，也就是说 RPA 概念中所谓的“机器人”并不是指有物理形态、物理实体的机器人，不是工厂中的机器手臂、自动设备、家里的扫地机器人以及银行大堂的迎宾机器人。说到底，它就是计算机中的程序代码，所以被称作软件机器人（Software Robot），也可以把运行在 RPA 中的机器人称作 Bot。

RPA 技术的核心能力是模拟和替代人工劳动。工厂中那些物理形态的机器人替代的是工人的体力劳动，扫地机器人替代的是家庭主妇的清洁劳动，而 RPA 这种存活在计算机里的软件替代的是办公室里员工的部分脑力劳动，以及诸如敲击键盘、点击鼠标、切换页面等系统操作动作。随着全社会进入信息化时代，几乎所有企业中的员工以及人们的日常生活都需要依赖计算机，一些大型企业更是同时拥有多套应用系统，员工在工作中经常需要登录不同的系统进行业务处理，而系统处理过程中必然存在大量的数据录入、数据核对以及数据报告等工作，RPA 通过模拟人工操作的方式很好地解决了这类问题。

（2）RPA 可无缝地实现跨系统连接。员工通常在工作中需要使用多个业务系统、桌面软件，以及不定时访问内外部网站来获取信息，所以在实际业务办理过程中，他们需要在不同系统间切换，将数据传来传去，不停地复制粘贴，从而花费了大量时间。RPA 目前能够调用几乎所有桌面系统中的应用程序，如常用的办公软件 Excel、PPT、Word、邮件和即时通信工具等，以及其他带有客户端的用户界面和各类浏览器支持的 Web 页面，这样就可以模拟员工的以上行为，无缝地集成上述业务操作，变相起到了不同应用系统之间集成的作用。而这样的集成方式并不需要修改后端程序的任何一行代码或数据库字段，也不需要打开后端程序的接口或服务，因为 RPA 只是在模拟人的行为，访问操作的是那些应用系统的页面。这种集成方式也被称作“At-the-glass Integration”，即“表层集成”。

正因为 RPA 不需要工作人员了解复杂的后端程序逻辑、数据库结构、软件接口和服务调用方式，而是主要利用图形化可拖拽的工具进行编辑，采用脚本语言编写程序并且不需要编译和部署，甚至可以用录制的方式自动生成，才使技术人员更容易上手，甚至于一些业务人员在经过培训后也可以直接使用。

（3）RPA 是多种技术的组合应用。RPA 其实是一类自动化技术的统称，通常包括键盘和鼠标的模拟操作技术、屏幕信息获取和定位的抓屏技术、流程控制处理的工作流引擎技术，以及自动化任务调动控制和管理技术等。这些技术各自可能已经有了很长的发展历史，但是能够将这些技术综合起来一起使用，而且能够稳定安全地使用，让用户用起来更容易，即真正商用，只有短短几年的时间而已。

（4）利用计算机来实现自动化计算、数据存储和业务操作，这似乎是计算机天生的属性。RPA 和传统的自动化技术有什么不同吗？传统的利用计算机实现自动化的模式大致可以分为四种。

第一种模式是传统 C/S 或 B/S 的应用系统，需要人类通过操作应用系统的用户界面来驱动系统，实现所谓的数据计算和存储的自动化。虽然我们把办公系统叫作办公自动化（Office Automation），但距离今天对自动化的要求还差很远。

第二种模式是利用工作流（Workflow）引擎支持业务流程管理（Business Process Management，BPM）的自动化，即利用系统自动串接业务流程中不同岗位角色所做的任务，但在落实到每个具体的业务执行过程中，还是需要人工来操作用户界面，这样工作流引擎才能将工作任务自动流转到下一个节点。这种模式与 RPA 的区别是，工作流引擎实现的是不同角色之间业务流程的自动化，而 RPA 实现的是某个特定角色操作步骤的自动化。但是，RPA 结合工作流引擎可以解决全流程的自动化，所以在部分高级的 RPA 软件中已经融入了工作流引擎技术。

第三种模式是利用服务器端的程序或脚本来实现日间或夜间批处理，也包括数据库中存储过程的执行，这种批处理执行方式是通过程序逻辑直接访问数据库，无须通过用户界面处理信息。这种模式与 RPA 的区别是，批处理能够大批量、高效地执行数据库处理，但批处理程序必须由专业的技术人员完成，而且一旦完成，由于批处理的逻辑复杂且处理的数据量庞大，难以再次修改。批处理过程和业务逻辑对于业务人员完全是不可见的，业务人员只能通过第二天所产生的报表检查业务结果是否正确。而 RPA 的脚本编制简单，容易上手，甚至业务人员也可以读懂，达到了所见即所得的效果。RPA 模拟了用户的手工操作过程，业务人员看起来也更加熟悉和亲切；RPA 仍是单笔业务处理方式，更符合用户日常业务的处理行为，当出现业务问题或程序异常时也可以及时进行修正。

第四种模式有点像 RPA 的雏形阶段，即利用系统或软件自带的脚本语言，编制一些简单的可以自动执行的脚本来帮助用户实现系统处理自动化，如 Excel 中 的 VBA、UNIX 中的 Shell 等。这种模式与 RPA 的区别是，普通的脚本必须依赖于某一个特定的软件，比如 VBA 只能在 Microsoft Office 中使用，而不能自动化地操作 Oracle EBS 的用户界面。RPA 在技术原理上调用的是操作系统底层技术，它能够识别和处理 Windows 系统中几乎全部的应用程序、客户端、浏览器，甚至是远程虚拟桌面，所以比起传统的执行脚本方式，RPA 可以起到强大的用户操作集成作用。

（5）我们还要解释一下 RPA 与自动化测试（Test Automation，TA）的区别，很多测试人员也许使用过如 QTP 和 Selenium 这样的自动化测试工具。二者在很多方面看起来十分相似，如都是为了避免重复的人工操作，避免人工处理过程中引入的错误和风险，基于结构化数据和固定的业务规则等。

一个基本的前提是，RPA 可以代替 TA 工具，但在测试设计上需要做些特别的改进，也就是说 RPA 基本兼容了 TA 的功能。TA 与 RPA 比起来有一定的局限性，如 TA 的目的是测试，输入的是测试案例，加载于测试环境；而 RPA 既可以用于测试，也可以用于生产，输入既可以是测试案例，也可以是实际生产的案例，并且 RPA 可以加载于开发、测试和运行环境中。由于 RPA 可使用真正的生产数据，所以需要 RPA 能够兼容各种异常，跟踪和记录所有的用户操作行为，对机器人的执行过程进行严格监控，这些能力都是 TA 软件所不具备的。

通常 TA 具有两个目的，一个是回归测试，另一个是压力测试。为了达成这两个目的，自动化测试只需要关注于某个测试案例或测试场景的成败，而不需要关注整个业务流程的处理过程和业务逻辑，从而可以把这些内容都交给后端程序。

RPA 既可以实现单任务的自动化，也可以实现多任务的长流程自动化。另外，RPA 可以把真正的业务处理逻辑写在脚本或代码中，而 TA 的业务处理逻辑只能依赖于后台应用程序，因为 TA 的目的只是为了检验应用程序的正确性。

总之，RPA 是实现自动化的技术合集，通过模拟人类使用计算机的行为，实现了跨应用系统的操作集成。

问题 2：RPA 可以实现哪些流程的自动化？

RPA 是运行在计算机中的机器人程序，能实现的自动化流程必然是那些涉及电脑处理的，而现实物理世界中人们的行为就无法利用 RPA 来模拟和替代，如领导在纸质文件上的手写签名、取回已打印的文件、将寄送的包裹交到快递人员的手中等。不过 RPA 可以通过实现自动化的电子签名和校验来替代手写签名。如果企业还未实现无纸化办公，至少 RPA 可以做到将要打印的文件自动发送给打印机，并自动判断打印成功与否。虽然 RPA 不能亲自递交包裹，但是可以在快递公司的系统中自动下单，并自动化地检查快递物流的实时状态。

所以，如果在一个业务流程中，一部分步骤是人工的电脑操作，一部分是人在现实世界中的行为，那么可以肯定地说，RPA 只能自动化地替代人工的电脑操作，而对于人类的物理行为无能为力，不过这时那些拥有物理手臂和可以自动行走的机器人就可以派上用场了。

既然 RPA 是利用程序模拟人的操作行为，那么这些流程中的操作行为就必须要有明确的业务规则、明确的行为逻辑，才能转换成可执行的软件程序。目前 RPA 主要应用于商业领域，为企业用户服务。商业领域其实不像人们的日常生活，日常生活中大部分行为是受情感所支配的，如人们在“双十一”填满购物车，在各个网站上随意地浏览新闻。而在商业世界中，90% 的业务行为都是有逻辑规则可循的，尤其一线业务人员的操作过程，更是需要严格遵守公司的操作规程。

RPA 应用领域主要包括财务会计、人力资源、采购、供应链管理等，如费用报销、单据审核、人员入职、开具证明、订单核对等流程。

另外，并非所有能够实现自动化的流程，都要真正地实现自动化，如上面几个定义中所提到的，RPA 的目的是要处理那些重复执行且工作量大的流程环节。其实，这里讨论的是自动化的必要性，而不是 RPA 能否实现自动化的问题。

首先，需要考虑投入产出比的问题。因为使用 RPA 最原始的动力是替代人工劳动，降低人力成本。这部分工作通过人工操作是需要成本的，但是 RPA 的软件、实施和维护也需要成本，需要对比一下哪种方式成本更低。

其次，还要考虑业务灵活性的问题。RPA 一旦将业务流程和处理规则固化下来，也就意味着业务人员在业务办理中的自主控制力会降低，随之会带来业务灵活性和业务人员及时应变能力的问题。当然，我们还需要从效率、风险、安全、IT 建设周期等其他维度来判断一个流程是否需要自动化，详细内容参见第 4 章。

通常得出的结论是，那些重复执行且劳动量大的工作一定是人力相对密集的流程，越多的人执行这样的流程，规则越不会轻易调整，将这些流程进行自动化所带来的业务收益通常也会更大。这也就是为什么 RPA 首先应用于外包服务和企业内部共享中心的原因。

总之，RPA 适用于那些具有明确业务规则、重复执行且业务量较大的、相对稳定的业务流程。

问题 3：RPA 可实现什么程度的流程自动化？

如上所述，RPA 模拟用户在计算机上的操作行为，那么流程中只要涉及用户界面的操作过程就都有可能被自动化。首先说明，我们所谈的流程自动化，并不是指流程 100% 的步骤都实现了自动化，也就是说流程中的部分环节仍然难以被自动化技术所实现或者技术实现成本过高，仍需要通过手工方式完成。但是随着技术的进步、推广和普及，以及企业管理成熟度水平的提升，流程自动化的比例自然会逐步提高。一些流程自动化比例不是很高的企业也决定开始尝试使用 RPA 技术，因为只有通过实际的应用才能充分了解实施过程中的风险和问题，培养自身的能力，构建相匹配的团队，为将来更大规模的 RPA 应用做准备。可以预想到，开始由于流程自动化比例较低，更多是由 RPA 来配合人类完成工作，而发展到未来，随着流程自动化比例的升高，可能就会颠倒过来，更多是由人类来配合 RPA 完成工作。

由于流程不是 100% 的自动化，人类和 RPA 之间就会产生协作，也就必然产生一种全新的与 RPA 机器人的协作方式，事实上产生了人、RPA 机器人、应用软件三者之间的协作，如图 1-1 所示。

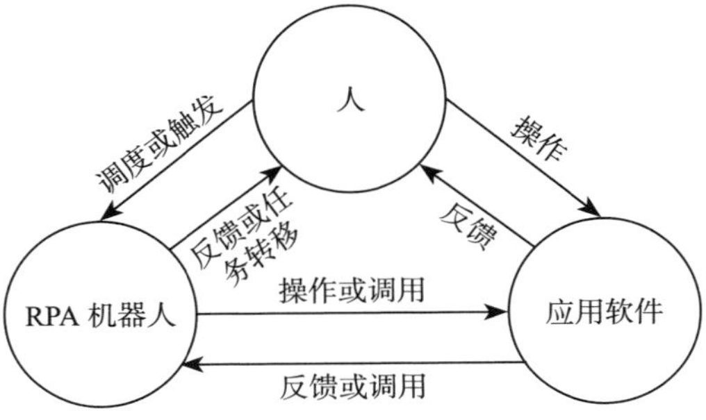

图 1-1　人、RPA 机器人、应用软件三者之间的协作

其中，我们最熟悉的就是人使用应用软件的方式，人通过用户界面来操作应用软件（Input），应用软件处理后（Processing），再将结果反馈给人（Output），也就是常说的IPO，这也是所有软件工程领域，包括需求人员、需求分析人员、设计人员、开发人员和测试人员等共同遵循的话语体系。由于RPA是模仿人类的操作，Bot使用应用软件的方式和人类似，不同的是由于Bot也是一种软件，它可以选择不去操作UI，而是通过Service或API来直接调用应用软件。

那么人如何触发这些软件机器人呢？主要有以下三种方式。

第一种是手工触发，即通过手工方式随时随地地启动一个Bot让它开始运行，既可以启动本地电脑上的Bot，也可以启动远程的Bot。

第二种是通过人们事先编排好的机器人工作日程表，让Bot按照这个日程表来工作，可以是在某日某时让Bot开始运行，也可以设置为上一个Bot运行完成后，下一个Bot再开始运行。

第三种是Bot按照事先设定好的规则来触发机器人的执行，如收到一封邮件，订单量超过全年30%等，这些都可以作为触发机器人启动的外部事件。当RPA系统监听到这些外部事件后，会自动调用机器人执行自动化任务。然后，在机器人完成任务后，将结果反馈给人类，或者并不需要完全执行，而是执行了一部分，再将其余的工作转交给人继续完成。不单是人可以调用Bot，应用软件也可以反过来采用Service或接口的方式来调用Bot。举一个RPA已经可以实现的有趣例子，企业中的员工可以通过手机App启动办公室里的某台电脑中的Bot，由Bot操作电脑中的某个应用软件来完成任务，完成任务之后，再由Bot通过微信将完成结果发送给该员工。

总之，RPA不只是单纯的技术创新，而是创造了一种新的技术应用模式，是一种新的人机交互方式和协作方式。

1.2 RPA 的九大主要特征

为了更清晰地说明 RPA 的主要特征，我们将使用一个完整的业务流程作为分析示例。这个例子是某企业采购部门员工的一个日常工作场景，如图 1-2 所示。

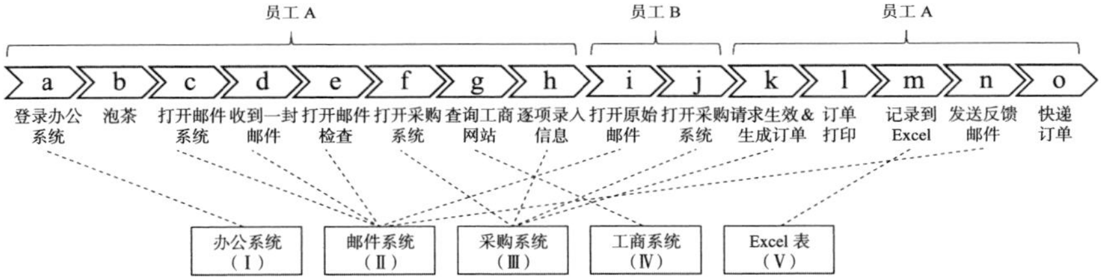

图 1-2　采购部门员工日常工作场景的关联应用系统

员工 A 上班之后，首先要在办公系统（Ⅰ）中登录，签到打卡，以表明自己按时到岗上班，然后给自己泡上一杯茶，准备开始一天的工作。他打开自己的邮件系统（Ⅱ），检查是否收到了昨天供应商提出的采购请求的邮件，尔后在新邮件清单里发现确实收到了这封邮件，随后打开邮件检查对方的请求信息是否正确，核对无误后，便打开了公司的采购系统（Ⅲ），一项一项地将邮件中的请求信息复制粘贴到系统请求的页面中。录入过程中发现，有一项关于供应商的社会信用代码需要录入到系统中，他又不得不打开国家工商行政管理总局的信息网站（Ⅳ）查询到该供应商的信用代码，再次复制粘贴到系统中。

最终，他一项一项地录入了全部信息，但是过程中由于操作不熟练，导致几次将信息录入到错误位置，不得不停下来进行更正。而这还不是全部完成，因为他需要把这个采购请求发送给他的同事

B进行复核，B需要打开原始邮件系统（Ⅱ），再打开采购系统（Ⅲ）查询到A所提交的信息，与A填写的信息进行逐项核对无误后，反馈回A，A才能在采购系统中正式提交请求生效，生成这笔采购订单。然后A需要将订单打印好，并将这笔订单信息同步记录到他自己电脑的Excel表（Ⅴ）中，以作后续的备查和统计使用，再将订单生成的反馈信息通过邮件系统（Ⅱ）回复给供应商。最后，A再将打印好的订单快递给库管部门。以上这样的业务处理过程对于企业的一线员工最熟悉不过了，而且可能一天要重复很多次。

我们来统计一下上面的操作过程，从a到o共计15个步骤，从Ⅰ到Ⅴ共计5个应用系统、网站或桌面软件程序，在一个系统中页面打开、关闭、查询、录入、核对、复制、粘贴、提交的次数就更多了。那么，我们来看看RPA的处理过程，如图1-3所示。

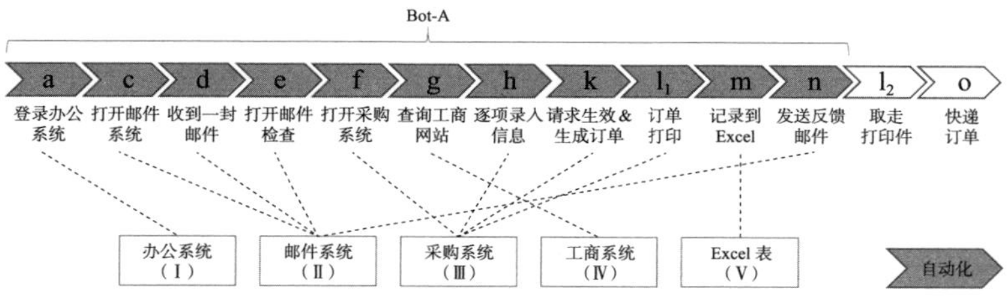

图1-3　采购部门员工日常工作场景中识别的自动化环节

员工A上班后的第一件事情是启动电脑里的RPA机器人，我们暂且把它称为Bot-A。Bot-A会根据员工A所提供的待办事项清单（To-do list）逐一完成工作。Bot-A在桌面系统中自动打开办公系统（Ⅰ）的登录页面，输入已经配置好的员工A的用户名和口令，并点击“登录”自动完成签到操作。当Bot-A完成第一项工作后，即在员工A的桌面上显示已完成签到的状态。Bot-A依据工作顺序，执行邮件检查工作。

Bot-A 自动打开邮件系统（Ⅱ），登录后按照预制好的规则检查邮件的发件人、标题和时间信息，筛选出符合条件的邮件逐件处理。Bot-A 自动打开那封关于供应商提出的采购请求的邮件，按照规则检查邮件内容是否完整和正确。如果不正确，Bot-A 自动回复一封标准的退回邮件；如果正确，则自动打开采购系统（Ⅲ）将邮件信息填入进去。Bot-A 按照录入规则判断，如果发现缺少了信息，则又自动打开国家工商行政管理总局的信息网站（Ⅳ）查询，查到后抓取信息自动回填到采购系统中，并自动提交这笔订单（l_1），发送到打印机进行打印。

Bot-A 继续打开 Excel 自动录入信息，并自动将相关信息写入反馈邮件回复给原发件人。当自动化完成上述所有工作后，Bot-A 会在员工 A 的桌面上显示一条"已完成 ××××× 订单"的提示信息。这时，员工 A 只需要到打印机前取回打印好的订单（l_2），再快递给库管部门，全部工作就完成了。

我们再来统计一下，利用 RPA 技术可以全自动化或半自动化地实现从 a 到 o 其中的 13 个步骤，除了步骤 b 和 o，因为这两个步骤都属于员工在现实世界的纯物理行为，而且与系统操作无关，所以 RPA 无法处理。在整个操作过程中，员工 A 几乎不需要参与整个处理过程，只是通过接收 Bot-A 的反馈消息，监督 Bot-A 的执行。

基于上面的例子，我们再来总结一下 RPA 有哪些主要特征，依据这些特征可以看到概念之外的细节情况。

1.2.1　模拟人类操作行为的系统，让用户"眼见为实"

例如，在 a、c、f、g、m 等步骤中，Bot-A 的操作过程和操作行为几乎和人一模一样。员工 A 打开什么界面，Bot-A 就打开什么界面；员工 A 怎么录入信息，Bot-A 就怎么录入信息；员工 A 点击“提交”按钮，Bot-A 就点击“提交”按钮。整个处理过程从后端系统看，是没有办法分辨员工 A 和 Bot-A 的区别的。另外 Bot-A 的整个模拟过程，对于用户是可见的，即用户可以看到 Bot 犹如魔法一般快速操作各类应用软件的整个过程。

这不单只是追求炫目的视觉效果，其实是在更深层面让用户对计算机产生了某种信任感，拉近了 IT 和用户的心理距离。由于传统应用软件的运行情况对于用户来讲就是个黑盒子，再加上用户缺乏对软件编程的足够了解，经常会出现用户不知道后端系统在做什么的情况，一旦出现系统响应延迟、不断报错等问题，用户就会抱怨。如果一个 IT 系统能够让最终用户眼见为实，会给这项技术加分不少，这也是为什么更多的计算机仿真和模拟程序不断出现的原因。

1.2.2 基于既定的业务规则来执行

例如 Bot-A 在 d、e、f 等步骤的处理中，需要依据事先已经预设好的规则来执行，比如预设邮件筛选的规则，包括选取什么时间段、由哪个邮箱地址后缀发出来、邮件标题中含某字段标识或是某种更加特殊的标志。筛选规则可以是简单的，利用脚本程序直接实现；也可以是复杂的，利用规则引擎来实现。如果是人工查找一封邮件，会先按照发件人或者时间排序，然后用目光进行搜索，找到那个熟悉的关键字后，再仔细看邮件的标题是否符合要求。

如果我们靠机器人和规则来实现，那么就不能再简单地模仿人的行为，而是需要让计算机明白那些业务规则。所以说，RPA 模拟的只是人的行为，而不是人的思维，只会执行人类预先设计好的逻辑规则，而不会自己去思考如何工作。而人类的思维需要靠人工智能来“模仿”，这部分内容在 3.4 节详细描述。

1.2.3　带来确定的执行过程和执行结果

如例子中从 a 到 o 的所有步骤，RPA 会按照确定的顺序来执行，且不会随意调整，这也与人类的行为习惯存在很大差别。虽然目前一些企业中已经有明确员工行为的规程或操作手册，但是由于无法做到细致的监督和管控，所以在真正的业务运行环境中，员工还是可以随意调整操作步骤的，因为人们通常觉得只要自己最后交付的成果是有效的就可以，过程并没有那么重要。但是很多生产问题恰恰是与操作顺序有关的。

例如办理“个人定期存款到期转存”业务时，银行柜员应该按照“先借后贷”的顺序，先办理个人定期存款到期销户业务，再办理新开户。如果柜员颠倒操作过程，一旦出现客户遗忘密码等不能正常取款的情况，就会产生银行垫款等风险隐患。所以，利用 RPA 来固化员工的业务操作顺序，也是一个重要的考虑因素。

另外，因为 RPA 的操作过程中不会出现任何人类常犯的一些错误，如敲错键盘、选错位置、点错按钮等，所以当同一逻辑、同一规则的 RPA 脚本执行完以后，处理结果都是相同的。如果对比上述例子中人工和自动化两个处理过程，就会发现在 RPA 的处理环节中少了 i 和 j 步骤，而这两个步骤就是我们通常所说的业务复核。业务复核是业务流程中最为常见的一种做法，其实就是希望复核人员能够再一次检查录入人员的录入结果，避免不必要的错误发生。甚至在一些特别重要的信息输入环节，很多企业还采取了“两录一校”的处理方式，即双人录入、一人校验的方式。但是我们可以发现，由于 RPA 执行带来的一定是确定性结果，并不需要再用一个机器人来加以校验，也就避免了复核环节。这项能力对于业务的效率提升以及人力成本的节省都是非常明显的。

1.2.4 提供全程操作行为记录

企业的管理者一直都希望能够了解和获取真实的业务运营情况，包括人员服务效率、事务周转率、各项作业时间等，基于此来衡量企业内部的作业成本、服务效率等。目前在数字化转型的趋势下，大多数企业主要通过信息系统中的数据分析来获取这些信息，但其中存在两个制约因素。

第一，由于运营流程中通常会涉及多个系统，流程中相关的运营数据也就散落在各个系统中，而且由于数据标准和质量的问题，很难将这些数据完整地串接和拼装成运营流程的全貌。

第二，即使拿到了系统中的数据，仍不能获取业务人员办理业务时真正的耗时情况，因为信息系统只能记录业务人员提交业务信息，即点击“提交”按钮那一时刻的时间，而并不清楚业务人员是从什么时候开始办理这项业务的，以及在各个环节中的耗时情况。

RPA 替代人工完成了相应的操作，所以在自动化处理过程中也顺便留下了所有的操作痕迹，即操作日志。通过这些日志信息，管理者可以了解某项业务是什么时间开始、结束或者中断的，中间过程都与哪些信息系统或桌面软件做了交互，操作了几个软件，每段操作的耗时如何，并可以反向推导出业务人员的劳动效率、不同人员之间的协作效率、流程是否遇到瓶颈等问题，同时也为企业的内控合规人员和内外部审计人员提供了数据支持。

1.2.5　为企业带来流程优化和再造

从上面例子的一个细节对比中我们可以发现：在原来的人工流程中，员工 A 是提交这笔订单后就去打印订单，然后操作 Excel 表，发反馈邮件，最后寄快递。顺序是 l → m → n → o。在机器人流程中，Bot-A 是提交这笔订单后即发送打印机，继续操作完 Excel 表，发送反馈邮件；员工 A 再去取打印好的订单，最后寄快递。顺序是 l_1 → m → n → l_2 → o。

所以在 Bot-A 的处理过程中，并不是一味模仿人类的流程，而是在流程优化和再造的基础上再来实现自动化。虽然例子中前后两个流程之间的差别很细微，也是很小的一件事情，但从侧面体现了 RPA 的特征，即原来流程中的某项任务可能会被重新拆解，分成机器人完成和人工两部分，比如打印订单这件事情，分解成机器人发送文件到打印机和人工取走打印文件两个环节。

自动化流程中，还可以将某角色同类的操作进行归并，减少不同主体之间的交互频率和时间。例如，将员工 A 取打印文件和寄快递这两个操作一起完成，可以减少来回奔波的时间，优化一下，甚至可以让快递员自己取打印文件。Bot-A 将它要做的功能一起做完，再反馈给人类员工，也减少了人与机器人的交互次数。

所以，一般 RPA 实施过程中都会伴随着一定的流程优化和再造，并不是简单地模仿原有流程来实现自动化处理。这既优化了效率提升，也扭转了人们传统思维方式。更加详细的内容请参考 6.6 节。

1.2.6　符合人类的工作组织特征

这一特征主要由 RPA 软件设计机制所决定。大多数 RPA 软件都会提供一个基础的技术运行平台，该平台支持所有的底层技术实现，如模拟操作、屏幕抓取等技术。RPA 到底需要具体做什么样的工作不是由平台决定的，而是由运行于平台之上的自动化脚本来决定，这些脚本定义了自动化流程的处理步骤、业务规则和异常控制等处理要求，由脚本在驱动平台上进行技术实现。一套能连续执行的脚本被称为一个自动化任务（Task）。一个独立的小的运行平台，也是操作系统中的一个进程，可被称为一个机器人，也就是前面提到的 Bot。

某个 Bot 在某个时点只能运行一个任务，就像人一样，在一个特定的时刻只能做一件事情，但是当 Bot 完成这个任务后就可以继续下一个任务，当然也可以一直循环做同一个任务，这其实是由这个任务所要处理的业务量和每笔处理耗时情况来决定的。所以，当有多项自动化任务的时候，通常需要为 Bot 配置工作日程表，如 9 点到 10 点做财务核算工作的 5 个任务，10 点到 11 点做新员工入职流程的 3 个任务，总之在满足业务流程的前提下，让机器人做的事情越多越好，时间安排越紧凑越好。

另外，为了保证更大规模的自动化业务并发量，企业只利用一个机器人按顺序执行任务是不够的，需要同时拥有多个机器人，再分别为这些机器人配置好工作日程表。(它们的日程表可以相同，也可以不同)。除此之外，企业还需要让不同的机器人在任务安排上做好衔接，不能产生业务上的冲突。这就如同你拥有了一支机器人军队。通过 RPA 监控管理平台来监督这些机器人的执行情况，就如同机器人军队有了一个作战指挥中心。

目前在一些大规模机器人应用的实践案例中，这个作战指挥中心被称为“自动化指挥中心”（Automation Command Center）或者“自动化运营中心”（Automation Operation Center），而整个运营机器人的管理组织被称为“卓越中心”（Center of Excellence，CoE）。详细内容可参见 5.8 节和 6.7 节。如此解释完之后，你是否觉得“机器人流程自动化”中“机器人”的叫法真的很贴切呢？

1.2.7　满足 24×7×365 的不间断执行

首先需要明确一个问题，虽然机器人的操作速度快，但也是需要处理时间的。如图 1-4 所示，我们把人工操作信息系统的时间分成两部分：第一部分是人工信息输入或检查操作用户界面的时间（$T1$），第二部分是系统响应人工请求后的处理时间和信息反馈时间（$T2$），原来的总处理时间就是 $T1+T2$，虽然通常 $T2$ 远远小于 $T1$，但也不能忽略不计。由于机器人键盘鼠标操作的迅捷性，主要节省的是 $T1$，并不会影响 $T2$。通常机器人的操作时间是人工操作时间的 10% ～ 20%，甚至更少，我们称这个比例为 η。实际上，机器人流程的处理时间是 $T1\times\eta+T2$。

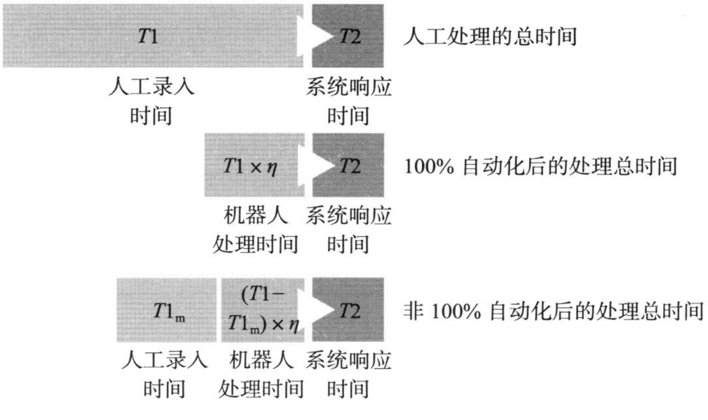

图 1-4　RPA 流程处理时间计算方法

如果不能 100% 达到自动化，还需要把 $T1$ 分割成必须由人工执行的部分 $T1_m$、其他可以由机器人替代的执行部分是（$T1-T1_m$）$\times\eta$，以及额外多出来的人机协作时间 $T1_c$，那么最终机器人流程的处理时间是 $(T1-T1_m)\times\eta+T1_m+T1_c+T2$。

虽然看起来机器人执行仍然需要时间，但好处是它可以不间断地执行，达到每周 7 天、每天 24 小时、一年 365 天的持续无休，与人类员工每周 5 天、每天 8 小时的工作时间相比，相当于机器人的可工作时间比人类员工扩大了 4.2 倍（（24×7）/（8×5））。但需要注意的是，真实的运行情况并没有那么乐观，机器人的处理时间会受制于以下两种情况。

第一，机器人的运行需依赖于所要操作的应用系统，那么应用系统的运行时间反过来就会影响机器人的可处理时间。因为企业中一些传统的应用系统可能在晚间有停机休息的情况，那么机器人在这段时间里也就不能运行。如果机器人的处理流程中涉及多个应用系统的操作，那么机器人只能在那些应用系统同时运行的时间段运行。

第二，对于那些需要人工来配合执行的自动化流程，即有人值守机器人，其运行时间依赖于人的工作时间，人上班了，机器人才能上班，人下班了，机器人也就不得不下班。

总结一下，机器人的运行时间既依赖于系统又依赖于人，很难做到上面说的完全不间断运行。

但值得庆幸的是，我们可以通过机器人运行机制的巧妙设计来实现其处理时间的最大化。

首先，可以安排那些无人值守的且不依赖于外部系统运行时间的自动化任务在晚间运行，例如在外部网站搜集一些资料，处理 Excel 和 Word 文件等。

其次，安排那些无人值守的但依赖于系统运行时间的自动化任务在人们下班之后、后端系统停机维护之前执行，比如自动生成报表、校验业务信息等。

最后，安排那些既依赖于人工处理又依赖于系统运行时间的任务在日间人们的工作时间执行。

合理安排机器人的运行时间，就像是合理安排一名员工的工作时间，只不过机器人会比人类员工更听从指挥。

1.2.8　提供非侵入式的系统表层集成方式

ERP 或 CRM 这样传统的应用系统，如果出现了问题，通常需要通过修改接口或修改底层程序代码、数据库的方式完成系统改造，甚至直接替换原有系统。但这些大型的应用系统的功能非常复杂，中间经历了多次升级，已经根深蒂固地深入企业的各个层面，这种方式的改造就会带来巨大实施风险，不但是程序功能之间会相互影响，也会导致业务中断这种高度破坏性的运营风险。所以一般 IT 部门在系统改造问题上都会持有谨慎的态度，而且时间越久、功能越复杂的系统，升级和改造的风险越大。

而 RPA 的实现方式是像人一样通过操作应用系统的用户界面来执行任务，既不需要更改应用系统的底层代码，也不需要更改应用系统的服务或接口，而是通过这种非侵入式的集成方式或修补方式，使得 RPA 实施过程对原有系统的影响最小，带来的风险最小。当 RPA 部署上线后，后端系统也不必中断或停止，这是传统系统上线切换后不太可能做到的。而且，RPA 软件提供了可视化的自动化流程设计工具，让开发者只需要少量代码甚至不需要代码就可以编制自动化脚本，所以一些业务人员在培训后也可以快速上手，而不必完全依赖专业的 IT 开发人员，这也是传统系统难以做到的。

这种快速敏捷的特征也让 RPA 项目的实施周期远低于传统的系统改造项目，所以有人将 RPA 比作医用绷带或者创可贴，绷带的作用就是从外面牢固伤口，而不需要介入人的身体内部进行治疗。虽然绷带不能解决所有问题，但至少给我们提供了一种新的技术手段和方式。

1.2.9 支持本地和云端各种灵活的部署方式

相对来说，RPA 的本地部署比较好理解，即 RPA 的执行机器人 Bot 和 RPA 的监控中心系统都部署在企业的内部网络中，运行在企业自己提供和负责维护的服务器或 PC 上。而 RPA 的云端部署模式显得更加复杂一些，与我们熟知的 IaaS（基础设施即服务）、PaaS（平台即服务）、SaaS（软件即服务）以及 BaaS（业务即服务）这几种云模式都不一样，甚至可以采用 RPA as a Service（RPAaaS）或 Robot As a Service（RaaS）这些新名词来重新定义 RPA 云服务模式。

现在的公有云经常为中小企业提供服务，RPAaaS 也一样。当一家企业不能负担 RPA 的采购和运行维护成本时，可以采用云服务的租用模式来实现自动化。RPAaaS 的方式有两种。

第一，机器人部署在公有云端来为企业服务。由于 RPA 机器人替代员工操作时是需要访问企业已有 IT 系统的，所以这种模式下首先需要解决如何从外部访问企业内部系统的问题。当然 VPN（虚拟专用网络）是一种选择，但是由于安全性问题，很多系统仍然不能通过 VPN 访问，而必须采用远程桌面的访问方式，如 Citrix。好在目前一些主流的领先的 RPA 工具已经实现 Citrix 的自动化处理。这样，企业就不需要自己购买RPA软件来实施RPA项目，完全可以租用云端RPA机器人的方式来为自己服务。这其实也是一种传统业务外包服务（BPO）的变形。

第二，将机器人的管理和控制部署在公有云端来为企业服务。由于数据安全和访问安全的问题，企业不愿意让机器人部署在公有云上，那么可以让RPA的运行机器人部署在企业内部的服务器上，而将RPA的监控中心部署在公有云上。机器人运行在企业内部保证了数据安全性，监控中心运行在公有云上则提供了RPA的管理、运行、监控和维护的便捷性。

在第二种方式下，企业除了需要购买机器人软件外，没有增加任何额外的工作量，因为机器人在企业内部自动运行，它们的控制和管理都由云端来提供。关于云原生RPA解决方案的详细内容可以参考6.3节。

1.3　RPA的业务价值

如果上面谈到的RPA特征都属于一种客观表述，那么它给企业能带来什么收益、能带来多少收益就会相对主观一些。对于业务价值（Business Value）来说，若是站在不同的角度就会看到不同的结果。RPA软件厂商一般是最乐观的，表达的观点也最为激进；而提供RPA服务的咨询服务公司就会相对保守一些，同时还会埋下一些危机因素和恐慌意识，但同时也会告诉用户，只要这些问题都解决了，前景仍然是光明的。下面我们从直接价值和间接价值两个角度，罗列RPA所能带来的10项业务价值，如图1-5所示。为了能够尽量客观地表达RPA的价值，我们会先罗列一下各方的观点，对比分析之后再给出结论。

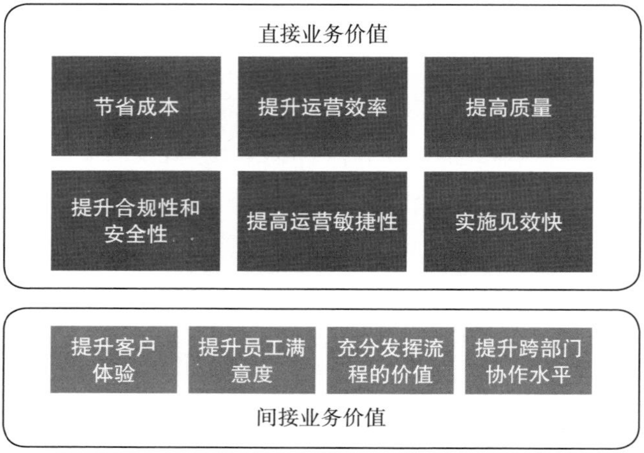

图 1-5　RPA 的 10 项业务价值

1.3.1　节省成本

各种市场宣传材料中通常会谈到 RPA 的第一个价值就是节省成本，因为通过自动化技术来降低运营成本，减少人力投入，这几乎就是产生 RPA 的原动力。安永咨询公司称可以节省 50% ～ 70% 的成本；IDC 的报告称可以节省 30% ～ 60% 的成本；Kinetic 咨询公司甚至声称能节省 90% 的成本。

如图 1-6 所示，有将近四成的用户认为成本缩减没有达到预期，而且成本缩减的预期排序也落到了后面。显然，对于 RPA 能够降低成本这件事情，大家是有共识的，但是对于能够降低多少成本，各方的意见还存在分歧。我们分析一下这些分歧的产生原因。所谓 RPA 能够降低的企业成本主要包括三部分内容：人力成本、管理成本以及可能存在的配置成本。

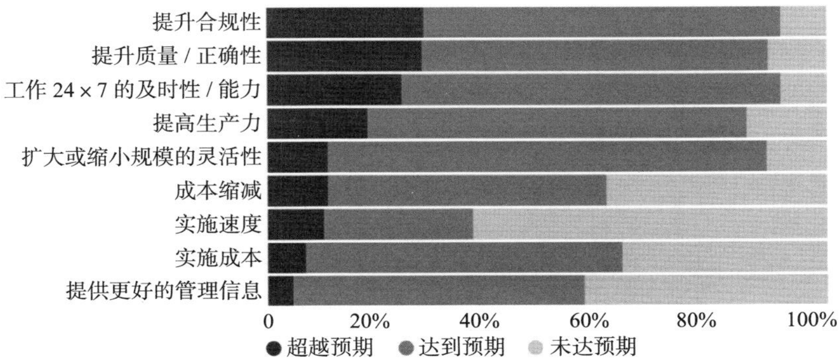

图 1-6　用户对 RPA 预期调研报告

- 人力成本由机器人能够减小的 FTE 值来决定。FTE 是指全时当量（Full-time Equivalent），即工作人员工作量的度量单位。FTE 为 1，相当于一个全职工作人员的工作量；FTE 为 0.5，表示完成全部工作量的一半。
- 管理成本主要由减少的劳动量和管理者的管理半径来决定。
- 配置成本是针对由于 RPA 替代而减员的情况，因为机器人不需要小隔间、办公桌、电脑、电话、办公场地等。配置成本是由减员数量来决定的。

从短期来看，“减员”在企业中是个复杂的难题，很难做到一步到位。那么，我们重点分析第一类和第二类成本。原因一，企业可能对于自己目前业务流程中各个环节的运营成本是模糊的，也就没有办法进行量化核算，只能进行大致的估算，所以成本比例无法精准核算。原因二，企业最早期对于 RPA 的印象很多是来自厂商的一些 Demo 演示。Demo 中都会最大限度地体现自动化优势，而到了实际环境中，却发现由于自身业务流程标准化、规则不清晰等问题，致使能够实现的自动化比例过低，所以未能达到当初的预期要求。

所以，我们对于成本节省的观点如下。

- ❑ 由于企业各自运营情况、人员成本和 IT 系统的建设情况各不相同，也就没有一个确定的成本节省比例可以拿来直接参考。
- ❑ 在 RPA 的实施初期，管理者不应过多考虑节省成本这件事情，而应将其作为一个长期的考核目标。因为一旦谈及成本节省，员工就会不自觉地与裁员、降薪等词汇联系在一起，特别是在自动化的初期，并不利于该项技术的推广。
- ❑ 对于中国一些欠发达地区，员工薪资水平较低且技术人员能力较弱，RPA 核算出来的投入产出比也并不会太好。
- ❑ 那些成熟运营的企业还是应该采用科学的方法，先摸清目前企业中的作业成本分布情况，再通过试点摸清 RPA 可能带来的自动化比例，明确未来运行 RPA 后的作业成本估算方法，依据这些因素来合理确定自己的期望值。

1.3.2 提升运营效率

机器人以超于常人的速度工作，且可以 24 小时一直运行，而人类员工可能会因为疲倦、懈怠、分心等生理或心理因素拖慢正常的工作效率。如果说目前不应过于讨论自动化的成本节省问题，那么值得讨论的问题就是时间的节省和效率的提升。我们与其费尽心机地计算每个环节的作业成本，还不如将精力投入到如何改进自动化的生产效率，人员应该如何配合自动化的过程。把目光放长远一些，成本减少不过是效率提升的一个副产品。对于如何最大化地提升效率，我们需要考虑以下几点。

- ❑ 要考虑机器人的合理工作日程编排，充分发挥单个机器人的使用效率，以及机器人与机器人之间的协作效率。

- 尽量采用不需要有人参与协作的机器人运行方式，从而减少人机交互带来的效率损失。
- 对于刚刚尝试使用 RPA 的企业来讲，初期实施的流程都是简单流程，发生在整个流程中的某一环节，如比对数据、合并清单等。而单点效率的提升并不能代表整个流程效率的提升，更应该将 RPA 应用到端到端的全流程来提高企业的整体运营效率。

1.3.3 提高流程质量和业务处理的准确性

提高流程质量是为了最大化地提升该流程的交付成果质量，并在过程中减少浪费。尽管一些企业已经有了非常严密的操作规范，但人类员工在工作中还是经常会出现处理步骤遗失或颠倒的情况，影响交付成果质量，或给后续的处理流程带来隐患。这样的错误对于管理者来讲是很难监督的，因为不会采用人工的方式来监督员工的每个工作细节，通常是采用老员工“传帮带”的学徒方式。员工通常对这些错误也是不自知的，可能直到多年后造成企业的直接损失之时才会被发现。而 RPA 必须按照既定的设计步骤来严格执行，而且通常会选取效率和质量最佳的人类员工的操作方式来执行，这些执行过程又是完全透明地展示在管理者的面前。

在一些复杂的业务操作中，员工手工操作容易出错，当出现错误时，又需要复杂的错误修正处理过程。RPA 的流程处理基于结构化数据，所以理论上可以达到 100% 的准确性。但这并不意味着 RPA 永远都不出差错，如果出现了之前没有测试过的一些情况，则很有可能导致 RPA 机器人出现错误操作。另外，一旦 RPA 有错误的操作，这个错误也会被 100% 执行，直到有人发现。所以，RPA 不但需要完善的测试工作，还需要在生产中不断优化提升，进行定期巡检，逐步弥合真实运行环节的各种情况，不断完善机器人的稳定性和健壮性，就如同工厂里的老师傅爱护自己的机器一样，员工也要爱护帮助你完成工作的机器人。

1.3.4 提升流程的合规性和安全性

由于企业内外部的监管合规要求不断加强，一些新规则和新法规的推出也给业务流程增加负担。为此，RPA 可以记录业务处理的每个步骤，以防手动错误并为合规管理员提供完整透明的信息。一些必要的合规操作要求可以统一加载到机器人的自动化脚本中，这样可以避免人类由于疏忽这些规则而带来的风险。企业中的风险和合规部门也可以使用 RPA 帮助自己执行检查工作，从而减少他们自己的日常工作量，提升监管效率。

由于安全性涉及的范围很广，我们利用两个方面的例子来加以说明。

一个是关于数据安全。企业中经常会涉及一些敏感业务数据的操作，如果这些数据经过人工来处理，就可能有被篡改和泄露的风险，如果引入 RPA，由机器人进行数据处理，再将这个操作过程对人隐藏，就可以最大限度地减少员工与敏感数据的接触，从而降低欺诈和违规发生的可能性。

另一个是关于网络安全。一些企业会严格禁止员工在自己的工作电脑上访问外部网站。这是担心员工可能将企业的内部数据对外泄露，或是员工在浏览外部网站时，不小心受到木马病毒或网络攻击等。这种方式其实是一把双刃剑，保护网站安全的同时限制了员工便捷获取外部网络信息。但是 RPA 可以很好地解决这个问题，它只会按照既定的规则访问固定的网站，获取固定的信息，而不会点击或浏览其他信息，所以对 RPA 开放网络权限没有任何风险。员工需要什么外网信息，就可以利用机器人来帮助抓取。RPA 这种既像人类又像机器的特征，可以帮助我们解决很多企业运营中的难题。

1.3.5　高敏捷性

RPA 能够提高敏捷性的原因包括投入少、周期短、见效快、易学易会。除此之外，还有很多敏捷特征是在 RPA 实施过程中所体现的。例如，由于机器人模拟的人工操作有很多细节，所以通过传统的纸面书写的需求说明书难以充分表达，通常在开发过程中需要业务人员和开发人员一起参与，共同讨论来确定每个实现细节。这种敏捷特征非常像是“结对编程”，或者是 Scrum，详细内容可以参见 5.2 节。维护 RPA 时也体现了其敏捷性。例如，一个小的业务变更不必像传统应用一样，需要业务人员将待修改的需求提交给 IT 开发部门，IT 开发部门再来设计、开发、测试，一整套流程走下来耗时耗力。由于 RPA 的易用性，在一定的管理许可下，业务人员可在自行维护、提交，代码审核后发布上线。这样一线员工就可以根据业务的调整情况，随时更改机器人的配置和处理规则，以满足自己的操作需要。

RPA 的高敏捷性还体现在它的可扩展性，具体如下。

第一，对于 RPA 处理流程的横向扩展能力。因为每个独立的流程都可以单独实现自动化，所以 RPA 项目不必像传统 ERP 项目一样，必须在全部梳理流程或整理需求的基础上才能进行，当未来再增加新的流程到 RPA 环境时，对之前实施的流程也没有影响。

第二，机器人数量的横向扩展能力。实际业务中经常会出现某类业务的业务量突然增加的情况，有的情况是有固定时间周期的，比如月末、月初；有的情况是随机出现的，比如股市大涨时，人们都去证券公司开户。但是原来负责这项工作的人员并不会突然补充进来，那么在这种业务波峰时段，业务会被积压或延时处理。如果有了 RPA，就可以在人力不足时，及时补充有着同样能力的软件机器人。机器人的资源可以随时调度，可以依据业务量情况灵活地扩大或缩小规模，以响应不经常出现的业务量激增或激减，从而避免新员工的招聘、培训或遣散，也不需要员工加班或者多班倒。

1.3.6 实施见效快

前面几点业务价值在用户反馈统计中也都排在了满足预期的前几名，说明这些价值对于 RPA 的供需双方都是认同的。但是有一点是双方存在争议的，就是关于 RPA 项目的实施速度。在图 1-6 的调研结果中，“实施速度”这项指标远远没有达到用户的预期。在各种实践案例中，我们发现了导致 RPA 项目延迟的几个原因。

第一，目前企业大多执行的是一些 RPA 试点项目，从 IT 的开发人员到业务人员再到主管领导，对 RPA 的思想理念、技术特征、软件产品、实现方法等都不熟悉，即使是那些外部服务供应商也只拥有少量的 RPA 专家，内外部的人才短缺都造成了较长的学习曲线，从而影响了项目的交付周期。

第二，企业已有的流程标准化程度和规则化程度不足以满足 RPA 项目的实施，所以在项目前期需要长时间的流程梳理和规则梳理工作，导致该项工作超出了原本的预期；另外，企业中原有的管理体系无法满足 RPA 项目的实施特征，如通常需要给机器人申请一个新的用户 ID 和口令用于系统操作，但企业原有的审批流程只是针对新员工入职的，所以在流程上就无法继续进行，中间需要多次沟通，类似的例子还有很多。

所以项目管理流程和机制上的障碍都是导致 RPA 项目无法顺利进行的原因。不过可喜的是，对于那些愿意参与 RPA 实践的行业领先者来说，他们愿意持更加开放的心态来看待这些问题，只有直面问题、解决问题，才能避免未来 RPA 项目大规模实施时的风险。

除了上述讲到的直接价值外，RPA 为企业带来了很多间接价值。

1.3.7　提升客户体验

通常我们认为 RPA 只是为企业的后台运营提供帮助，而事实上 RPA 也能作用于对外客户服务领域。

第一，可以将 RPA 技术应用到对外客户服务领域，如利用机器人协助提供客户呼叫服务、客户保修服务、保险领域的理赔服务等。虽然客户服务中心的工作尚不能像后台运营那样可以完全交给机器人去处理，但一些典型的流程已经交给 RPA 处理。例如 RPA 协助客服人员使用多个系统来查询客户信息。通过减少或消除烦琐且容易出错的客服工作，减少客户的等待时间，既提升了客户满意度，也可以让客服人员更加专注于与客户业务办理的沟通交流。

第二，RPA 可以直接协助客户实现自助服务。我们发现在银行网点的自助机上会有一些十分复杂的业务办理，需要客户操作的步骤十分烦琐。通常，客户遇到这种情况会叫来大堂经理寻求帮助。这样一来，自助机并没有起到它相应的自助作用，反而浪费了双方的时间，显得有些得不偿失。如果将 RPA 引入自助服务过程中，基于客户录入的基础信息，由机器人自动完成后续的操作处理，处理完成后，再由客户来确认结果。例如对公客户开户业务，一些银行已经开始推荐客户采用自助机来完成信息的录入，比如营业执照号码、办公地点、联系人、联系电话、注册资金等，这时如果采用RPA机器人到提供企业信息服务的外部网站上自动查询，或者通过图像识别技术对扫描后的营业执照进行识别，再将获取的信息自动回录到银行自助机上，就可以大大节省客户的办理时间。

第三，即使RPA只是应用到企业的内部作业流程中，由于后台的加速也会同样带来前台的加速，最终体现为对客户服务效率上的提升。例如客户向保险公司申请理赔的流程，这不只是一个简单地与客户交互的过程，还包括保险公司内部作业的一些环节，包括检查请求信息、获取证明信息、检查和校验、判断理赔金额等，最终再将理赔结果反馈给客户。如果利用RPA技术自动检查信息、抓取证明信息、判断理赔处理的业务规则等，当保险公司的内部处理速度加快后，客户也就可以尽早地得到理赔。

1.3.8 提升员工满意度，带来员工技能转型

当员工刚刚开始了解RPA时，他们可能会隐隐觉得机器人会影响到他们现有的工作，甚至会想到企业是否因此裁员。但是在所有的案例中，我们看到更多的是企业利用RPA来减少员工的重复工作和无聊的系统操作，或者利用RPA来补充那些长期人手不足的岗位。

所有的企业管理者对此都拥有清醒的认识，目前更需要的是人类和机器人可以共存并且能够并肩工作，希望能够避免员工在重复劳动中产生不良情绪。消除不良情绪比起减少的工作量来说甚至更

有价值，因为不良情绪可能会导致员工丧失工作积极性，甚至是离开现有的岗位或企业，而且这种情绪会在员工之间相互传染，导致整个团队的战斗力都会变弱。管理者都希望员工在工作中能够获得成长，而 RPA 可以准确地执行员工的手工任务，使员工可以将更多的时间投入到更多有价值的工作中。而一线员工可以成为问题解决者和关系构建者，使他们获得一个光明的职业前景。

从员工角度来看，其实也没有人愿意花一整天时间将数据从一个系统录入或复制到另一个系统，或是核对两张电子表格中的数据，如今 RPA 可以为员工带来工作环境的转型，使他们有机会转移到更有挑战性、更有创造力、更有价值的工作中。

人力资源部门也因此获得收益，在现有的团队规模下保持业务增长。一方面避免了招聘新员工的成本；另一方面也可以减少由于人员流动、工作交接而产生的摩擦性成本，同时提高整个团队满意度，使得公司对人才更具吸引力。

另外，RPA 还可以起到一定的培训作用，在新员工对业务操作不清晰的情况下，可以通过观看机器人的操作过程来学习和了解业务。

1.3.9　充分发挥流程在企业中的价值

如果说“数据”是一家公司的血液，那么“流程”就是这家公司的骨骼。当年华为所执行的 BP/IT（业务流程与信息化）转型战略也是从流程开始入手，利用流程来规范企业的管理，端到端地拉通企业流程中相关的资源、组织、岗位、决策、规则等内容，然后利用 IT 手段对流程加以固化。即使是华为的六级流程体系，IT 能够固化的最细颗粒度的流程也只能到“任务”级，这也通常是传统 IT 系统能够做到的最好的情况。

而RPA有机会让IT固化的层级做到更细，即“操作步骤”级，不但是固化，而且可以让机器人保留每个操作细节的数据，这对于人类员工是难以做到的。这么精细的流程监控可以让管理者分析机器人的每个操作步骤，快速识别流程中存在的瓶颈，更清晰地了解运营情况，为企业中的流程持续优化提供机会。而且这种细粒度的记录还可以用于审计和报告，满足合规性管理的要求。

RPA不只是作为一种技术工具被动地支持细节流程的固化，同时也是一种推动流程标准化的理念和手段。例如在一些大型集团企业的共享中心经常出现这样一种现象，由于集团下属成员单位在某项业务处理上的细微差别，而无法做到流程上的完全标准化。那么，共享中心通常会设置不同工作组来对口办理不同成员单位的业务，后台的IT系统也就没有办法在后台逻辑处理上实现统一处理，只能将这种非标准化流程放手交给业务人员来灵活处理。这其实是通常说的“物理共享”，而非“逻辑共享”，即只是后台运营人员集中到一起办公，而没有真正达到共享中心业务集中办理的目标。这时，企业如果勉强采用RPA手段来实现自动化，由于业务的差异性，必然会导致RPA实施更复杂、工作量更大。

然而，我们可以换一种策略来推进该项工作，首先找一家业务相对规范和标准化程度较高的成员单位率先实现RPA，然后推广到其他成员单位。在推广过程中，集团需要让其他成员单位亲眼见到自动化所能带来的益处，并告知他们能做到自动化的前提是流程的标准化，如果你们和集团一起做到标准化，就可以直接利用已经实现的RPA机器人；如果做不到，你们只能回到传统的手工方式来办理业务。通常这种“现身说法”式的推广模式，好过那些采取行政命令的强制模式。

RPA其实是对原来的流程管理思想和管理体系的一种有效补

充，借助于自动化可以更深地挖掘流程管理在企业运营的潜能，提升流程绩效水平，为流程管理者打开新的一扇窗。

1.3.10　提升业务部门与科技部门的协作水平

关于传统企业的业务部门和科技部门的协作方式，一般是业务部门提出信息系统的建设需求，科技部门作为系统的承建方，负责系统的采购、建设、上线、运维等工作。双方在协作过程中主要的矛盾点集中出现在两个地方，一个是需求阶段，另一个是维护阶段。在需求阶段，科技部门认为业务部门提出的需求不够明确、不够细致，而且经常改变；而业务部门认为自己既不懂科技，又不懂系统建设，所以无法拿出更准确的需求。在维护阶段，业务部门认为对于系统运行中出现的问题，科技部门修复不及时；对于新的补充需求，科技部门更是一拖再拖。而科技部门受制于系统架构和上线风险等问题，在投入资源有限的情况下，无法迅速做出反应。在这样的协作模式下，长此以往，双方经常相互抱怨，积累了很多怨气。

RPA的出现会带来局面上的改观。在业务部门一方，由于其需要深度参与到机器人流程的梳理过程中，而且可能会亲自参与自动化的维护工作，甚至是自己动手来修复程序的Bug，这样，业务人员会逐步了解计算机的工作机理，并且加深对科技部门的理解。这不但提升了整体的IT建设效率，而且提升了业务部门对自动化流程应用和维护的自身能动性。当业务部门对RPA应用和维护的能力不断强化后，科技部门也将获得更少的自动化变更请求，可以减少系统维护的工作压力。在科技部门一方，在RPA项目实施过程中，科技人员需要经常与业务人员并肩工作，讨论和分析每个环节的自动化处理方案，使技术人员深入地了解了业务过程，提升了业务水平。

由于 RPA 项目具有风险小、建设周期短、见效快的特征，科技部门能够迅速实现业务部门所提出的新增需求或变更需求，这也增加了科技部门在企业中的受信任度和满意度。

1.4 企业采用 RPA 的驱动力

前面我们介绍了 RPA 的很多基本特征和业务收益，这足以驱使你开始尝试使用这项新技术了。在本节中，我们希望站在更高的维度，从企业决策者、管理者的视角来看，真正驱动企业使用 RPA 的内外部动力是什么？为什么会在今天这个时间点来选择 RPA ？下面我们从成本、运营和科技三个方面重新审视一下自动化给企业所带来的影响，如图 1-7 所示。

图 1-7　企业采用 RPA 的三个驱动力

1.4.1 成本驱动

成本是最容易想到的一点。其中，人工成本是企业的主要营业费用之一。为了最大限度地提高运营绩效和整体盈利能力，每个管理者都希望能够最大限度地挖掘员工的潜力，最高效地使用其劳动力或脑力来为企业创造收入。在过去几年，中国的劳动力成本一直维持着两位数的增长，特别在某些城市和行业中甚至每年上涨 20%。

企业通常也不会单独考虑人力成本问题，而是会结合企业的营收和利润情况综合分析。如果企业的收入和利润率还维持在高水平，通常他们不会太多关注人力成本所造成的影响，但是一旦营收下降，人力成本问题就会逐步浮出水面。我们以银行这种以人力成本为主的金融服务业为例，来看看为什么降低人力成本会这么难。其中，成本收入比（Cost/Income Ratio）是一项衡量银行业经营效率的重要指标。

如图 1-8 所示，一份银行业的统计报告称“上市银行业务及管理费合计人民币 13 003 亿元，同比增幅达 5.17%，增速高于营业收入增速。其中，职工薪酬合计人民币 7325 亿元，同比增幅达 5.35%，银行‘减员降薪潮’未对业务收入造成重大影响；上市银行本年度（2017 年）成本收入比达 30.25%，较 2016 年增加 0.52 个百分点，成本收入比见底回升，正处在上行通道。”

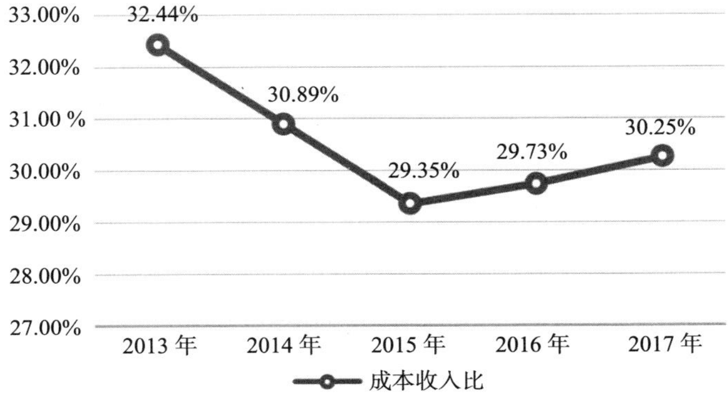

图 1-8　中国上市银行 2013 年至 2017 年成本收入比

由于人力成本在金融行业的运营成本中占据较大比重，而且人力成本还会牵扯企业的管理成本和配置成本，所以，管理者一直在思考以何种方式来降低人力成本。管理者不得不克服以下三个矛盾。

第一，人力成本减少和企业价值创造之间的矛盾。当人员减少或降低人员质量时，企业所创造的收益也会相应减少。也就是说，业务量和人员配备是成比例的，在目前的竞争状态下，增加人力不一定能提高营收，但是减人一定会带来营收下降，这是所有管理者最不愿意看到的情况。

第二，人力成本减少和企业增长之间的矛盾。一些发展中的企业仍在寻求扩张和发展，就需要不断扩大员工规模，与之相符的薪酬、招聘、培训等人力成本也随即上升。规模扩大后，企业又会面临更严重的管理问题，比如组织层级变深、决策过程变慢等。

第三，人力成本减少与流程优化之间的矛盾。也就是说，在一个业务流程中，管理者不知道可以减少哪个环节，或者从哪个环节入手来减少人力，以达到既降低成本，又实现企业经营管理、风险控制的目的。通常，一个流程在企业中运营多年，虽然大家觉得它冗长烦杂、效率低，却无法进行优化和调整。这是因为在此流程中看似无效的每个控制手段或每个操作环节，都是之前的一些案例教训所得，必然有其存在的价值。但是，至于这些操作消除所带来的风险，可能已经没有人能讲清楚了。

所以，管理者们通常会考虑从管理手段和技术手段上帮助企业降低人力成本。既然无法削减前台服务人员的数量，那么首先考虑到的是后台职能部门的成本优化，如人力资源、财务和会计、采购以及运营支持等部门，从后台职能的整合到共享服务中心的建设，再到寻求外包服务。而发展到今天，管理者发现通过优化传统运营模式来降低成本已经走到尽头。接下来，就是通过 IT 系统的建设、采用信息化手段来降低流程环节对人工的依赖程度。

但是，为什么管理者会在这个阶段选择 RPA ？

一是因为 RPA 能够解决上面描述的三重矛盾，利用机器人替代员工操作以后，业务量的增加或减少与人员增减变化的关联度在逐渐减弱，既然无法去除一些流程的中间环节，那么就仍然保留它，但是让机器人来帮助完成。

二是管理者将 RPA 视作一种新的技术探索，希望能够将它作为原有技术的一种补充继续强化企业信息化水平。同时，探索 RPA 所带来的传统运营模式，在集中还是分散、内包还是外包之间寻求新的平衡点。关于运营模式的详细内容参见 6.7 节。

1.4.2　运营模式驱动

运营模式代表了一家企业向客户提供商品和服务的相关业务流程的集成能力和标准化水平。运营模式是实现企业战略落地的稳定、可操作的业务执行基础。分析一家企业的运营模式可以从两个维度切入：一个是流程的标准化程度；另一个是流程的集成能力。

业务流程的标准化意味着企业需要明确如何执行流程，执行流程的人员在何处执行等规范。流程标准化提高了企业劳动效率，并实现了目标可预测性。但是，企业做到高度的标准化不仅需要付出更多的努力和投入，还可能会限制企业的创新潜能。另外，企业在向标准化转型过程中通常需要打破已有的规则，这必然会受到既有体制的阻碍。流程的集成通常是希望数据在组织之间能够顺畅地流转和共享，以实现跨组织端到端的业务处理。

例如，汽车制造商依据销售的订单数据，在生产环节时就预留了相匹配的数量，这样在订单管理和生产调度管理之间实现无缝共享数据。但集成最大的难度在于不同业务部门或组织之间的差异性，业务术语不一致、数据格式和颗粒度不统一、角色岗位不同而导致无法跨部门衔接。

RPA 在流程标准化上所能发挥的作用已经讲过，这里重点分析一下在推动流程集成时企业各方所面临的困境，以及 RPA 所能带来的影响和价值。流程集成的主要目的是建立跨组织、跨业务单元的端到端业务流程，我们可以暂且把这种集成后的流程称为“企业级流程”。

企业级流程在形成的过程中首先需要统一标准和规范、打通流程障碍、消除流程中的冗余环节、重新梳理和定位企业中的各类资源、理清组织的职责边界、制定 KPI 考核以及分析各环节的作业成本等，然后将流程通过 BPM 或应用系统加以固化。听起来很美好的事物，通常实现起来并不是那么容易。同样，构建企业级流程是企业中一项漫长而艰巨的工作任务。推动企业级流程构建所遇到的障碍主要来自三个方面。

第一，由于各业务单元已经按自身的模式运营多年而形成了惯性或是惰性，部门或业务单元之间的管理界限很难打破，各个部门的职责和人员职责也限定了其工作内容的边界，导致流程在执行的过程中可能出现断点，以及双方协作上的摩擦。

第二，在流程集成过程中，通常要找到所谓的“牵头部门”来负责流程的全局，但受制于各相关部门的职责边界，经常出现无人牵头、有人牵头却难以协调其他部门的情况。

第三，企业级流程需要打破原有的业务流程边界，这样也就打破了企业中原有的利益分配和成本分配格局，而“蛋糕”的重新分配通常需要一个漫长的组织和协调过程。

反观信息科技部门，信息系统的建设需要基于业务部门所提供的完整的业务需求，完整的业务需求又需要基于已经构建好的企业级流程。而在当今时代下，企业又急需信息系统来辅助业务部门开展业务，所以信息科技部门就陷入了一种两难的境地。通常信息科技部门是在业务流程未打通、未集成的情况下，就不得不强行推进信息系统的建设工作，特别是对于近年来大热的中台系统。

在传统系统的具体实现上，无非是两种方案：对于已经明确的企业级流程，可以通过 BPM 或应用系统来实现；对于未明确或正在推进中的企业级流程，应用系统可暂时只支持一些确定的后台功能，未明确部分依旧靠业务人员手工来完成，等到业务部门确定需求，信息科技部门再将其迁移进系统中。

这貌似是两种极端的实现方案，要不就是靠应用系统实现全流程的支持，要不就靠人工实现。而 RPA 这种自动化技术恰好在二者之间找到了一种中间状态的解决方案。

例如，传统系统实现方案必须对不同流程衔接的数据格式和处理规则进行标准化，而 RPA 实现方案却可以让流程上下游双方各自持有原有的规范，不必标准化，由机器人来替代人工完成中间的数据转换工作。

又例如，当组织边界不清，企业级流程中的一项工作很难分辨是由哪个部门哪个岗位来完成时，就可以交给机器人来处理，因为机器人是没有组织边界制约的；还有一些流程中的冗余重复工作，在传统方案中是必须被清除的，而在 RPA 方案中是可以保留的，可以将这些冗余重复工作交给机器人来处理。

这样看起来，RPA 其实是对传统信息系统建设、传统软件工程领域的一种补充，避免了企业级流程建设过程中的很多协商和争论。以前的情况是如果业务不明确需求，科技部门就不开工，而现在的情况是，我们允许各方保持分歧，只是把工作量转移出去，交给机器人去完成。

上述谈到的是当企业运营模式转型时，流程集成过程中 RPA 所能发挥的作用。接下来，我们分析一下在某种特定的运营模式下，RPA 所能带来的影响。

按照前面提到的标准化和集成度两个维度，我们可以将运营模式分为四种类型：多元（Diversification）、协作（Coordination）、复制（Replication）、统一（Unification），如图 1-9 所示。一家企业在某个时间点通常并不会只选择一种模式，而是采用多种模式相结合的混合模式。我们只需要弄清楚每种模式的特征，混合模式无非是将单一模式进行某种组合。

集成能力 \ 标准化	低	高
高	协作 目标：建立交叉销售的客户服务中心，以提高客户收益为核心 RPA 的影响：发挥自动化效率提升的优势	统一 目标：建立统一的应用系统和流程系统，以发挥集中管控作用为核心 RPA 的影响：发挥自动化集中管控的能力
低	多元 目标：建立共享服务中心，以节省运营成本为核心 RPA 的影响：发挥自动化节省成本的优势	复制 目标：建立云服务中心，以提供远程服务能力为核心 RPA 的影响：发挥自动化云端服务的能力

图 1-9　企业运营模式分类

1. 多元模式

多元模式是标准化和集成度最低的一种模式，一般是在企业内各业务单元之间的客户、产品、供应商，以及业务方式都不一样的情况下才会被选择。例如华润集团旗下的多业态运营模式。由于各业务单元差异大，能够被集中管理的部分也就很少，所以，这种模式下的企业会以节省成本为导向，一般采用建立共享服务中心的运营方式。而 RPA 带来的影响是，可以在共享服务中心信息化基础上进一步帮助企业降低运营成本。

2. 协作模式

协作模式是企业内高度集成但标准化程度并不高的一种模式，一般在客户、产品、供应商和合作伙伴等资源可以在企业中被充分共享，但后续的业务服务模式并不一样的情况下被选择。例如拥有保险、银行、证券、基金等多种金融服务的平安集团。在协作模式下，企业可以充分发挥统一客户服务、交叉销售、透明的供应链流程等竞争优势，但如何提高客户收益，为客户提供更好的产品和服务是企业重点考虑的方向。而 RPA 可以充分发挥其在运营效率提升方面的优势。

3. 复制模式

复制模式是在企业里的各业务单元相对独立，但是不同业务单元下的运营流程却是相似、标准化的情况下才被选择。通常是同一企业在不同地区建立分支机构时使用这种模式，如快餐店遍布全球的麦当劳。在复制模式下，运营管理者希望能够提高数据共享能力，降低 IT 系统的重复建设投资。在目前阶段，采用云服务提供共享基础设施和共享 IT 服务不失为一种最优的解决方案，而 RPA 提供了既可以本地部署，又可以云端部署，也可以二者相结合的灵活部署方式，为传统的云服务解决方案注入了自动化能力。

4. 统一模式

统一模式是在企业已经具备了高度标准化、高度集成化的运营流程，并且形成集成的供应链体系，不同业务单元之间相互依赖生存，共享各类信息数据，包括客户、供应商、合作伙伴，甚至是经营管理、业务指标等的情况下才被选择。这种模式通常适合于构建企业级的、统一的应用系统、流程系统以及基础设施环境，同时需要匹配一个高度集中的管理体系和决策机制。而 RPA 对于业务流程以及机器人的工作情况都具有集中监督和管控的能力，有利于管理层更加深入地了解企业的运营情况，适用于未来企业精细化管理的要求。

1.4.3 科技驱动

近些年来，谈到企业实现信息化的过程，总结起来大都是对一些大型信息化系统的建设实施，如 ERP 系统、财务系统、人力资源系统、客户关系管理系统等。这些信息化系统有一个共同特点，那就是把企业的组织架构、业务流程、运营模式等通过软件系统的形式固化下来，这样员工、物料、设备、资金等要素就围绕固化好的软件系统运转。所以，信息化的作用更多的是支持业务的发展。在这种情况下，对于科技部门来说最大的困难就是实现业务与 IT 的一致性。

下面我们对企业遇到的 5 个科技难题进行分析。

第一，科技部门花在维护现有遗留系统方面的成本和工作量占到了总量的 30% ～ 70%，通常看来现有系统出问题比上线一个新系统出问题所造成的影响会更大。如何在系统中修复一个问题、增加一个补丁，而又不会带来业务和系统运行的风险，是科技部门亟待解决的一个关键问题。

第二，很多企业所使用的应用系统是基于成熟软件产品的一套解决方案，如 SAP 或者 Oracle 的 ERP 系统、金蝶或者用友的财务系统。既然是成熟的软件产品，产品中很多功能和技术实现就已经固化，而无法做出二次修改。虽然这些专业的软件产品试图通过灵活的配置来解决客户遇到的问题，但是与那些动态变化的需求比起来，还是显得捉襟见肘，这也是为什么一些大型银行或保险公司都是采用自开发系统。

第三，近年来更多的企业把生态体系的构建提上了日程，实现生态体系就必然会涉及企业与大量上下游合作伙伴之间建立联系，不但是业务上的联系，还要求在IT系统层面打通流程和数据。但是由于各家企业的信息化水平不一样、接口和数据标准不一样，这就给科技部门与外部合作伙伴流程带来集成巨大的麻烦。

第四，对于前面谈到的业务流程集成问题，还有一种现象就是当那些跨组织的端到端流程无法合适地找到业务牵头部门时，由于信息系统建设的时间压力，很多时候科技部门不得不越俎代庖，站在系统实现的角度来协调和帮助业务部门推动流程整合。虽然这是本末倒置的行为，但是站在现实问题面前也是不得不考虑的一种解决方案。

第五，传统的信息化系统建设属于"重型IT"，即一个系统从需求、选型、设计、开发、测试到部署上线的时间周期非常长，投入人力也十分巨大。而管理者都期待一种"轻型IT"的出现，利用更敏捷的方式、更短的时间分批分期地实现系统功能，释放业务价值。Gartner在2014年也提出了IT的双峰模式（Bimodal IT），Bimodal IT是指两种不同的、共存的工作模式和场景。

- 模式一是基于可以精确预知的、在完全理解的领域的信息化系统实现，强调的是"可靠性"，类似马拉松运动员。
- 模式二面对的是未知的、全新的问题，通过探索、试验来解决当前信息化建设面临的问题，更强调"敏捷性"，类似短跑运动员。

由于RPA具有非侵入式的技术特征，相当于给科技部门手中增加另外一种武器——一种能够在近距离作战中快速消灭敌人的轻型机枪。首先，RPA能解决第一个问题中提到的老旧系统不敢碰、不敢改的问题，以及第二个问题中提到的成熟软件包无从修改的问题。其次，RPA 能解决第三个问题中提到的外部互联，以及第四个问题中提到的内部互联问题，特别是在业务接口和系统接口不明确的情况下。最后，第五个问题其实是 IT 敏捷化的问题，由于 RPA 具有项目建设周期短，且每个流程可以独立实施的特征，致使流程自动化形成一套独有的实施方法。这套实施方法在 5.2 节中会详细叙述。其实，本质上 RPA 既快速地满足了业务需求，又对原有系统的影响降到最低，达到了业务和 IT 双赢的局面。

1.5 RPA 的基本分类

RPA 依据不同的维度和视角，可以有多种不同的分类方式，具体如图 1-10 所示。

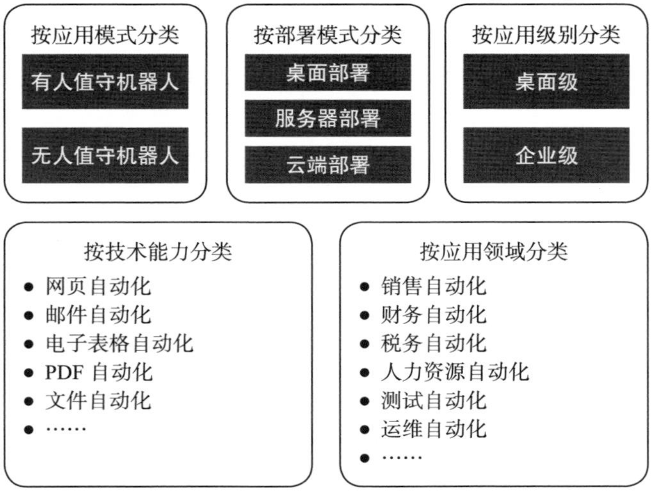

图 1-10　RPA 的分类

1.5.1　按应用模式分类

按照自动化的应用模式或运行机器人的方式来划分，RPA 可以分为两种。

1. 有人值守机器人

有人值守机器人也称为“人工辅助自动化”，是指需要人工通过桌面程序来触发自动化流程执行的一种机器人，所以也有人将其称为“前台机器人”。由于在复杂的流程处理过程中，机器人不能完全替代人类操作，所以就需要人和机器人相互配合来完成工作，人工处理那些机器人不能完成的工作，机器人执行那些标准化、重复性、规则化的系统操作上的动作。

- 优点：可以灵活安排人和机器人的工作任务。当机器人出现任何问题时，人工可随时干预，及时解决业务中遇到的问题。
- 缺点：既然需要人参与，但人有休息的时候，因此机器人就不能做到不间断运行。另外，由于人和机器人操作的是同一桌面环境，在机器人处理业务过程中（操控鼠标和键盘），人是不能参与的（会影响鼠标和键盘的操控），只能等待机器人的工作完成后，再执行自己的工作任务，所以人的时间并没有完全被释放出来，这样会降低员工工作量。

2. 无人值守机器人

无人值守机器人也称为“非人工辅助自动化”，是指由机器人完全自动化地处理流程，整个过程都不需要人工控制，有时也被叫作“后台机器人”。

- 优点：机器人真正地做到了 7×24 小时的不间断运行，最高限度地利用了机器人的时间，也完全释放了人的等待时间。
- 缺点：即使机器人在处理过程中出现了一些问题，也只能利用某种预警的方式通知人，而人也无法直接干预机器人的运行，只能等待机器人执行完任务后，再由人处理队列中那些不能被机器人执行的任务。另外，能够完全实现自动化的流程，必须具有高度的规则性，清晰地定义出每个步骤、每种类型的异常情况，而对于将日常处理的业务流程转换成机器人可自动运行的规则化流程，这不但工作量大且具有非常高的难度。

看起来无人值守机器人才是真正自动化追求的最高级形态，因为这种模式完全不需要人工干预，人类的工作可以完全交给机器人处理。这有没有让你联想到未来世界机器人的电影画面呢？

但是现实世界总是很骨感的，你可以先停顿几分钟，仔细思考一下身边那些实际发生的业务流程，看看它们能够被自动化执行的流程比例。其实，能实现自动化的流程比例是很低的。如果你想了解背后的原因以及如何分析这些流程，请参看 4.4 节的内容。

在现实世界中，当现有的业务流程没有做出根本性调整的时候，有人值守机器人的应用范围会更加广泛。这也是为什么在流程自动化的一些初始应用中，用户认为只要选择桌面流程自动化（Desktop Process Automation，DPA）产品就够了，他们觉得 DPA 就能满足自己的处理要求，而不需要更高级的 RPA 技术。

越是批量大的、复杂度低的业务，RPA 所能替代的 FTE 就会越多，而有人值守机器人和无人值守机器人由于应用场景的不同，所能实现的 FTE 也是不同的，无人值守机器人实现的 FTE 是 2.0 ～ 3.5（一个后台机器人的工作量等于 2 ～ 3.5 个全职员工的工作量），有人值守机器人实现的 FTE 是 0.4 ～ 1.2（一个前台机器人的工作量等于 0.4 ～ 1.2 个全职员工的工作量）。

当然，以上两类机器人是可以混合应用的，即一家企业可同时拥有无人值守机器人和有人值守机器人，而且不同类型的机器人还可以在一个平台上协同工作并实现统一的管理。

1.5.2　按部署模式分类

根据部署模式不同，RPA 可以分为三种类型：桌面部署、服务器部署或云端部署。

（1）桌面部署

桌面部署指的是将 RPA 中的机器部署到桌面计算机中，而不是后端服务器中。安装载体可以是员工日常使用的电脑，也可以是特意为机器人配备的电脑。一般在这种模式下，员工通过手工直接触发机器人的执行。在执行过程中，员工可以直观地监督机器人的运行情况，及时得到运行结果。

（2）服务器部署

服务器部署指的是将 RPA 中的机器人部署到服务器端的虚拟桌面环境中，由于不需要借助于员工的办公电脑，也就不会对目前的办公环境造成任何影响。服务器端的机器人对员工来讲是透明的。由于服务器拥有更好的配置资源，可以虚拟出多个运行环境，可以让多个机器人同时运行且运行效率高。但是只有专业的机器人运行监控人员才能监督到机器人的运行情况，最终用户只能等待机器人执行后的反馈结果。这种部署模式一般是通过机器人工作日程表来触发和编排机器人的执行。

（3）云端部署

云端部署又可以分为私有云部署和公有云部署，私有云与本地的服务器端的部署模式相似，都是在企业内部的网络环境中部署机器人来执行。有时为了满足业务外包要求，机器人也会部署在企业外部的公有云环境中，这就需要机器人通过 VPN 或远程桌面来操作部署于企业内网的应用系统，同时需要为机器人提供远程的部署和监控能力。

服务器部署模式和云端部署模式可以支持无人值守机器人，而桌面部署模式可以支持有人值守机器人。某调研机构的数据表明了这几类机器人的市场占有率情况，如图 1-11 所示。

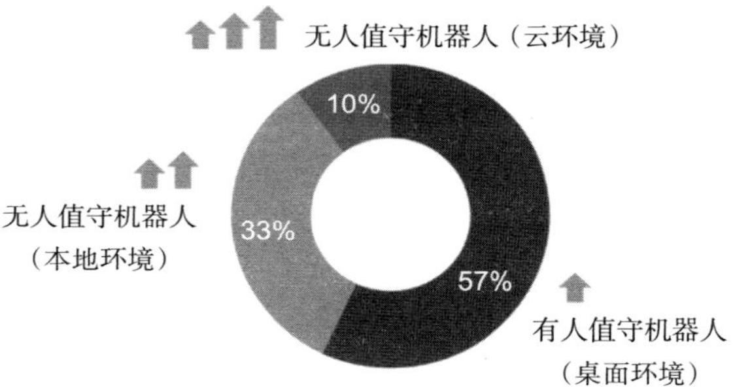

图 1-11　不同类型机器人市场占有率

除了上面三种基本模式外，还有一种混合部署模式，是指一家企业同时具备在以上两种或三种模式下部署的机器人，而且这些不同部署状态下的机器人还能被统一的管理平台管理。例如，某企业的呼叫中心部门采用桌面部署模式，使用有人值守机器人辅助客服人员完成一些数据查询的操作；而财务部门采用服务器部署模式，利用无人值守机器人实现财务月末对账的自动化处理。同时，该企业的采购部门的机器人部署在公有云端，按时间周期自动采集行业中的报价信息。而这类基于云模式的机器人的运维服务通常是由提供基础环境的云平台厂商提供的，省去了 IT 部门人员的运维工作。该企业利用统一的管理平台实现对各类部署模式下的机器人运行情况和资源使用情况的监控，以及自动化资源的统一调度。

1.5.3　按应用级别分类

根据 RPA 所能达到的应用级别进行划分，RPA 可以分为桌面级或企业级。

（1）桌面级

桌面级自动化被称为桌面流程自动化（DPA）或机器人桌面自动化（Robotic Desktop Automation，RDA）。技术发展到今天，一般企业级自动化才会被称为真正的 RPA。当然，RPA 通常也都向下支持 DPA 的技术实现，所以如果实现了企业级 RPA 应用必然首先能够实现桌面级自动化处理。

在 DPA 模式下，每个机器人都独立运行在特定的桌面计算机中，即机器人开发环境、测试环境、运行环境和监控环境都是基于桌面计算机的，相当于一款桌面软件。不同的机器人之间没有联系，不涉及统一的作业编排、资源调度和监控管理，以及底层的 API 集成功能。也就是说，DPA 整个运营体系并没有利用企业任何的后台服务器资源。由于 DPA 是分散使用的，每个机器人的使用和管理权限都完全下放给了普通的业务人员，所以首先需要对业务人员进行技能提升。由于不能做到机器人的资源共享，在某种程度上，DPA 看起来实施简单，事实上却带来了资源浪费。

（2）企业级

真正的企业级 RPA 是对 DPA 模式的一种升级，为了解决企业中大规模机器人使用和管理问题，通常采用平台化的实现方式，支持各个部门不同类型的流程自动化要求。企业级 RPA 补充和提升了原有的 DPA 技术能力，特别是在机器人监控管理、企业安全风险控制、环境版本迁移、资源共享及负载均衡控制等方面的能力提升。

通过 RPA 平台化的机制可以实现机器人资源在企业中的共享和复用，比如某个机器人可以为两个业务部门提供不同的服务，且不会产生冲突，但需要满足企业合规和审计部门对机器人合规性管理要求，而不只是像 DPA 一样，只需要满足桌面软件管理规范就行。企业级 RPA 的目的是为整个企业服务，实现企业收益的最大化，而不单是为“个人用户”服务和单纯提高个人工作效率。

企业级 RPA 不但对平台的要求高，而且对管理 RPA 的人员能力要求也高。管理全企业的机器人比只管理个人桌面的某个机器人要复杂很多，所以通常企业级 RPA 都会配有相应的管理组织和配套的管理措施，如机器人卓越中心（CoE）的管理方式。

1.5.4 其他分类方法

1. 按照技术能力分类

根据实现技术能力划分，RPA 可以分为以下几类。

- 网页自动化
- 邮件自动化
- 电子表格自动化
- PDF 自动化
- 文件自动化
- ……

这种分类方法只是针对要实现自动化的对象来划分，并非严格的分类方法，而且 RPA 软件通常都能够支持这些自动化操作。

2. 按照应用领域划分

根据 RPA 所实现的应用领域划分，RPA 可以分为以下几类。

- ❑ 销售自动化
- ❑ 财务自动化
- ❑ 税务自动化
- ❑ 人力资源自动化
- ❑ 基础设施自动化
- ❑ 测试自动化
- ❑ 运维自动化
- ❑ ……

我们经常听到一些厂商会宣传自己的财务机器人、税务机器人、测试机器人等，这些机器人大多属于 RPA 技术在某一领域的应用。

1.6　RPA 的主要组成部分

RPA 一般提供自动化软件在开发、集成、部署、运行和维护过程中所需要的工具，通常包含三个主要的组成部分：编辑器、运行器和控制器，如图 1-12 所示。

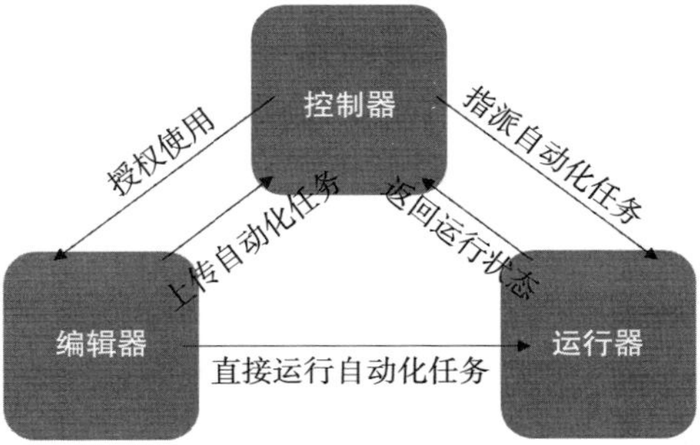

图 1-12　RPA 的主要组成部分

❑ 编辑器指的是用于机器人脚本设计、开发、调试和部署的配套开发工具。

- 运行器指的是真正完成自动化执行操作的机器人。
- 控制器指的是面向机器人全生命周期的管理程序，是提供给运行维护人员用于监控、维护和管理机器人运行状态的配套工具。

1.6.1 编辑器

为了更好地满足开发者对编辑器的易用性、灵活性以及所见即所得的需求，RPA 编辑器工具中通常会提供以下功能。

- 可视化的控件拖拽和编辑功能：为了更好地复用软件中已经内置好的自动化模块，可以让开发者利用可视化编辑器来创建 RPA 流程图，即使用拖拽的方式，无须为机器人编写代码，达到所见即所得的效果。这有利于非专业开发人员快速地学习和使用。创建好的可视化 RPA 流程图可直接转换成由机器人执行的每个步骤。
- 自动化脚本的录制功能：开启 RPA 录制功能后，只要业务人员正常地操作一遍业务流程，记录器就可以自动生成 RPA 的运行脚本。接下来，开发者还可以优化和编辑这些脚本，这样自动化工具的开发过程也变得灵活了。
- 自动化脚本的分层设计功能：虽然 RPA 的脚本看起来是按顺序执行的，但为了更好地实现复用、体现设计者的设计思路，RPA 也提供了分层设计要求。
- 工作流编辑器功能：包括流程图的创建、编辑、检查、模拟和发布等功能，支持工作流图中既包含机器人操作步骤，也包含人工的操作步骤。

- 自动化脚本的调试功能：自动提示或修正脚本中的语法错误，采用可视化方式进行分步跟踪和校验。
- 机器人的远程配置功能：即支持非本地安装机器人的开发和配置。
- 预制库和预构建模板：为了让开发者直接使用自动化模块，提供模块预制库，并且可以使开发者自定义的模块共享给其他开发者来复用。
- 预制好的连接器程序：对一些成熟的软件产品自动化处理模块，如 SAP 或 Oracle 等，提供预制好的连接器程序。
- 支持开放性的公开标准：如 ISO 和 IEEE 等。
- 接口集成能力：提供如 REST/SOAP Web Services / API 等接口集成能力，除脚本外，仍支持开发者编写额外的接口程序。

1.6.2　运行器

RPA 运行器中最核心的三个技术包括鼠标键盘事件的模拟技术、屏幕抓取技术和工作流技术。

（1）鼠标键盘事件的模拟技术

这项技术最早出现在一些游戏的外挂程序中，是利用 Windows 操作系统提供的一些 API 访问机制，通过程序模拟出类似人工点击鼠标和操作键盘的一种技术。由于安全控制的问题，一些应用程序会防止其他程序对键盘和鼠标事件的模拟，所以 RPA 利用更底层的驱动技术实现了鼠标键盘事件的模拟。

（2）屏幕抓取技术

屏幕抓取技术是一种在当前系统和不兼容的遗留系统之间建立桥梁的技术，被用于从展示层（客户端或浏览器）的界面或网络中提取数据，所以在一些网络爬虫软件中被率先使用。虽然屏幕抓取信息的效率肯定会超过人类的手工操作，但也会受到种种限制，如现有系统和应用程序的兼容性问题、网站底层 HTML 代码的依赖度问题等。所以，RPA 软件在这方面需要具备更多样的技术实现能力，以及更强的适应性，如基于界面控件 ID 和图像的识别技术等。

（3）工作流技术

工作流技术诞生于 20 世纪 90 年代，它可以将业务流程中一系列不同组织、不同角色的工作任务相互关联，按照预定义好的流程图协调并组织起来，使得业务信息可以在整个流程的各个节点中相互传递。RPA 一般会提供从设计、开发、部署、运行到监控全过程类似工作流的支持能力。

1.6.3 控制器

RPA 控制器提供的支持能力如下。

（1）监控能力

控制器提供集中式控制中心，可以对多机器人运行状态进行监控，并提供机器人的远程维护和技术支持能力。集中式控制中心提供机器人的任务编排和队列排序能力，并且提供开放式控制中心访问机制，如可通过平板电脑等移动设备来监控机器人的运行状态。

（2）安全管理能力和控制能力

控制器提供对如用户名口令之类敏感信息的安全管理和控制能力，既要保证业务用户对这些信息的即时维护，还要保证信息的安全存储，同时不被参与自动化工作的其他相关方获取到。

（3）运行机器人的能力

控制器提供以静默模式来运行机器人的能力。通常机器人的执行过程对于业务人员是可见的，但有时为了保证数据隐私，需要对业务人员或监控者隐藏这个过程。

（4）自动化分配任务的能力

在多机器人并发的运行状态下，控制器能实现基于优先级控制的动态负载均衡，及时将自动化任务分配到空闲的机器人手中。

（5）自动扩展能力

控制器提供机器人自动扩展能力，当业务量激增，原有的机器人资源并不能满足自动化处理任务时，能够及时增加机器人数量，动态地调整资源。

（6）并行自动化执行能力

为了更好地利用资源，控制器提供虚拟机中多机器人的并行自动化执行能力。

（7）队列管理

控制器提供机器人队列以及运行设备的资源池管理，能够依据流程任务的优先级来调整机器人处理任务的顺序。

（8）失败恢复能力

控制器提供单点机器人的失败恢复能力，由于某个机器人在执行过程中可能会出现异常情况，导致流程中断，这时候需要其他机器人立即接管这个任务，并继续执行原来的业务流程。

（9）支持 SLA 报告

基于自动化服务水平协议（SLA），控制器提供 SLA 的监控和报告、机器人运行性能的分析以及 ROI 的实时计算。

1.6.4　其他组成

除了编辑器、运行器和控制器中具有的这些功能外，RPA 还额外提供了变更管理、安全合规管理、人工智能集成功能。

- ❑ 变更管理：包括版本控制、版本对比、版本恢复、从测试到生产环境的检查和控制、环境比对等功能。
- ❑ 安全合规管理：包括机器人活动日志、角色访问控制、活动目录整合、开发 / 测试和运行环境的角色隔离、锁屏后的自动化处理、安全认证等。
- ❑ 人工智能集成：包括与机器学习、自然语言处理、对话机器人、计算机视觉等人工智能技术的集成等。

对于 RPA 软件中到底应该具备哪些功能，业内尚未形成定论，大而全是一种思路，小而精也是一种思路。目前，国内的 RPA 产品大多还是在追随国外产品的设计理念，产品的组成和功能也十分类似。但是永远不要低估创新的力量，理念和技术也在不断发展中，可能几年后，RPA 功能就会有翻天覆地的变化。

1.7 自动化技术的演进策略

自动化技术的演进路线在不同的资料中有很多种分法，有粗有细，但是大体可以归纳为 4 个演进阶段，即桌面自动化、机器人流程自动化、高级的流程自动化、智能的流程自动化（见图 1-13）。

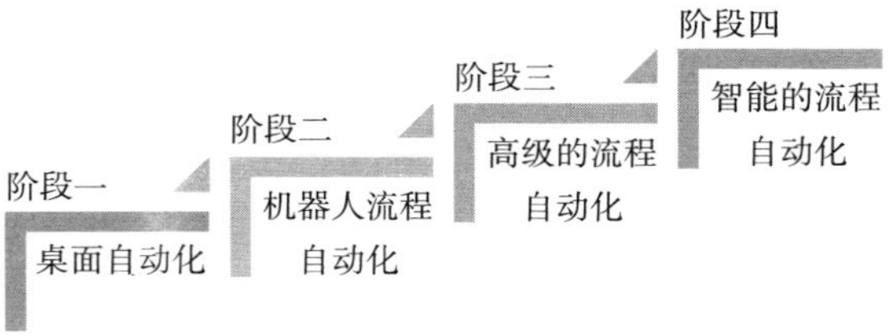

图 1-13　自动化技术演进的 4 个演进阶段

1.7.1　阶段一：桌面自动化

机器人桌面自动化（Robotic Desktop Automation，RDA）指的是一种计算机应用程序，为员工提供一套预定义的活动编排，以完成一个或多个不相关软件系统中流程、活动、事务和任务的执行，需要在员工发起管理后才能交付自动化服务结果。

通常，RDA 这种类型的自动化并不会改变流程，只是帮助员工更快地执行任务，减少人为错误，提高处理速度。员工仍然是该自动化任务的负责人，RDA 的作用是支持或辅助员工操作桌面软件，所以需要员工自己来设置机器人，并由人来触发、控制和监督机器人的执行。

RDA 专注于自动化软件在桌面级别的快速部署，属于有人值守机器人的一种。RDA 也是几乎所有 RPA 技术的前身，虽然现在单独提供 RDA 产品的厂商越来越少，但市场上仍有几种 RDA 产品，如我们所熟知的国产软件按键精灵等。

1.7.2　阶段二：机器人流程自动化

机器人流程自动化（Robotic Process Automation，RPA）可以说是 RDA 的升级版本。RPA 不但是在技术上对 RDA 进行了完善，而且在自动化理念上也前进了一大步。RDA 必须有人参与，而 RPA 提供了无人参与的能力，即无人值守机器人。为了实现机器人 7 × 24 的不间断自动运行，RPA 需要提供许多相匹配的技术能力，如自动化任务的调度方式、机器人的多种启动方式、机器人编排和监控能力、更丰富的集成能力、支持云端部署等。

在实现理念上，RPA 提出了流程优化、机器人治理、虚拟员工等更深层次的可以更大范围推动自动化的解决方案。所以，RPA 的主要目的已经升级为节省人力、提高运营效率和构建数字化工作环境。RPA 机器人不再是依靠一线员工来控制，而是依靠整体的机器人集中运营机制和规范来控制。RPA 除了支持桌面部署外，还可以在服务器部署。从图 1-14 可以看出二者主要区别在于机器人执行的控制点——RDA 机器人执行的控制点在前，而 RPA 在后。

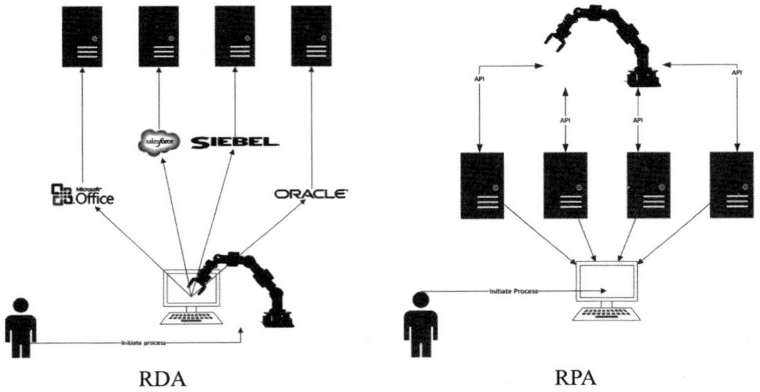

图 1-14　RDA 和 RPA 的区别

1.7.3　阶段三：高级的流程自动化

如果 RPA 只是单纯地提供编辑器、运行器和监控器这三部分的技术能力，则一些棘手的流程自动化问题仍是无法解决。例如，自动化操作时的信息采集问题；识别和处理结构化数据，如电子表格、系统界面上的字段信息等；或者通过标签或关键字处理半结构化数据，如网页信息、Word 文档等。

有一种情况不得不考虑，就是在业务办理中所遇到的各类纸质文件，如发票、单据、各类申请书等。为了更好地实现流程自动化处理，自动化系统就需要先把纸质文件转换为扫描件，然后通过光学字符识别技术对扫描件中的内容进行识别。光学字符识别（Optical Character Recognition，OCR）技术是对文本资料的图像文件进行识别处理，获取文字及版面信息的过程。在一些情况下，只是文字识别还是不够的，可能需要从文档中识别出一整段文字，而这段文字是无法直接提供给RPA来自动化处理的，必须要转换成准确的结构化数据才行。而自然语言处理（Natural Language Processing，NLP）可以把人类叙述的自然语言转换成有含义的一组数据信息，是一门融语言学、计算机科学、数学于一体的科学。

另外，在自动化处理过程中我们经常会遇到需要判断和决策的问题。基本的RPA技术实现的是人的手工操作工作，而人进行手工操作的过程并不只是涉及手的动作，还会涉及头脑的思考过程，其实真正的过程是人利用头脑来指挥手完成动作。如何实现头脑分析这部分能力也就变成了自动化领域不得不思考的问题。我们把人类头脑里的思维逻辑，从计算机的视角分为以下几种情况。

第一，简单规则判断。所谓的“简单规则判断”即可以直接将待处理的业务规则逻辑写进RPA程序脚本。

第二，复杂规则判断。判断流程中的一个步骤是否能执行，需要考虑的因素很多，各种维度之间又会相互影响。例如某个采购项目的判断需要考虑价格、效率、质量、成本等各个方面的因素，综合后才能做出决策。这时，自动化系统就需要采用业务规则引擎（Business Rules Engine）技术来实现多项业务规则的控制和判断。

第三，人类的经验判断。所谓的“经验判断”是根据以往的流程中的决策结果，来判断这一正在发生的案件能否遵循前期的经验判断执行。这时，自动化系统通常需要采用知识库和知识图谱技术来协助处理。

第四，推理判断。如果再深一步，当流程中一些事项需要推理判断时，我们所讲的专家系统就会派上用场。专家系统可以简单地理解为由知识库加上推理机组成。又如，在自动化的处理流程中经常会出现异常情况，为了不让异常情况对自动化流程产生影响，自动化系统就需要提升容错能力和错误修复能力，来保证业务处理的连续性。

所以，我们可以把已经解决了上述问题的机器人流程自动化称为高级的流程自动化（Advanced Process Automation，APA）。APA需要在传统的RPA上叠加更多的技术能力，如OCR引擎、NLP、规则引擎、知识库、知识图谱、专家系统等。同时，APA也需要对RPA的容错能力加以提升，如机器人的自我修复能力、负载均衡能力、灾备恢复能力、业务活动监控能力，以及传统运维方式的集成能力等。

APA与RPA的本质目的是一样的，都是为了适应更复杂的流程、更多样的情况，更加完美地实现自动化而做出的技术补充或技术集成。对于目前市场上的这些RPA软件产品，基础的RDA和RPA能力上的差别并不大，而对于能否实现APA的能力以及能够实现多少APA的能力，才是各个产品成熟度的主要衡量尺度。

1.7.4　阶段四：智能的流程自动化

如果高级的流程自动化再向前前进一步，就达到了智能的流程自动化（Intelligence Process Automation，IPA），也有人称之为认知流程自动化（Cognitive Process Automation，CPA）。

我们首先需要回答一个问题：RPA或APA是否属于人工智能？

对于此问题，通常会有两种截然不同的观点。

- 一种观点认为RPA只是基于固定规则的自动化处理，没有什么智能在里面，所以 RPA 也就不属于人工智能。

- ❑ 另一种观点认为人工智能领域本来就有一个分支是自动化，如果那些智能制造领域的自动化设备、跳跃行走的机器人可以纳入该领域，那么将自动化技术应用于办公领域的 RPA 也可以算作人工智能领域的一份子。

事实上，人工智能历经沉浮，近年来大势崛起。通常认为，本次 AI 的兴起依赖于三个基础因素：算法、数据和算力。有人会拿汽车给人工智能做比较，算法就像是发动机；数据就像是汽油，提供动力；而算力就像是车轮，驱动汽车前进。简单地讲，人工智能领域可以分三层来考虑。

- ❑ 最底下的是基础层，即那些能够提供基础算法、大数据处理和算力的基础技术。基础算法如机器学习、深度学习、强化学习等；大数据处理如 Hadoop、Spark、大数据存储和访问等；算力如 GPU、TPU、传感器等。
- ❑ 中间层是技术平台层，即利用最底层的基础技术组合形成可以更加通用的技术平台，如 TensorFlow、语音交互、计算机视觉、无人机、自然语言处理、专家系统等。
- ❑ 最顶层是人工智能应用层，如对话机器人 Chatbot、自动驾驶汽车、智能制造、智能家居等。

每一层技术的扩展不仅需要底层人工智能技术的积累，还需要更多跨领域的学科技术，如语言学和数学理论。Francesco Corea 的 AI 知识图体系中，按照技术方法和问题领域两个维度来分析人工智能技术，如图 1-15 所示。

图 1-15 中的横轴是 AI 范式（AI Paradigm），纵轴是 AI 问题领域（AI Problem Domain）。AI 范式从左到右包括基于逻辑、基于知识、概率方法、机器学习、体验智能、搜索和优化。AI 所要解决的

问题从下到上包括感知、推理、知识、规划和沟通。在这个体系中，RPA 属于人工智能领域，是基于逻辑和知识解决问题的一类技术。也就是说，如果希望解决更多的问题，就需要与更多的 AI 技术结合使用，但是仍旧只解决了 AI 领域最初级、最基本的问题，也就是人工智能名词中“人工”的部分。广义来看，RPA 是人工智能技术的一部分。如果你是持有第一种观点，那么 RPA 不属于人工智能，可能你的理由是它没有用到统计学的算法技术，未能解决感知、推理、沟通问题。

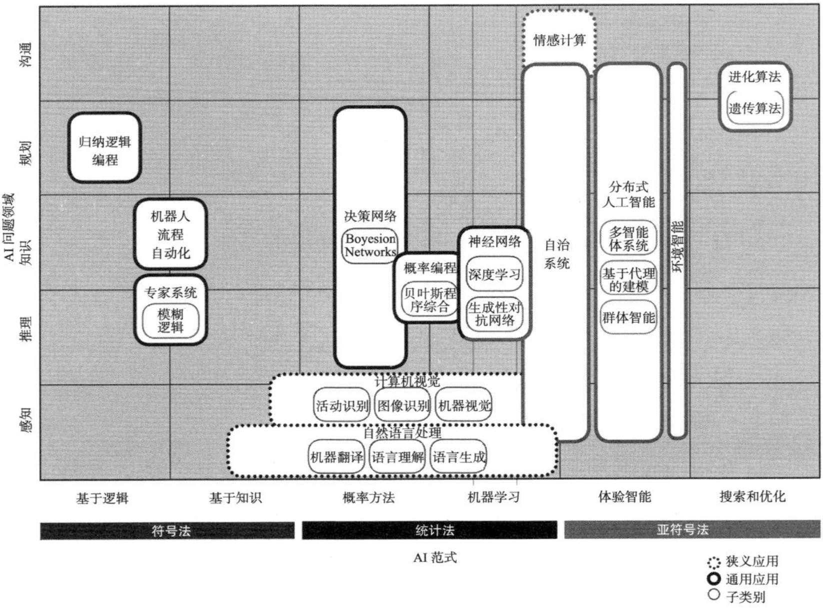

图 1-15　AI 知识图体系

将人工智能技术与 RPA 相结合后的智能流程自动化，有希望解决提出的这些问题。如感知问题，RPA 虽然可以获取结构化或半结构化信息，APA 可以获得非结构化文字信息，但是需要利用 IPA 才能识别图画或视频，达到计算机视觉的识别水平。又如推理问题，RPA 虽然可以录制人的操作过程并形成程序脚本，却不能举一反三地学习人的操作过程，而 IPA 可以通过分析人类的操作数据实现操作过程中的自动化推理。再如沟通问题，RPA 仍旧采用的是计算机类的交互方式来传递和返回信息，而 IPA 可以依靠语音或自然语言来协作完成沟通。

前面谈到了 RDA、RPA、APA 和 IPA 四个自动化技术的演进趋势。不管是哪种技术的应用，最终要解决的问题都是将业务流程尽量自动化，这个目标始终是不变的。每种技术都是基于上一个技术不断累积，在当前阶段再结合其他技术一起使用而成长起来的，所以不能对每种自动化技术做互斥比较，更应该是向下兼容式比较。

1.8　从 RPA 到数字化劳动力

机器人流程自动化技术已经发展多年，由于它的实现方式和管理方式非常类似于人类员工，这让我们不得不去思考这项技术与劳动力之间的关系，以及未来可能出现的数字化工作方式。

让我们先看看今天的人类员工是如何工作的。

虽然经过将近 30 年的信息化系统建设，各种大中小企业、政府和公共事业单位已经拥有了千百套 IT 系统，但我们惊奇地发现，其中 80% 的工作仍然需要由人来手动操作，包括启动、录入、提交、检查等，而只有 20% 的工作可以实现自动化操作。员工在办公场所的行为主要包括做事情、想事情、分析事情以及停下来休息。这四种行为填充了员工每天 8 小时的工作时间。如果我们希望利用一些技术来实现或替代这些行为，那就是机器人流程自动化替代“做事情”，认知计算（Cognitive）替代“想事情”，数据分析（Analytic）替代“分析事情”，如图 1-16 所示。

图 1-16　新的劳动力形态

为此，我们可以把“机器人流程自动化 + 认知计算 + 数据分析”这三项技术组合起来形成一种新的劳动力形态，那就是“数字化员工”（Digital Worker），即利用技术的组合实现员工的工作行为，并采用类似对待员工的方式对其进行管理。

数字化员工和人类员工所具有的共同特征如下。

- ❑ 操作计算机系统
- ❑ 使用键盘和鼠标
- ❑ 看懂应用系统的操作界面
- ❑ 通过各种手段获取有效的信息
- ❑ 按照业务规则执行工作任务
- ❑ 能够为其安排工作
- ❑ 可以检查他 / 它是否完成了任务
- ❑ ……

数字化员工相比人类员工具有的优势如下。

- 执行任务的速度更快
- 操作过程更准确，不会出错
- 不会疲惫和懈怠
- 可快速地拓展规模
- 不会产生不良情绪
- 更容易被调度，听从指挥
- ……

人类员工相比数字化员工具有的优势如下。

- 具有创造力
- 具有同理心
- 协作能力更好
- 懂得灵活处理
- 更容易学到新的知识
- 更友善
- ……

数字化员工并非能够完全独立工作，也不能 100% 替代人类员工来工作，那么在未来的工作场所中必然会出现一种人类员工和数字化员工共同工作的场景，我们称之为"数字化劳动力"（Digital Workforce）。我们将管理数字化劳动力的平台，称为"数字化劳动力平台"（Digital Workforce Platform）。

在这种新的数字化劳动力工作场景中，人类员工应当充分发挥其特有优势，完成那些具有创新性、沟通性、学习性等特征的工作任务。同样，数字化员工应当完成那些具有固定规则、重复执行、业务量大等特征的工作任务。对于余下的其他类工作任务，双方应当采取一种协作的方式来共同完成。很多专家预测，在未来，随着企业中数字化员工的占比越来越大，整个社会将迎来一场数字化劳动力革命。

1.9 本章小结

在技术领域每年都有许多新技术、新产品和新概念问世，它们都有可能成为下一个颇具潜力的发展领域，也有可能逐渐暗淡消失在人类技术发展的历史长河中。宣传也好、炒作也好，其实都是从业者希望更多的专家、管理者、技术人员、业务人员能够进入这个领域，共同谋求发展。如同 Gartner 提出的技术曲线理论一样，虽然许多新技术的发展速度都会从高峰下落，最后趋于平缓，但大多数专家和业内人士都认为 RPA 将是为数不多的能够达到人们最初的高期望的技术之一。

这种积极考虑的主要原因是，未来企业都将面临持续困难的市场条件，高效率、低成本、提高生产力和合规性将是企业的首要任务。企业需要改变其运营方式才能得以生存，而 RPA 可能成为这种新工作方式的关键推动因素，甚至可能成为自动化的新标准。然而，通向成功的道路仍然漫长，未来仍有许多不确定因素。

在不久的将来，RPA 也许将彻底地演进为 IPA，就像今天 RPA 已逐步替代 RDA 一样。当然，这不但要靠自动化技术的发展，还要靠 AI 技术的发展。各方专家都认为，自动化技术一定会改变目前的商业格局，重新打造企业的运营能力，这将对整个社会的不同层面都产生重大影响，而这种影响到底是正面的还是负面的，只有时间能证明。但在今天，大多数人还是对自动化抱有欢迎的态度，更倾向于一个积极的前景，乐观地迎接机器人流程自动化时代。

2

第 2 章 CHAPTER 2

从历史发展视角解析 RPA

本章将从历史发展观的角度分析 RPA 这项技术的客观发展规律，解释 RPA 这项技术的前世今生，介绍目前该技术所占的市场规模，以及为什么投资机构将 RPA 视为未来最有发展潜力的技术之一。

我们通过分析机器人、信息系统和自动化领域的历史发展脉络，归纳总结得出三条历史发展规律，从而佐证了 RPA 是各项技术发展到今天的必然选择，也预示着其未来的发展前景。

2.1 RPA 技术的发展历程

RPA 这个词由 Blue Prism 公司市场总监 Pat Geary 先生在 2012 年全新创造出来，可能是希望人们更容易联想到工业机器人那种自动化生产的形象吧，最早还称为机器人自动化（Robotic Automation）、软件机器人（Software Robot）或软件机器（Software Machine）。

同年 10 月份，HFS 研究机构的报告中提到，英国的一家创业公司 Blue Prism 的一种新技术能够降低外包业务人力成本。例如，当某类业务采用离岸外包（Offshore Outsourcing）时，1 个全时工作量（FTE）的成本是 3 万美元，而如果采用 Blue Prism 公司的软件产品来实现同样的工作，成本会减少一半，甚至更少，而且还不需要相关的人员管理和培训成本。HFS 在报告中也提到了 RPA 一些技术特征，如高度依赖业务规则、非 IT 工程师就可以实现、实施快速等，最终给出的结论是"RPA 会对原有外包业务带来威胁"。由于当时这项新技术处于初步尝试阶段，所以 HFS 并没有谈到 RPA 给外包服务（BPO）业务以及其他业务领域所带来的变革。

在 2012 年 RPA 概念出现之前，自动化工具早已存在多年，如 SAP ERP 中的自动化脚本 ABAP、Office 中的宏处理（VBA）程序、操作系统中的脚本处理、Selenium 对于 Web 的自动化处理、QTP 等专业自动化测试工具。但是由于技术的复杂度高、难度大，自动化工具的专业性低等原因，这类技术并没有获得广泛的应用和推广。

对于后续 RPA 概念的提出，笔者推测主要与自动化测试软件、自动化运维软件和工作流软件市场饱和后的溢出效应有关。由于 RPA 的底层技术大多来自这三类软件产品，而市场上的这三类软件产品也已经饱和，因此新进入者必须寻找方向并找到新的突破口来竞争市场。而 RPA 正是将之前这些软件的方向都做了调整，将自动化测试技术直接用于运营生产环节，将原有后端的流程处理转向前端操作的流程处理，再把各类自动化技术加以整合，提升用户使用的友好性和便捷性。

在 2012 年以前，一些类似的 RPA 流程自动化产品已经面世，如 Kapow、Automation Anywhere、Open Span 和 Blue Prism，这些产品大致是在 2001 年到 2008 年期间出现，更多依赖于自动化测试、工作流管理、业务流程管理和事件管理等技术的积累。但是，这些产品已经有别于传统的系统集成，如 EAI 和 SOA 等，更多是在“表层”对不同的系统进行集成（At-the-glass Integration），而不涉及系统底层的 API 或 Service，从而避免了复杂的系统集成所带来的大量投入，以及风险极高的集成测试和回归测试过程。早期的类 RPA 软件更多是模拟桌面系统中微软办公软件和常规浏览器的简单操作，而后可以做到跨不同桌面软件或系统的自动化操作。

与此同时，市场上也出现了大量提供流程自动化相关解决方案的服务公司，主要是一些咨询公司和 IT 服务公司，包含安永、普华永道、IBM、埃森哲等。在最早的自动化服务中，供应商并非以某一款 RPA 软件为基础，而是结合传统的系统集成技术、脚本语言开发技术等，为客户提供定制化的个性服务。而当时面向的客户主要是那些提供外包服务（BPO）的公司，因为这些公司更注重劳动力成本的节省，而不惜花费大的成本投入。

这些外包服务公司也就成为 RPA 技术的首批实践者，首先开始使用类 RPA 软件产品，为 RPA 的未来发展提供了更多的行业参考，并积累了实战经验。例如一家为保险公司提供服务的伦敦外包公司 Xchanging，在 2014 年年初就启动了首个 RPA 项目，实现保险业务相关的 10 个流程自动化工作，同时为内部长期提供自动化治理机制和技术支持能力。在实施 RPA 后，该公司的投资回报率（ROI）在第一年上涨了 200%，后续随着自动化的不断建设，给公司带来了持续收益。

从 RPA 概念的提出到真正的兴起，所有 RPA 产品都经历了较长的整合和磨合时间，这也与这项技术的特征有关。打磨一个成熟的 RPA 产品，总结起来需要做到以下三点：海纳百川、慢工出细活、实践出真知。

- 海纳百川，指的是 RPA 技术的实现与操作系统、浏览器以及各类应用软件相关，甚至与它们的版本和型号相关，还与 OCR、抓屏、工作流、管理台等多种技术相关，而这些技术又不能靠自己从头研发，所以更多采用开源软件或者在业界寻找优秀合作者的方式进行整合，如某 RPA 产品中仅 OCR 功能就集成了 Google、Microsoft 和 ABBYY 等公司的多种引擎技术。
- 慢工出细活，即由于 RPA 需要有适应的系统环境，集成大量的技术，而且需要在最终用户面前保证软件整体运行的稳定性，所以需要细细地打磨每个技术细节，解决每个可能出现的问题。同时，又由于 RPA 相关的操作系统、浏览器或关联技术的升级更新影响 RPA 产品的稳定性，所以需要很长的时间对 RPA 产品进行实验和测试。
- 实践出真知，指由于上面提到的很多适应性问题和稳定性问题在产品实验室中很难被测试出来，必须将 RPA 加载到真正的用户环境中，通过长时间的应用和运行发现问题，并根据用户现场的反馈来打磨 RPA 产品。

通过将近十年的技术磨合，在 2016 年，RPA 基本走出了新技术尝试期，进入稳定阶段。同时，RPA 在后台办公自动化领域的作用已经十分显著，很多企业真正实现了成本降低和业务收益增长，但是还没有引起市场和大众的广泛了解。

而 2017 年几乎是引发 RPA 大规模应用的“元年”，全球的实践案例大幅增加，最著名的案例包括新加坡的星展银行、澳大利亚的澳新银行、日本的三井住友集团、德国的宝马公司等。在中国，几家外资咨询公司也将 RPA 带入中国，一些企业开始尝试这项新技术。例如，作为首家试水机器人流程自动化的央企——中化国际（控股）股份有限公司（简称中化国际）利用 RPA 帮助其财务共享中心提升税务及财务工作效率，降低人力时间成本、提升工作质量。在金融业，招商银行率先在运营管理方面引入 RPA，提高运营的自动化水平。在对上百个 RPA 技术应用场景梳理的基础上，招商银行在运营管理中选取内部账户余额核对、人民币账户备案、外汇网上申报三个场景开展试点应用，使得单笔业务处理耗时缩短 65% ～ 95%。后续，其将 RPA 技术全面扩展到整个后台运营环节。

在 2017 年，全球已有超过 45 家软件厂商声称自己提供的是 RPA 软件，有超过 29 家大型的咨询公司或 IT 服务公司可以提供 RPA 相关的咨询和实施服务，初步形成了该领域的产业链和生态环境。国内 RPA 创业公司则基本在 2018 年后浮出水面，包括艺赛旗、金智维、阿里云 RPA 产品码栈、弘玑 Cyclone、云扩科技、来也 Uibot、达观、英诺森、阿博茨、容智、和信融慧等，以及一些科技子公司特定行业的 RPA 产品，如平安科技的安小蜂、兴业数金的金田螺等。

从 2018 年开始至今，RPA 市场更是如井喷一般发展，仅仅在中国涉及的行业就包括银行、保险和金融服务、电信、能源、制造业、零售和快消业、交通和物流等。目前，各行业应用主要集中在财务和税务领域，特别是银行、保险和电信行业应用。最近也有一些咨询公司将 2018 年定义为中国的 RPA 应用“元年”。在未来的 3

至 5 年，国际和国内的 RPA 市场仍然会保持着高速增长。

两大市场调研公司 HFS（Horses for Sources Research）和 Everest Group Research 发现，RPA 市场从 2016 年的 2.71 亿美元到 2017 年的 4.43 亿美元，市场规模已经悄悄增长了 64%；2017 年到 2018 年 RPA 市场规模增长 42%。事实上，目前 RPA 市场每年的增速都超过 100%。乐观预测，全球 RPA 市场规模未来 5 年可能会超过 1000 亿美元。毕马威会计师事务所、咨询公司 Zinnov 等机构都给出了相对积极的市场预期。

德勤 2017 年的一份报告显示，试点 RPA 的企业预计投入 150 万美元，而已经实施 RPA 的企业平均投入则是 350 万美元，现实中企业所投入的总体费用还可能更高。其中，78% 已经实施 RPA 的企业计划在未来三年内加大对 RPA 的投资。2018 年，IBM 市场研究发展部初步预测，中国（包含香港、台湾）的 RPA 市场规模也将达到 0.42 亿美元，并且将保持 61% 的年复合增长率。虽然各家调研机构的数字不尽相同，但表达出来的市场规模和总体趋势却是相似的。图 2-1 是 HFS 对 RPA 市场规模调研的数据。

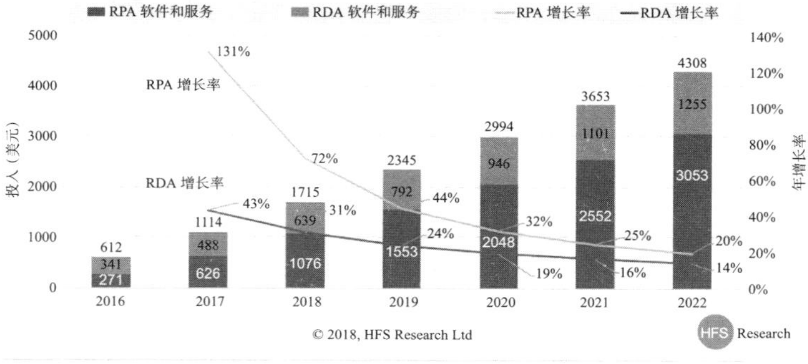

图 2-1　HFS 对 RPA 市场规模调研数据

另一份 2018 年 Ovum 的调研报告表明，亚太、拉丁美洲和欧洲将加速实施 RPA 项目。图 2-2 为 2018 年～ 2019 年各地区企业倾向于投资 RPA 的比率。

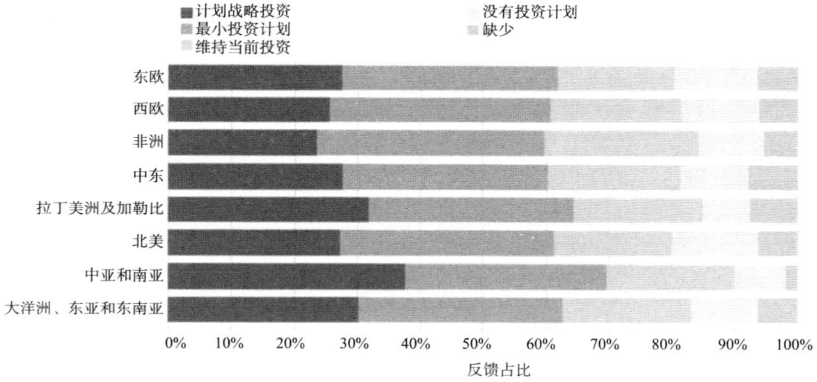

图 2-2　2018 年～ 2019 年各地区企业倾向于投资 RPA 解决方案的比率

资本市场又是如何看待 RPA 呢？让我们看一下典型代表 UiPath 和 Automation Anywhere 这两家 RPA“领头羊”的融资过程。

UiPath 这家来自罗马尼亚名不见经传的 RPA 软件公司在 2017 年 4 月获得由 Accel 领投的 3000 万美元 A 轮融资，当时公司估值约 1.09 亿美元；2018 年 3 月获得由 Accel 领投的 1.53 亿美元的 B 轮融资，公司估值增长到 11 亿美元；2018 年 9 月获得 CapitalG 和红杉资本的 2.25 亿美元的 C 轮融资；2019 年又获得由 Coatue 领投的 5.68 亿美元 D 轮融资，公司估值达到 70 亿美元，也就是说这家公司的估值在不到 24 个月的时间里翻了 70 倍。

另外一家来自美国硅谷的 RPA 软件公司——Automation Anywhere，截至目前已经在全球 3500 家企业部署了 170 万个 RPA

机器人。在 2018 年 7 月，Automation Anywhere 的 A 轮融资就达到了有史以来在 ToB 领域的最高额——5.5 亿美金，由软银（Softbank）的愿景基金（Vision Fund）作为主要投资方。在 2019 年 11 月，Automation Anywhere 又获得了由 Salesforce Ventures 领投，软银、高盛跟投的 B 轮融资 2.9 亿美元，公司估值达到了 68 亿美元。

这两家公司之所以能获得巨额融资，是因为资本市场看中 RPA 领域发展的几个重要因素：首先，RPA 能够快速地让客户价值得到释放；其次，RPA 与人工智能紧密结合；最后，RPA 是一项在全球各领域都可以广泛应用的技术。这三个因素同样也是本书重点叙述的内容，前两个因素在第 1 章中已经重点讲述，第三个因素将在第 4 章中阐述。

Gartner 在 2018 年和 2019 年已经把 RPA 软件列入著名的人工智能技术成熟度曲线（Hype Cycle for Artificial Intelligence）报告中。在这条曲线中，我们可以观察到 RPA 的成熟时间小于两年，也是人工智能技术成熟度曲线前四段中成熟期小于两年的唯一一项技术，体现出 RPA 是人工智能技术中最快见效的一项技术。有趣的是，在 2017 年，Gartner 的人工智能技术成熟度曲线报告中却还没有 RPA 的身影，这也从侧面说明了 RPA 的发展迅猛和来势汹汹，甚至已经超出了这家老牌专业调研机构的预期。图 2-3 为 Gartner 2019 年人工智能技术成熟度曲线。图 2-4 为 Gartner 2017 年人工智能技术成熟度曲线。

除了 RPA 技术自身的发展状况，我们还可以从另外三个维度来观察这一领域的历史发展必然性。

- ❑ 机器人的发展历程
- ❑ 信息系统的发展历程
- ❑ 自动化的发展历程

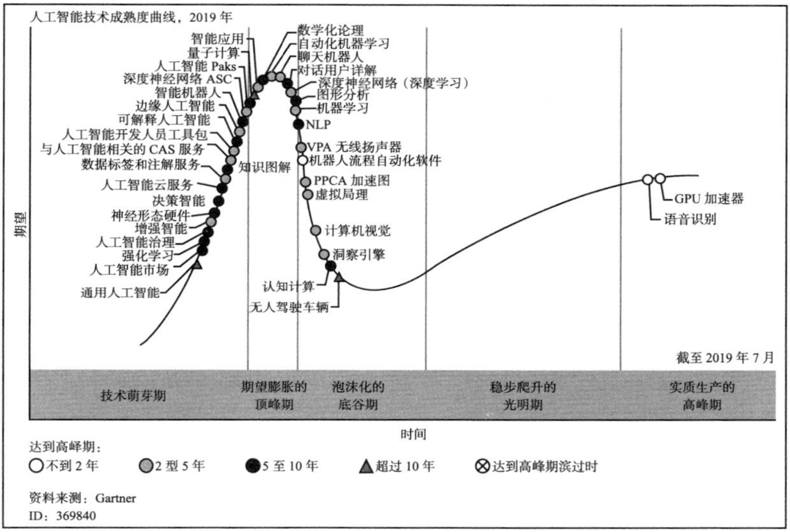

图 2-3　2019 年 Gartner 人工智能技术成熟度曲线

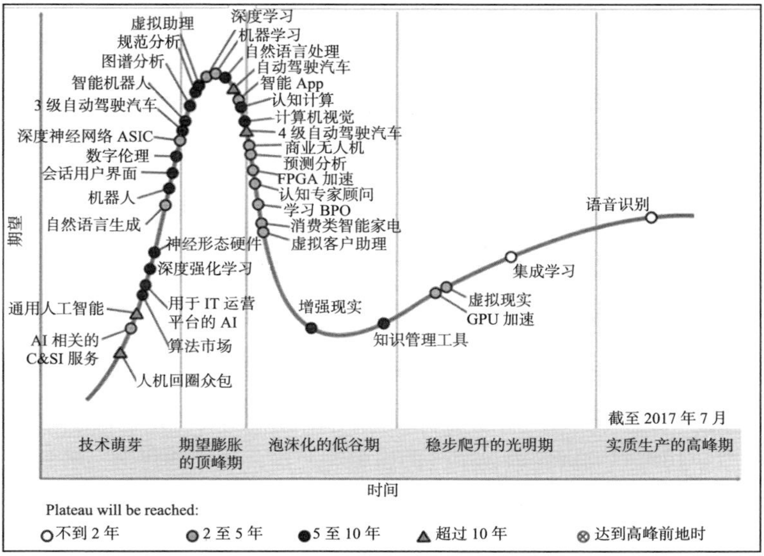

图 2-4　2017 年 Gartner 人工智能技术成熟度曲线

简而言之，RPA 技术本身的发展决定了它能走多远，而这三个维度的发展决定了它能到多高。

2.2 机器人的发展历程

RPA 既然被称作“机器人流程自动化”，那我们从机器人的发展历程来看其发展。这里列出我们的第一个历史观点，**“每个大时代下，人类都会试图构建属于那个时代的机器人，而机器人的发展总会经历一个脱实入虚的过程，所以 RPA 作为一种虚拟的软件机器人得以在这个时代发展”**。

自公元前 3500 年以来，机器人概念一直深藏在人类意识中，哲学家、工程师和数学家试图制造一种名为“自动机”的模拟机械。以前的机器人更多属于自动机械或自动设备，与我们今天谈到的结合了计算机、程序以及人工智能技术的机器人是截然不同的。

早在公元前 420 年，希腊工程师就创造了由空气、蒸汽压缩和液压驱动的最简单的自动设备。这些设备的创造大多是为了宗教和仪式活动的使用，能够自动执行如打开大门或装饰物品这样基本的功能。

早在 11 世纪，库尔德发明家 Al-Jazari 使用复杂的凸轮和凸轮轴创造了许多正常运行的自动化设备，甚至撰写了世界上第一本关于自动化主题的书，他的作品也直接影响了达·芬奇。与 Al-Jazari 不同的是，达·芬奇更想构建一种像人形的机器设备，他利用解剖学知识，在充分了解人体构造的基础上，用齿轮和轮子取代了人的关节，用电缆和滑轮取代了人的肌腱和肌肉，这样构建出一名骑士。这名骑士可以站立和坐下，可以做出一系列模仿人类的动作，甚至具有颌骨结构，如图 2-5 所示。

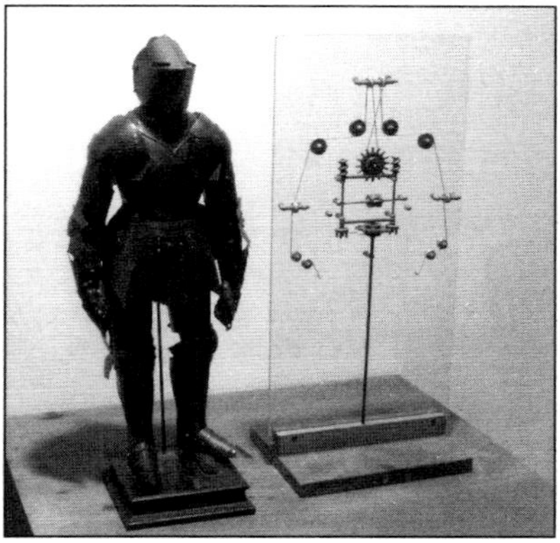

图 2-5　达・芬奇设计的自动化骑士

接下来，在人类历史上各种人形或非人形的机器人自动化设备层出不穷。例如 1737 年，法国发明家雅克・沃康松（Jacques Vaucanson）制造的发条鸭子。1770 年，匈牙利作家兼发明家沃尔夫冈・冯・肯佩伦（Wolfgang von Kempelen）创造了土耳其机器人（The Turk）。

直到 1882 年，一位名叫查尔斯・巴贝奇（Charles Babbage）的年轻数学家创造了他的第一台差分机。这是一个巨大的、带有蒸汽驱动的计算器，巴贝奇设计的基本想法是利用“机器”将从计算到印刷的过程全部自动化，全面消除人为失误，包括如计算错误、抄写错误、校对错误、印制错误等。而差分机一号（Difference Engine No.1）则是利用 N 次多项式求值有共通的 N 次阶差的特性，以齿轮运转带动十进制的数值相加减、进位。除了差分机，之后他发明的分析机，无一不是天才的设想。

1970 年 11 月，《生活》杂志对第一个能完全自动化运转的机器人 Shakey 进行了大规模宣传，它被设计的初衷是具备推理周围环境、规划自身动作并执行任务的能力。

如今的机器人主要应用于制造行业。第一个用于生产制造的机器人是1956年由Unimation公司生产的，它功能非常简单，不能进行编程，只能通过预设机器臂角度来操作。之后全球机器人浪潮开启，以欧美和日本为主导。

第一台可编程的商用工业机器人是于1974年1月由瑞典的ABB公司创造的，这是世界上第一台由微处理器控制的机器人，并且实现了量产。之后机器人在生产车间被大规模使用，代替了大量的人力，降低了运营成本，实现了标准化生产，并提升了生产效率和产品良率。目前，全世界著名的制造机器人公司包括日本的FANUC、安川电机、瑞典的ABB以及德国的KUKA（被美的收购）。其中，FANUC和KUKA制造的机器人主要用于汽车行业；ABB制造的机器人主要用于电子电气和物流搬运；安川电机制造的机器人主要用于电机和变频器行业。目前，机器人存在着多种形式（如图2-6所示），人形机器人只是其中一种，比如生产线上的机械臂、无人驾驶车辆、无人机、扫地机器人、娱乐机器人、仿生机器人等。

图 2-6　各类自动化设备和机器人

随着技术不断进步并经过实践检验以后，人们发现机器人的外形像不像人类其实并不重要，只要它的功能像人类就行。再后来，人们又发现其实它的功能像不像人类也无所谓，只要能帮助人类实现自动化处理或生产就行，比如负责搬运、码垛、拣选等物流环节的物流机器人。

在如今人工智能到来的时代，机器人市场的重点将逐步转移到机器人的“大脑”，也就是结合了人工智能技术的软件程序，因为这样才能真正体现计算机时代特征的核心技术水平，如对话机器人（Chatbot）、智能语音处理助手、医疗诊断辅助。

RPA 这种被称为“软件机器人”的新技术也诞生在这个时代，在它之上不需要附加任何的物理形态。所以，当我们称 RPA 为机器人时，不需要太过大惊小怪，这不是一种刻意的吹捧，而是历史进化的规律所致。

2.3　信息系统的发展历程

既然 RPA 被视为一种软件或应用系统，我们可以再重新审视信息系统的发展历程。这里给出我们的第二个历史观点，**“信息系统在发展历程中体现出了不断分化演进再寻求整合的规律，而 RPA 为前端用户定义了全新的系统访问方式、操作整合方式以及辅助人工方式”**。

信息系统的发展历史要比上面谈到的机器人自动化的发展历史短得多，通常可以把信息系统分为五个发展阶段。

第一阶段：大型机时代

第一阶段是早于 1965 年的大型机时代，典型代表是 IBM 的 Mainframe 主机。其主要特征就是提供稳定和高性能的基础环境，软件和硬件一体化运行和管理。由于其高昂的成本，因此主要为大型企业的商业业务所服务。直到今天，IBM 的 Mainframe 主机仍旧运行在很多大型银行系统中。在大型机时代，信息系统谈不上集成的问题，因为所有应用逻辑、数据、操作系统、运行环境绑在一起，统统放到大型机系统中。它像一个巨大的黑盒子，只要你不断扩展性能和容量，就能容纳更多的应用。

也就是说，大型机时代的系统集成问题在系统内部就解决了。所以直到今日，与大型机外部系统集成的问题仍然让人头疼不已。另外，除了军方、航天、科研等专业领域，信息系统最早是为企业中的财务部门服务。所以，在最早使用信息系统的银行领域，它们的第一代信息系统大多叫作会计电算化系统。而 RPA 最先使用、应用最广的领域也是财务会计，这是一种巧合，还是有内在的联系呢？请参考第 4 章中的论述。

第二阶段：PC 时代

第二阶段始于 1965 年，随着微处理器的出现，苹果公司和 IBM 都推出了自己的 PC，即个人计算机。那些小巧的、单机版的信息系统可以更容易地安装到 PC 中，使普通员工拥有了类似 VisiCalc 这样的电子表格处理工具，方便进行数据计算和信息存储。要知道在大型机时代，只有专业人员才能操作那些与主机直连的专用终端。

有了个人计算机以后，在 1973 年，施乐公司设计了第一个图形界面的操作系统 Xerox Alto，从此，计算机图形界面的“新纪元”开启。20 世纪 80 年代以来，操作系统的发展又经历了 OS/2、Macintosh、Windows、Linux，图形界面也得到了长足的发展和进步。也正是从那时起，所有用户了解了用户界面、鼠标和键盘。但这个阶段的信息系统仍然是孤立存在的，也谈不上集成问题，如果非要说集成，我想更多的是用户将手头的纸质工作与电脑中的电子表格相集成吧。

第三阶段：应用系统阶段

第三阶段是在 20 世纪 80 年代，随着计算机的控制权逐步转移到普通员工手中，PC 需要与企业内服务器系统以及其他员工的计算机共享信息，就需要将客户端与服务器端相连接，属于一种前后端的集成方式，也就出现了那些广泛应用的 C/S（客户端 / 服务器端）结构的信息系统。这类信息系统的处理方式是，员工在自己的 PC 上打开该系统的客户端程序，输入用户名、口令登录后对系统进行操作处理，处理完的数据结果再返回到服务器端进行保存，如 SAP 或 Oracle 的 ERP 系统基本上都是类似的操作模式。如果说第二阶段固化了人们使用计算机的操作习惯，那么第三阶段又固化了人们对于信息系统的使用模式，而这样的操作习惯和使用模式时至今日也没有大的改变。

第四阶段：企业级计算阶段

一方面，由于企业对于信息系统的依赖度加深，除财务会计领域外，营销销售、人力资源、供应链管理、库存和制造等其他领域的信息化需求也逐步增加，这就需要企业建设更多的信息系统来满足业务运营要求；另一方面，由于 PC 的计算资源和共享能力不足，需要将更多的计算能力和数据存储转移到服务器端，所以桌面电脑的客户端应用程序变得越来越轻，最后直接采用自带的浏览器就可以访问后端的信息系统，也就是常说的 B/S（浏览器 / 服务器端）结构。而把复杂的计算和应用逻辑都交给服务器端处理带来了两个后果。

一是虽然 PC 端的应用程序变得越来越轻，但每个人所拥有的应用程序数量却不断增加，打开 Windows 开始菜单，总能看到冗长的程序清单，操作系统的一项重要工作就是如何管理好这些多种多样的应用程序。相对于 Web 应用来说，更容易做到的是利用门户 Portal 和单点登录 SSO 等技术做到 Web 页面的集成。通过信息的统一访问和集中展示，降低用户访问 Web 页面的复杂度。

二是在服务器端随着信息系统的数量增加，为了保证业务运作的连贯性，就需要把不同信息系统中的业务逻辑和数据信息进行集成。于是，专家们提出了很多关于企业级集成的解决方案，在应用整合方面，主要包括企业级应用集成（Enterprise Application Integration，EAI），用于解决异构系统之间的协作和集成问题；电子数据交换（Electronic Data Interchange，EDI），用于解决与外部数据的交换问题。伴随着服务理念不断加强，以 ESB 为核心的 SOA 架构出现。在流程整合方面，专家提出业务流程管理（Business Process Management，BPM）理念。在数据整合方面，专家提出操作数据存储（Operational Data Store，ODS）、数据仓库（Data Warehouse，DW）等方案。

第五阶段：云计算阶段

云计算阶段也是我们今天所处的时代。一方面，在过去的 20 年，全球大企业的信息系统建设基本完成，而中小企业由于成本负担以及经营灵活性要求，更愿意利用云计算来满足企业的 IT 建设要求。另一方面，互联网资源以及各类信息系统产生的数据进入大爆发时期。对于如今海量数据访问问题，一般企业的服务器端信息系统已经难以承受，需要更多地利用互联网和公共的服务资源，云计算成为必然之选。

云计算的不断发展带来三个方面的后果。

第一，云计算可以将每个人从办公室电脑中解放出来，允许在任何地方使用任何终端设备来访问信息系统，这就会带来更多样的系统访问方式。当然，智能手机的用户体验革命已经给我们带来了震撼，其实还可以通过远程操控计算机中的 RPA 机器人帮助完成工作任务，就像我们用手机 App 控制家里的空调和电饭煲一样方便。

第二，云计算又推动着分布式微服务架构的兴起，这就更需要一个能够高度协调和集成的架构方案，如 Kubernetes 和 Spring Cloud 框架。然而，这些技术仍然应用于服务器端。而 RPA 技术的特性可以在客户端用户操作集成方面带来巨大改变。

第三，云计算也可以让知识工作者充分发挥优势，将更多的业务处理和决策转向组织运营的最末端，即一线业务员工。信息系统不仅越来越多地将信息生产者的权利赋予用户，而且使他们作为信息的消费者。管理大师彼得·德鲁克（Peter Drucker）也宣称，未来的管理层必须做出的改变就是，放弃传统指挥式的管理风格，充分接受并提高企业中知识工作者的生产力，最终实现员工自治。未来的运营效率将不断提高，最终会由一线业务员工直接采集数据、分析信息、快速决策，并执行完成。这样看来，为一线业务员工配备能够自动化操作的 RPA 机器人，难道不是更好的选择吗？

第一和第二阶段体现的是信息系统后端和前端分化演进的方式；第三阶段体现的是在前、后端分化演进后所带来的单一系统内的分层集成问题；第四阶段体现的是信息系统在服务器端的演进和集成，主要体现在应用、流程和数据方面，而对于用户端的集成却仅限于界面整合；在今天的第五阶段，服务器端演进仍在进行，而 RPA 可以为用户端演进提供有力的技术支持，特别是对于访问方式的改变——对用户操作行为的集成以及新增加一种人工辅助的处理方式。

2.4　自动化的发展历程

最后，我们分析一下自动化的发展历程与 RPA 之间的关系。我们的第三个历史观点就是，**“办公室中流程自动化的发展历程将会符合工厂中生产自动化的历史发展脉络，既然工业自动化需要流水线设备，那么流程自动化的发展也必然需要 RPA 这样的类似流水线的技术来支持”**。

自动化流程最早始于制造业的分工生产。早在 18 世纪，亚当·斯密在其著作《国富论》中就已提到分工能提高手工业生产效率，并将效率提高的原因归结于三点。

第一，熟练程度的增加。当一个工人单纯地重复同一道工序时，他对这道工序的熟练程度会大幅增加，表现为产量和质量的提高。

第二，如果没有分工，由一道工序转到另一道工序会损耗时间，而分工避免了中间时间的损耗。

第三，由于对于工序的了解和熟练度的增加，更有效率的机械和工具被发明出来，从而提高了产量。

现代社会对产业链的分工更为细致和专业，从原料到成品的生产更有效率。随后，亚当·斯密还利用分工理论模拟了扣针的整个制造过程，“一个人抽铁线，一个人拉直，一个人切截，一个人削尖线的一端，一个人磨另一端，以便装上圆头。要做圆头，就需要有两三种不同的操作。装圆头、涂白色，乃至包装，都是专门的职业。这样，扣针的制造分为十八种操作。有些工厂，这十八种操作分由十八个专门工人担任。”亚当·斯密此举奠定了分工的研究范式。

制造业的分工生产方式又带来了生产的专业化和标准化。最著名的例子是 20 世纪初的汽车行业——大名鼎鼎的福特汽车。当时亨利·福特利用流水线的新工艺彻底改变了原来的生产模式，将单个车辆的装配时间从 12 小时减少到 90 分钟。福特通过多年改进装配线来减少制造汽车所需的资金、时间和人力成本，将当时生产的 Model T 汽车的价格从 850 美元降至 300 美元以下。福特汽车也成为历史上第一辆大众可以负担得起的优质车。最终，福特用每 24 秒制造一辆 Model T。到 1927 年 Model T 销量超过 1500 万辆，占当时全球销量的一半。福特流水线方法不仅适用于其他汽车制造，而且适用于留声机、吸尘器、冰箱和其他消费品的制造（如图 2-7 所示），成为美国在当时特有的生产方式。

图 2-7　20 世纪初福特汽车生产流水线

正是由于制造业的高度分工化、专业化和标准化，带动了工业自动化的快速发展。生产制造自动化历程主要分为单机自动化、单线生产自动化、工厂自动化三个阶段。企业在完成生产流程的标准化后，便可以逐步将一些单调、重复的动作用自动化机器来替代，比如上下料自动化、装配自动化等，而将某一个具体的工序完成所需的各个动作全部自动化之后，便出现了单机自动化。将整条流水线上分散的自动化设备用一定的程序连接起来，控制好节拍，便完成了单线生产自动化。将工厂进料、入仓、存储、产线、生产、检测、出货的全流程用程序协调起来，便完成了工厂自动化。

上述自动化过程都是面向制造业最核心的工厂生产环节，所面向的对象也都是传统的蓝领工人。自 20 世纪 50 年代起，美国白领工人的比例就超过了蓝领工人，目前已经达到总就业人数的 80%。在过去的 20 年间，随着高等教育的普及，国内出现了大量坐在办公室、以操控电脑为主要工作的白领工人。由于人类信息化的时间远远晚于制造业，对比看来，信息化给人类带来的流程自动化水平也远低于流水线设备所带来的工业自动化水平。追随工业自动化历史的脚步，我们可以简单度量一下信息化领域流程自动化的水平。

首先，我们看一下自动化实现的基础能力要求，以及流程中的分工化、专业化和标准化问题。由于企业办公室中并没有像制造业一样有大量关于生产的问题，所以一直以来，企业只是在岗位管理上做了约束，比如企业一般会对员工有定岗、定责、定编的要求，至少所有企业都划分了不同类型的业务专员，如财务领域的会计和出纳；人力资源领域的招聘专员和讲师；供应链里的采购专员和库管员等。

对于流程的标准化，企业一般都做了规范标准以及操作手册。但是由于缺乏有效的监管手段，企业更多的是通过信息系统的中台控制和后台数据来核查流程的标准化程度，很难衡量业务人员操作系统的标准化程度。

近年来，随着员工对信息系统熟悉程度的不断提高，一些操作模式和流程也被固化下来，形成了标准的操作流程。管理者也更加强化了内部运营的流程化、规范化和标准化，所有这三项基础能力正处于不断提升、逐渐成熟的过程中。虽然，企业目前已经构建了大量的信息系统，但是由于对流程的处理仍然是由人工操作员来完成的，各个环节仍要靠人工进行决策和处理。如果将此类比于生产自动化的发展阶段，应该属于单机自动化阶段，可能其中部分流程实现了所谓的“单线生产自动化”，但是远远没有达到工厂自动化水平。

我们推论办公室里的流程自动化发展历程也将追随工业自动化的发展历程。当农业成为社会的主要产业时，水利灌溉的农业自动化应运而生；当工业成为社会的主要产业时，工业自动化应运而生，所以我们有理由相信，当信息化成为社会主要工作形态时，流程自动化也会逐步形成。未来的流程自动化水平将会达到智能制造水平，之前工厂自动化发展历程中所遇到的困难和收获，都将成为流程自动化未来发展的有效经验。就像那些工业流水线设备一样，未来 RPA 将成为支持流程自动化的关键技术。

回过头来，我们横向对比一下中国的流程自动化情况。传统的发达国家自动化发展历程首先是大规模工业化、标准化，而后出现了资本化、集约化，到了今天才出现了信息化、数字化。中国作为一个后发国家，整个发展阶段几乎是反过来的。我们可以从前端和后端两个角度分别来看。中国在前端（用户端）的发展速度首屈一指，无论是电商、移动支付、“最后一公里”物流、短视频、直播等用户前端的应用，在很多方面都领先于世界。而后端与前端比较起来，发展速度就显得完全不匹配。很多企业依然没有建立起自己的运营中心或共享中心，依然依靠分散的、非规范化的后台作业人员来苦苦支撑前端业务的巨大产能，这种后端低下的运营效率最终影响前端业务。同时，这种低效率的后端运营又会带来企业总成本的上升。

前几年，在中国经济形势大好、前端盈利水平快速增长的情况下，企业也许尚可以维持。但从 2019 年开始，受制于国际和国内的经济形势，中国企业整体的盈利水平趋于平缓。这时，一些隐藏的内部运营问题浮出水面。同时，“开源不成，只能节流”，企业的管理者就会更关注如何削减内部运营成本，以保持原有的利润率和营收水平。在这样的契机下，RPA 这样成本低、见效快的自动化技术正好可以大显身手，助力中国企业，使企业后端的发展速度赶上前端的发展速度。

2.5 本章小结

在本章中，我们看到 RPA 的发展历程和当前的成熟度情况，这样的成熟度水平不只是靠 RPA 技术来说明，还通过 RPA 在国际与国内的市场反应、专业调研机构的报告和投资者的声音来反映。

接下来，我们又从机器人、信息化系统和自动化三个历史发展维度，重新审视机器人流程自动化所处的历史位置，可能的发展走向。

从第一条历史线中，我们看到机器人在各个历史时代，都是从“拟人形”到“非人形”、从硬件到软件、从有物理实体到虚拟仿真发展，这也印证了 RPA 机器人技术的正确趋势。

从第二条历史线中，我们看到信息系统从客户端到服务器端的分化演进然后整合的规律，而客户端的集成远没有服务器端的集成速度快。RPA 正是从访问方式、用户操作集成以及人工辅助方式三个方面寻求新的突破。

从第三条历史线中，我们分析了流程自动化从精细化分工到专业化、标准化，再到工业流水线的历史发展过程。如果将办公室里的流程自动化变革类比于制造业中的自动化变革，那么在这条流程自动化变革道路上，RPA 将成为历史必然的选择。

从以上三个历史维度的发展来看，我们并不是想标榜 RPA 及其相关技术是多么伟大的人类创造，也不是想说 RPA 会给商业社会和企业运营带来多大的改变，因为这些创新和变革在今天看来仍旧十分微小，未来的发展前景也仍是模糊的，充满了种种困难和不确定性。值得欣慰的是，当这三条历史发展线都不约而同地展示出 RPA 可能存在的发展潜力，且发展曲线的时间节点恰好重合在今天这个时代时，加之 RPA 技术自身的不断成熟和稳定，我们有充足的理由相信这项技术有美好的发展前景。

第3章 CHAPTER 3

RPA 相关技术解析

作为一名技术爱好者，你一定会好奇 RPA 实现自动化的内在技术原理。本章首先介绍了常规的 RPA 产品所应具备的技术能力，这些技术特征所能发挥的作用，可以达到的业务效果。其次，介绍了辅助 RPA 更好地实现自动化的其他技术，包括用于数据获取和决策判断的各项前沿技术，以及 RPA 与人工智能技术相结合之后，可以为流程自动化处理带来哪些应用。最后，放眼未来，介绍了很多其他新型技术与 RPA 相结合使用的情况，为自动化领域探索出更多未知的应用场景。

3.1　自动化的核心基础技术

RPA 最基础的技术就是抓屏、模拟鼠标和键盘。工作流技术起到了 RPA 自动化处理流程的串接和管理的作用。另外，还有很多辅助的自动化技术一起帮助 RPA 来实现流程的自动化处理。

3.1.1　抓屏技术

为了模拟人工在应用程序上的操作，RPA 就必须要与屏幕上各种窗口、按钮、下拉列表等不同要素进行交互，所以 RPA 中有一项重要的技术，俗称“抓屏”(Screen Scraping)。这里谈到的抓屏技术，并不是传统意义上所说的截屏技术，即将电脑屏幕变成一张图片。抓屏技术是通过终端或显示器来直接抓取界面中的数据，而无须访问底层数据库或者接口，这种技术适用于不能开放或访问的遗留系统。抓屏技术由于提升了流程自动化处理的展示水平，使技术处理过程可以直观地展示在用户面前，因此迅速提升了 RPA 的易用性和影响力。

1. 根据信息抓取技术实现方式分类

根据信息抓取的技术实现方式划分，抓屏技术又可以分为：依据对象句柄元素抓取、依据网页标签抓取、依据图像抓取、利用 OCR 识别、依据坐标位置抓取以及其他特别类型的抓取方式。由于依据对象句柄元素抓取和依据网页标签抓取是最准确可靠的方法，所以接下来笔者称其为“标准的抓取方法”。

（1）依据对象句柄元素实现抓取

句柄是指操作系统内存里指向某个结构体的指针，如在 Windows 中设立句柄是由于内存管理的需要，就像公安部门对社区人口的户籍管理一样，操作系统也需要知道每个应用程序的内存位置，因此 Windows 用句柄来记载数据地址的变更。句柄标识了应用程序中不同类型的对象实例，如窗口、按钮、图标、滚动条、输出设备、控件或者文件等。同时，Windows 也提供了相关的 API 来获取这些窗口句柄，如 FindWindow（获取窗口句柄）、EnumWindows 和 EnumChildWindows（获取所有顶层窗口以及它们的子窗口）等函数。

例如，Automation Anywhere 中经常被使用的 Object Cloning 命令，是在右侧窗口显示抓取到的记事本程序窗口的所有属性，但其中一些属性在我们下次打开该程序时是会改变的，如坐标、值（Value）、名称（Name）等，而不变的属性是对象类别（Type）和路径（Path），所以我们就可以将这两个不变的属性作为查询条件，如图 3-1 所示。当 RPA 运行时，按照既定的查询条件，我们就可以查询到所需要的 TextBox（文本框）。接下来，我们可以使用 Set Text（设置文本）、Action（动作）来修改记事本中的内容，如图 3-2 所示。

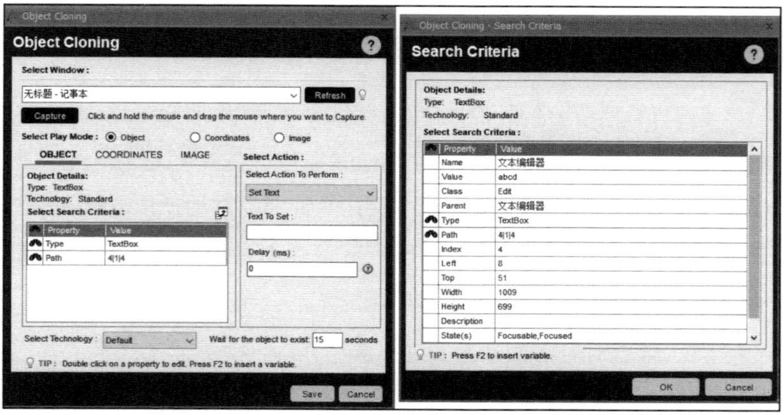

图 3-1　Automation Anywhere 中 Object Cloning 命令示例

图 3-2　Automation Anywhere 中 Object Cloning 的属性查询窗口

UiPath 采用 Selector（选择器）选取 UI Elements（UI 元素）的方式，将图形界面中的要素以及它的父元素转化成 XML 格式进行存储。该 UI 元素的选择器显示在模块 Selector Editor Panel 里，而左边的窗口（Visual Tree Panel）里显示了完整的 UI 树状图，包含所有的 UI 元素。在右边的窗口（Selector Attributes Panel）里可以选择或取消某个属性，如图 3-3、图 3-4 所示。

（2）依据网页标签实现抓取

大多数 Web 网页源代码都是通过 HTML 语言编写的，页面中的数据通过各种 HTML 标签所标识，如 <head>、<title>、<div>、<tr>、<td> 等。当我们在浏览器中点击快捷键 F12 时，网页的全部 HTML 源代码就会展示出来。不同点是，RPA 可以让用户更灵活、更快捷、更精准地获取到所需要的网页内容，而不必采用爬虫技术中的深度或广度搜索，甚至避免了通过种子 URL 扩展到整个网站页面进行访问或下载。

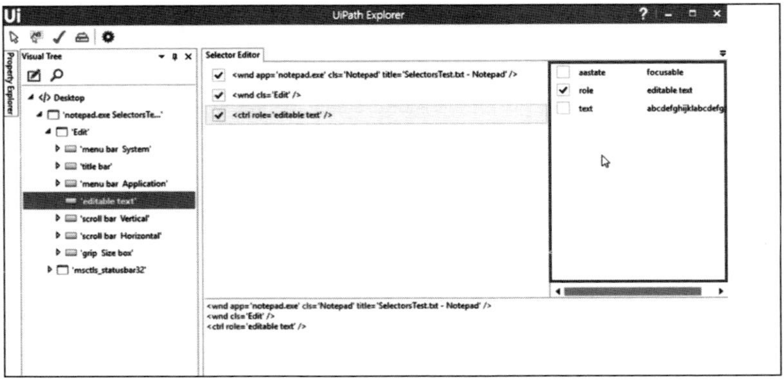

图 3-3　UiPath 的页面属性查询窗口

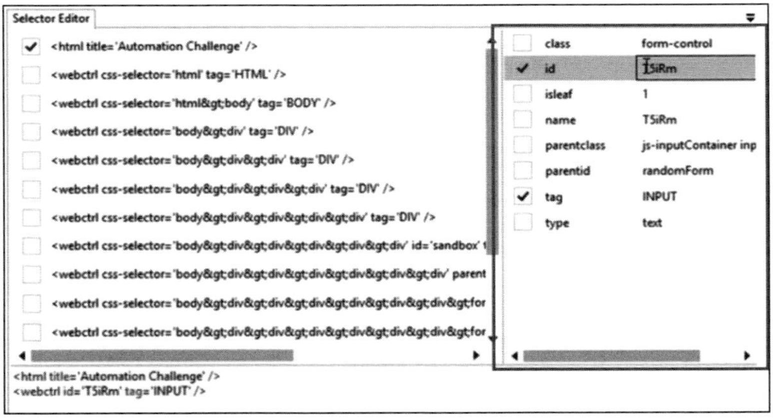

图 3-4　UiPath 的 Selector（选择器）界面示例

抓取 Web 网页中的数据，最重要的就是在页面中准确地定位该数据的位置。目前，经常采用的方式是通过关键值或特征值来查询 Web 页面中的某个元素，如 ID、Name、Tag、Link、DOM、XPath、CssSelector 等。就如前面谈到的客户端查询方式一样，这些特征值必须唯一，并保持不变，否则机器人再次打开网页时，就查询不到该元素了。页面中元素如 ID、Name、Tag、Link 值经常会改变，但页面的结构通常是不变的，所以最常用的页面元素就是 XPath 和 CssSelector。XPath 是一种在 XML 文档中定位元素的语言。因为 HTML 可以被看作 XML 的一种实现，因此可以将页面中元素的位置转换为 XPath 来表示，如 XPath=//div[@id='lMenus']/div[1]/div[2]/span[1]；CSS(Cascading Style Sheets) 是一种用来描述 HTML 和 XML 文档表现的专用语言。CssSelector 可以为网页中的元素绑定属性，如 css=input[name="username"]。这些值通常是稳定且唯一的，如 Automation Anywhere 中的 Object Cloning 命令所抓取的页面元素属性，以及 Selector 中的属性。

为了使页面元素获取速度更快、运行更稳定，RPA 厂商在技术上对浏览器原生的 API 进行封装。但是由于不同的浏览器厂商对 Web 页面元素的操作和呈现会有一些差异，这就需要开发者根据浏览器厂商提供的插件来实现。这就是为什么 RPA 脚本程序在更换终端、浏览器或者浏览器版本之后，都会对 RPA 运行速度和稳定性造成影响。

现实中应用系统的情况是比较复杂的，由于应用开发者可能会对客户端或者页面元素做封装，或者安全控制等特殊处理，导致无法直接获取对象的句柄或页面的标签。此时，我们就需要采取以下几种辅助技术来处理。

（3）利用图像对比技术实现抓取

利用图像抓取技术的主要原理就是预先保存好需要查询的某对象的图像，如一个按钮或下拉控件的图像，当机器人在桌面窗口查询这个对象时，根据预存的该对象的图像对整个窗口的图像做查询和比对。如果匹配成功，机器人就可以获取该图像的坐标位置，进行下一步操作。通常，为了提高图像查询的稳定性，RPA 软件中可预先设置对象图像的比对范围、对比模式、重试次数、精度要求等参数。

图像抓取技术通常是作为辅助手段来使用的，比如 UiPath 会利用图像抓取技术选择辅助项作为锚点，再获取相对位置的某个对象元素，如某个对话框。Automation Anywhere 的 Image Recognize 支持在识别对象附近偏移指定像素点的操作。

图像抓取方式的缺点是：查询速度比较慢，远低于前面谈到的直接按照属性查询对象的方式的速度；如果页面中出现两个图像一致的控件对象，或者想获取的对象被隐藏或没有显示在图像中，那么就无法做出准确的抓取了。

（4）借助 OCR 识别技术实现抓取

OCR（光学字符识别）技术是首先扫描识别整个屏幕图像，获取所有的文字信息，然后在其中查询某个关键字，确定它的坐标位置后再做其他处理动作。OCR 还可以用来识别某个页面对象中的文字信息，如利用标准的抓取方式获得了某个对象，却无法获得对象中所显示的文字内容，OCR 便可以通过该对象所对应的图像信息来识别其中的文字。

OCR 识别方式的缺点是：只能对图像已经展示出来的文字进行识别，而对表格中未显示完整的信息就无法识别；另外，受制于界面展示语言的问题，会出现 OCR 识别率偏低，而无法进行后续处理的情况。

（5）依据界面坐标位置实现抓取

RPA 软件通常也会提供依据界面坐标位置来获取界面要素的功能，这种功能在早期的自动化软件中经常被使用。但由于每次应用界面开启位置的不确定性和界面的低分辨率等问题，目前 RPA 技术实现中已经很少采用这种方式。但如果出现了前面所谈到的各种技术都无法实现，且客户端程序的界面位置不能随意调整，大小也不能缩放的情况，我们也可以采用这种方式。

需要注意的是，在使用坐标位置定位某个对象时，有两种技巧可以提高识别的稳定性。一种是采用相对坐标的计算方法，比如先通过其他技术找到另一个对象的绝对位置，然后计算这个对象与目标对象之间的偏移量，最终计算出目标对象的绝对坐标位置。另一种是通过预先调整程序窗口位置的方式，窗口的位置固定以后，那么窗口里的对象位置也就固定了。

（6）其他特别类型的抓取

如果一些应用程序是采用 Java、Flex、Silverlight 或其他特殊技术实现的，或者是像 SAP GUI 这种被特殊封装过的应用界面，标准的抓取方式通常是无效的，需要在 RPA 中提供单独的技术组件来实现。例如一些独立的程序或单独的插件，或者调整应用程序中的配置来适应 RPA 的访问，或者采用前面提到的图像比对、OCR 识别和界面坐标定位的方式。这类实现自动化的方式差异很大，也比较繁杂，且大多是在实践中不断发现问题并解决问题的经验成果。

2. 根据抓取目标对象分类

前面谈到的抓屏技术是按照技术实现方式分类的。如果根据抓取的目标对象划分，抓屏技术可分为三类：本地客户端（Client）程序的界面抓取、浏览器页面（Web）信息的抓取，以及远程桌面或 Citrix 中界面信息抓取。

（1）本地客户端程序的界面抓取

客户端应用程序指安装和运行在 Windows 或 Mac 操作系统之上的应用程序。其被称作客户端，通常是与服务器端相对应的，但这里也可以指在本地电脑中单机运行的应用程序。客户端应用与网页版应用最大的区别就是对于操作系统的依赖，比如 Windows 的客户端应用无法运行在 Mac OS 的电脑中，而网页版应用则可以实现跨操作系统的用户操作。那么，抓取客户端界面信息的 RPA 技术就必然依赖于操作系统，而且基于不同操作系统的抓取技术其实现也就必然不同，甚至是同样操作系统的不同版本也会造成技术差异。目前最有效的技术抓取方式就是前面提到的抓取应用程序窗口中的对象句柄。

在今天，企业中的业务用户仍旧主要基于微软的 Windows 系统来完成日常的业务操作，所以各家的 RPA 产品普遍对 Windows 应用程序的实现效果较好。而 Mac 或 Linux 操作系统上的应用程序，或是不支持抓取，或是支持能力较弱。

（2）浏览器页面信息的抓取

最早流行的网页标签抓取技术就是我们经常谈到的“网页爬虫”。很多人将“网页爬虫”理解为是一种盗用互联网信息的非法技术，其实爬虫技术本身并无对错，而是要看使用者将其用在了什么地方，起到了什么作用。

RPA 中的 Web 页面信息抓取技术可以看作爬虫技术的升级。二者的相同点是都需要对网页进行解析，即在网页服务器返回的页面信息中使用正则表达式提取所需的数据。不同点是，RPA 可以让用户更加灵活、更快捷、更精准地获取所需要的网页内容，而不必采用爬虫技术中的深度或广度搜索，甚至是避免通过种子 URL 扩展到整个网站的页面访问或下载，以及对网络所带来的流量和访问量的冲击。

近些年，随着互联网行业的爆发式成长，人们更加习惯于通过浏览器来实现应用的操作，也免除安装和配置本地程序的烦恼，所以新的软件厂商更喜欢构建基于网页的应用，传统厂商也纷纷把自己原有的客户端软件迁移到 Web 端。

有别于本地的客户端应用程序，Web 应用对操作系统的依赖较弱，而更依赖于浏览器的内核技术。目前，市场上流行的内核技术包括 IE 内核、Firefox（火狐）浏览器内核技术，以及目前最流行的 Google Chrome 浏览器内核技术，而国内自产的各种浏览器也大多来自于以上三种内核技术。

针对不同内核浏览器所展示出的 Web 页面，RPA 抓取技术也存在差异，但由于前面我们提到的浏览器页面抓取技术主要是借助页面的 xpath 标签，所以浏览器差异所带来的影响远小于客户端对于操作系统差异的影响。

（3）远程桌面（RDP）或 Citrix 中界面信息抓取

如果 RPA 采用云端部署模式，则要通过远程桌面技术来访问远程应用程序；如果外包人员不能直接在企业内工作，则要通过 VPN 的方式来远程访问企业的办公网络和办公环境；如果网络存在安全隔离问题，则不得不通过堡垒机访问远程服务器，这些场景都要用到远程桌面。人们在日常工作中也经常会遇到通过远程桌面或 Citrix 访问系统的情况，所以 RPA 必须实现远程桌面信息的抓取。

由于远程桌面返给用户终端的并不是实际操作环境，而是加载的内存中的图像，所以无法用标准的抓取方式来解决这个问题。另外，由于远程桌面的打开位置和图像显示经常会变形，所以也不适合采用图像比对和界面坐标定位的方式实现。因此，借助 OCR 技术和下一节谈到的快捷键操作就成了其主要的处理手段。

为了提高 RPA 处理能力，通常还需要加入一些辅助的处理手段，如 Automation Anywhere 中的 AISense，就是在 OCR 的基础上利用人工智能技来帮助识别 Citrix 中的界面信息。而且，界面中对象的位置改变也不会影响其对信息的识别。或者可以在 Citrix 中安装自定义的扩展插件，变相地将虚拟桌面中的内容转换成本地对象，那么就可以采用标准的抓取方式来实现自动化了。

接下来，我们看看哪些情况是不能通过界面信息抓取的方式实现自动化的？RPA 处理不了的情况大致分为三种：找不到、读不懂、处理不了。

“找不到”是指 RPA 无法通过前面谈到的各类技术来抓取界面中的对象。这通常是由于应用开发者对程序界面或 Web 页面中的代码做了特别的框架封装，并且页面内容又经常会随着刷新而改变，导致无法采用图像识别或 OCR 技术来处理。虽然这种情况很少发生，但在实际应用中如果遇到这种问题，我们只能通过快捷键操作或者变通到其他业务处理方式上，以避开这种技术“陷阱”。

“读不懂”是指虽然 RPA 可以抓取界面中的对象，但是无法理解其中的内容。一种最典型的情况就是用户在登录外部网站时经常出现的“验证码”。设置“验证码”的目的就是防止网络攻击访问（DDoS），以及防止非真实的人类用户或机器人的访问，所以 RPA“读不懂”验证码，完全属于正常情况。部分开发者会借助互联网上所谓的“打码”工具对验证码进行破解，破解后再返回给 RPA 使用，但仍然存在验证码升级带来的潜在风险。另一种情况就是，RPA 抓取到的对象中的文字完全是采用自然语言表达的，通过预定义规则和 NLP 的方式都无法对其进行处理。

“处理不了”是指 RPA 能够抓取界面中的对象，如一个文本输入框，但是无法向其中键入文字。这通常是由于开发者给这个输入框做了特别的安全控制，如禁止模拟键盘操作，像网上银行这类高安全要求的应用中经常会遇到这种情况。部分开发者会借助一些特殊的外接设备来解决此类问题。

综上所述，大部分不能抓取界面信息的情况是由于开发者当初设置的安全控制所引起的。所以在 RPA 项目中，开发者应当首先与安全部门了解企业的安全管控要求。如果这些安全管控要求是必需的，就不能使用机器人直接操作，但可采用人机结合的处理方式。例如机器人在处理到这些安全字段时，先暂停处理，转由人工完成键入或识别工作，然后触发机器人进行接下来的处理。如果这些安全管控要求对机器人是可以特别开放的，就可以在后台应用程序代码调整或系统配置之后，再来实现 RPA 自动化处理。

3.1.2　模拟鼠标和键盘技术

RPA 一项重要的技术就是模拟人工对鼠标和键盘的一些操作，比如单击、双击、右击、拖拽等鼠标操作，或者键盘输入、快捷键使用、组合键使用等键盘操作，这项技术常用于游戏外挂的开发。

从原理上讲，当用户按下某一个键盘的按键时，键盘中的芯片就会检查到这个动作，并把扫描码（注：每个按键都有唯一的编码）返回给计算机。接下来，键盘驱动程序会接收这个扫描码，并把它转换为键盘虚拟码。对于同一个按键、不同键盘，扫描码可能不同，但按键的虚拟码是相同的，如按键 A 的虚拟码是 65，那么十六进制就是 &H41。接下来，操作系统会把键盘信息放置到队列消息中，并传送给当前的活动窗口。

RPA 中有三种模拟技术。

第一种是应用级模式，可以模拟键盘消息发给目标应用程序，例如利用 Windows 中提供的 API 函数，如 SendMessage 和 PostMessage。

第二种是系统级模拟，可以模拟全局键盘消息发送给所有程序的窗口，如利用 API 函数 keybd_event 或者全局钩子函数 HOOK 来模拟键盘消息。

第三种是驱动级模拟，可以直接读写键盘的硬件端口。这样的实现方式相当于绕过了应用层和操作系统层，直接与物理硬件进行对话。而普通应用程序是无权操作系统端口的，需要利用相应的驱动程序来实现。鼠标控制的方式是利用全局函数，需要给出横纵坐标才能确定鼠标的操作，如 MOUSEEVENTF_MOVE（移动鼠标）、MOUSEEVENTF_LEFTDOWN（按下鼠标左键）和 MOUSEEVENTF_LEFTUP（放开鼠标左键）等。

在不同的 RPA 软件中对于键盘操作的处理方式也不尽相同。在 Automation Anywhere 中的 Insert Keystrokes（插入按键操作）命令中（如图 3-5 所示），键盘操作的处理方式是基于所需要操作的键盘的窗口录入数据，也可以插入参数和一些特殊的键盘操作。例如，“Control+C”的操作应处理为“[CTRL DOWN]c[CTRL UP]”。

图 3-5　Automation Anywhere 中的键盘操作窗口

在 UiPath 中键盘操作的处理方式是先选定一个对象，然后通过输入信息（Type Into）和发送热键（Send Hotkey）两个动作实现键盘操作，如图 3-6 所示。

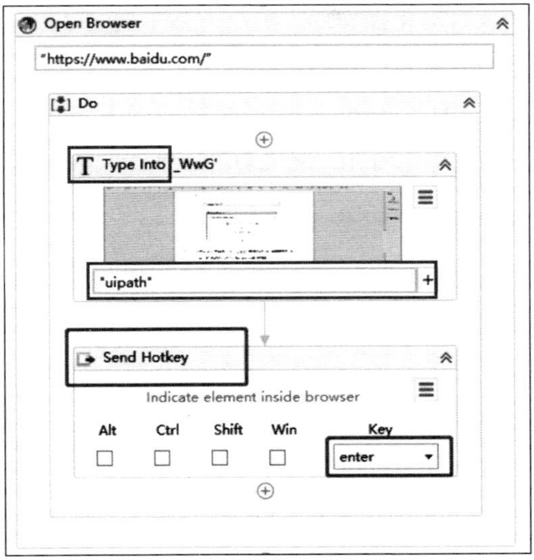

图 3-6　UiPath 中的键盘操作窗口

3.1.3　其他自动化处理技术

除上面谈到的比较常用的自动化抓取界面信息、键盘和鼠标模拟技术以外，RPA 对一些常用的软件工具也提供专门的自动化技术实现，主要是通过某些应用软件对外提供的 API 或者可扩展插件提高运行效率。

1. Office 自动化

Excel、Word、Outlook 等常用的 Office 软件都会对外提供可

用的 API 函数，用于访问 API 功能。RPA 可以通过这些 API 实现 Office 系列软件一些操作的自动化处理，如 Excel 表中的过滤、排序、透视图制作等，如果通过标准的抓取方式实现对透视图的自动化处理，虽然比较直观，但是涉及大量点击、拖拽和右键菜单操作，步骤多就会导致自动化操作的不稳定。如果通过 API 来实现，则速度更快，稳定性也更高。在这种 API 的实现方式下，客户端甚至不需要安装 Excel 软件。另外一种方式是在 Office 软件的可扩展加载项中增加专门的自动化插件，解决 Office 嵌入式的自动化处理。

2. 对 Windows 原生应用的自动化

RPA 可以通过 Windows 的 API 实现对文件夹和文件的自动化处理，如新建文件夹、修改文件名称、复制新文件等；也可以实现对 Windows 窗口操作的自动化，如最小化、最大化等；还可以实现活动目录（Active Directory）的自动化处理，如创建组、修改用户等。将 API 封装之后的自动化处理比标准的抓取方式更快、更稳定。

3. 电子邮件自动化

RPA 可调用收发邮件的 API，如 SMTP、POP3、IMAP 等实现对电子邮件的自动化收发处理，包括收发邮件、删除邮件等。当然，我们也可以使用 Outlook 邮件的 API 或者在邮件客户端上采用标准的抓取方式来收发邮件。

如果技术允许，RPA 可以封装更多类型的 API 来实现自动化，如 PDF、FTP 等，关键看需要自动化的软件是否具有更广泛的使用度；也可以调用其他脚本文件或者可执行文件，如 VB Script、Java Script、Python、exe 等，来保护原有已经开发的自动化资产管理；或者调用外部的 Service 或者 API 来执行自动化处理，借助第三方库实现自动化处理。

3.1.4　工作流技术

由于 RPA 的主要作用就是解决业务流程自动化的问题，那么工作流技术就是其必不可少的能力。工作流（Workflow）技术是基于业务流程管理（Business Process Management，BPM）理论和实践而诞生的一套技术解决方案，通常包含工作流设计、工作流运行和工作流监控三个部分。工作流技术通常用来控制和管理文档在各个计算机之间自动传递，而不是某个任务中步骤的自动化处理。

而 RPA 通过操作用户界面来访问应用程序，实现了像人类用户一样在业务逻辑上的连续处理。在这个过程中，RPA 需要操作一个或多个界面，在每个界面又须处理一些数据项，被视为一种微观层面的工作流处理。所以 RPA 须具有工作流技术的相关特征，如流程触发、流程嵌套、分支（IF ELSE）、循环、暂停、取消、延时和错误处理等，同时在流程中须支持常量、变量的定义。

为了更好地定义和设计工作流程，RPA 通常提供专门的工作流设计工具来帮助用户以图形化方式定义工作流，支持以拖拽控件的方式快速组装业务流程，以录制的方式自动生成初始的流程记录，还提供类似历史版本比对的功能。一般情况下，RPA 还内置调试器和模拟器，用于流程的测试，并通过日志记录流程的运行过程。

以 Blue Prism 的流程定义为例，如图 3-7 所示，流程中涉及一个或多个页面，从某个主页面上开始执行。一个流程首先分为不同的步骤，每个步骤可能会控制相同或不同的对象，然后利用控制流，如连接、决策、选择或循环等将步骤串接起来。流程中的某个步骤还可以调用另一个处理流程，Blue Prism RPA 流程图示例如图 3-8 所示。

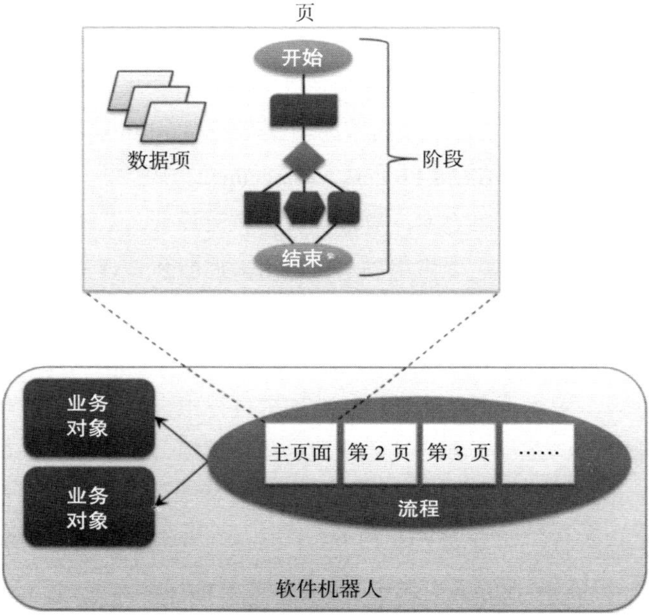

图 3-7　Blue Prism 中的流程定义方式

上面谈到的是顺序工作流，顺序工作流提供了一系列有组织的步骤。一般情况下，步骤是逐一执行的。可能有的步骤需要等待某些事件发生后才可以执行。另一种工作流类型是状态机工作流，状态机工作流提供了一系列状态，如图 3-7 所示。工作流从初始状态开始，到终止状态结束。两个状态之间通过定义行为过渡。通常情况下，状态机工作流对事件做出反应，事件的发生将会使状态发生改变。UiPath 是基于微软的 Windows Workflow Foundation（WWF）来构建的。WWF 是一种用于构建应用和服务逻辑的开发框架，属于 .Net Framework 的一部分。UiPath 的流程定义中既支持顺序工作流，如 Flowchart（流图）（如图 3-9 所示）和 Sequence（顺序图）类型，也支持状态机工作流，如 State Machine（状态机图）类型，如图 3-10 所示。

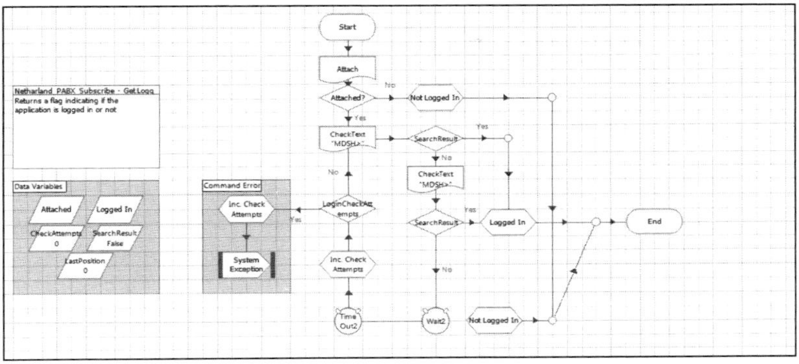

图 3-8　Blue Prism RPA 流程图示例

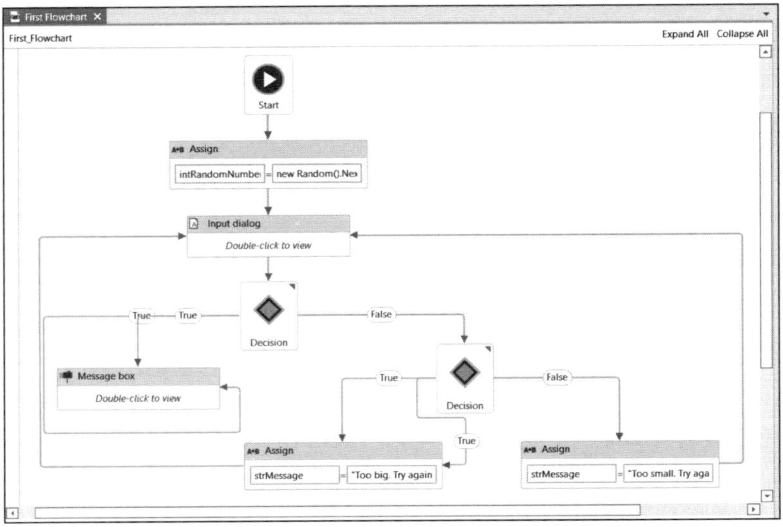

图 3-9　UiPath 中的 Flowchart 示例

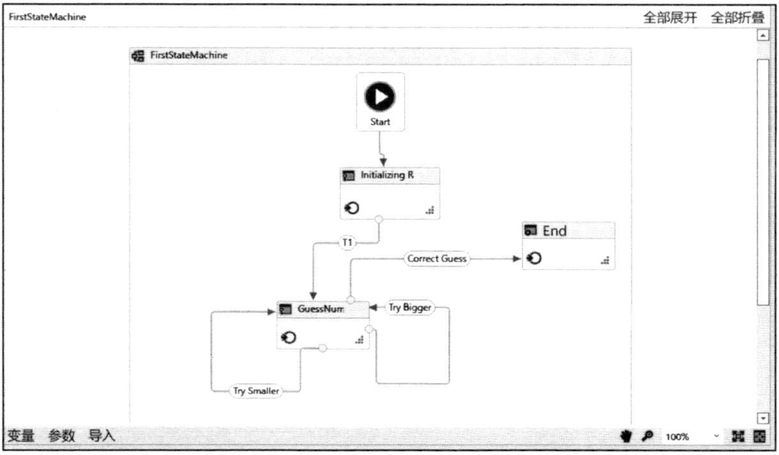

图 3-10　UiPath 中的 State Machine 示例

Automation Anywhere 最新的 A2019 产品采用“流”和“列表”两种方式来支持机器人脚本开发，如图 3-11 所示。一种内核支持两种视图或者多种视图，这也是基于 MVC（模型 – 视图 – 控制器）的设计理念。

工作流的另外一个主要组成部分就是流程监控。流程监控是通过提供图形化方式对流程进行配置，以及对流程执行情况进行监控。配置功能包括流程何时启动、何时触发事件、哪些设备可以执行、流程之间的关联关系等。监控功能包括流程运转状况、每个环节所耗费的时间、运行的业务量、执行成功或失败的情况等。实时监控的难度相对较大，但员工可以通过跟踪流程判断实际发生的情况。例如，判断酒店房间是否可用。通过特定的流程分析工具，员工可以实时看到成功执行流程比率或特定类型流程执行的失败次数，还可以看到流程中的异常信息。通过实时监控，员工可以及时发现运行中的问题，有助于管理者更有效地分析自动化业务流程。Automation Anywhere 中的队列监控界面如图 3-12 所示。

图 3-11　Automation Anywhere A2019 中的流程图示例

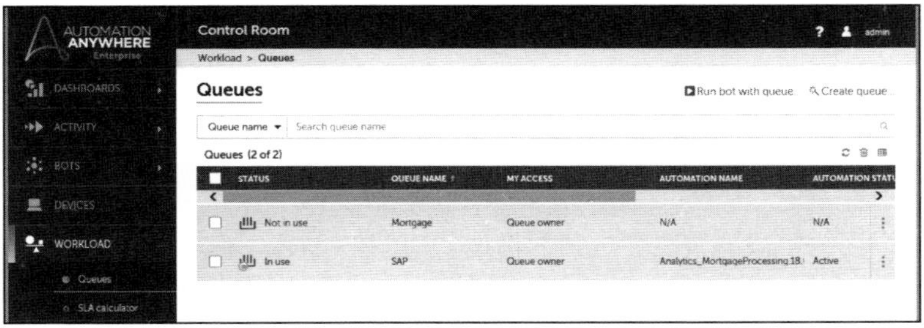

图 3-12　Automation Anywhere 中的队列监控界面

3.2　用于数据获取的相关技术

在应用过程中，RPA 通常在第一个数据获取环节就会遇到难题，如给机器人输入的是一份扫描件、一张图片或者一段人类语言描述的文字。如何来处理？这就需要另外两项技术：光学字符识别（OCR）技术和自然语言处理（NLP）技术。这两项技术早已发展多年，近年来又结合了深度学习和卷积神经网络等算法，在各自领域取得了突破。接下来，我们将从它们在自动化领域应用的原因、技术原理以及如何与 RPA 相结合这几个方面进行介绍。

3.2.1 光学字符识别

所谓光学字符识别（Optical Character Recognition，OCR）技术，是指基于电子设备（如扫描仪或数码相机）扫描件的文字，通过 OCR 技术检测扫描件上暗、亮的模式以确定文字的形状，然后用字符识别方法将形状翻译成文字的过程。整个过程是首先需要对纸质文本资料进行扫描，然后对图像文件进行分析处理，最后获取文字及版面信息。

由于企业员工在办理业务过程中，仍然需要与真实的物理世界打交道，小到发票识别、文档识别、银行卡和身份证的识别，大到广告、海报的识别，而 RPA 却不能直接读取这些图像信息，因此需要借助 OCR 技术。另外，如果遇到需要识别远程桌面或无法获取本地桌面的字段的情况，也需要借助 OCR 技术来识别。例如，财务领域的自动化应用中，经常需要利用 OCR 技术对发票进行识别和处理。图 3-13 为机动车销售统一发票。

如何辨别识别错误以及利用辅助信息提高识别正确率，是 OCR 中最重要的课题。而在自动化领域，对 OCR 的识别率要求就更高了，因为用户希望识别出来的数据最好不通过人工校验，就可以自动地录入系统或者用于校验信息。但由于扫描文件或照片涉及的干扰因素很多，包括扫描仪的品质、识别的方法、拍照时的光线、文件印刷品质、有无折痕、有无其他印记覆盖等，这些因素都会影响其识别的正确率。

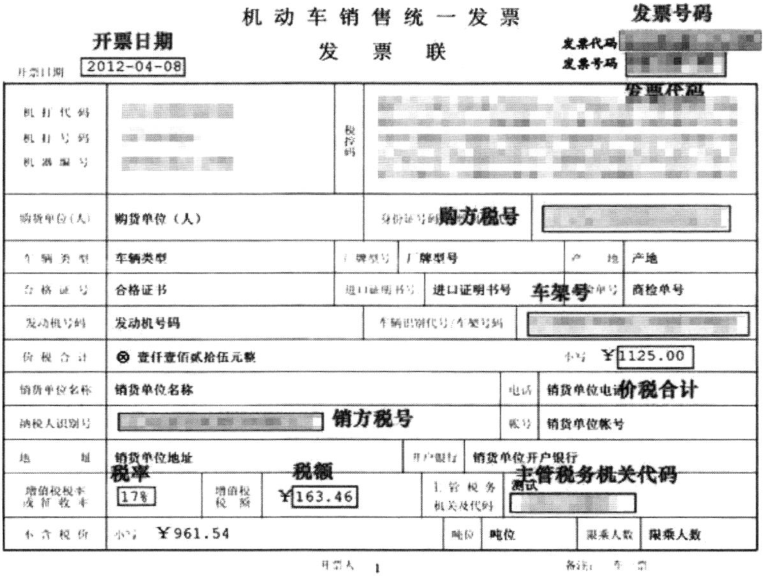

图 3-13　机动车销售统一发票示例

所以，OCR 在识别文字前，需要有一个图像优化处理过程，即影像前处理过程，对图像进行增强处理，如强化对比度、增加亮度、图像旋转等。接下来，就是文字特征的提取，一种方法是通过统计特征，另一种方法是通过图像结构的特征。有些特征结果还需要与预存的特征库进行比对。所以，这就是为什么不同的 OCR 产品对于不同语言的识别能力不同，关键在于某类字符的特征库是否完整，算法是否优化。衡量一项 OCR 技术性能好坏的主要指标有拒识率、误识率、识别速度、处理友好性、稳定性、易用性及可行性等。

传统的 OCR 技术还须靠人工来判断和校正，特别是对于手写文字、印章、套打、压盖等，识别率不高。虽然 OCR 技术已经发展多年，也在金融机构的票据中心、单证中心、财务共享中心得到广泛使用，但直到今天，人工介入的环节还是不可避免。人工介入的环节如何更少，人工介入后的处理如何更便捷，才是自动化领域专家需要考虑的问题。

在自动化领域，我们主要通过两个方向来解决 OCR 的识别率问题。一个是技术方向，即通过人工智能技术与 OCR 技术相结合的方式来提升识别率，特别是对于特殊文字的识别，如手写、压盖等。智能字符识别（Intelligent Character Recognition，ICR）这个名词也因此而产生。

大多数 ICR 都带有一个自学习系统，借助于机器学习（ML）和卷积神经网络（CNN）技术，自动更新识别库，并通过前期对大量字符集进行标注和训练，逐步形成所需要的神经网络模型。另外，ICR 还可以通过配置不同的识别引擎并相互校验的方式来进行识别。每个引擎都会被赋予选择性投票权以确定字符的可信度。因为各种识别引擎的专长是不一样的，有的善于识别数字，有的善于识别英文，有的善于识别中文等。所以，用户需要根据识别的内容类型自动选择识别引擎或配置不同引擎的投票权重。

例如在识别数字时，用于识别数字的引擎具有更高的投票权重；在识别英文中，用于识别手写字母的引擎具有更高的投票权重。即使这样，在今天看来，手写文字的识别仍然是十分困难的。在自动化领域，通常只会对固定范围内且是正楷手写的文字才会尝试验证使用。图 3-14 是几个需要利用 AI 技术来协助完成识别的复杂图像，包括手写的阿拉伯数字和大写数字、被覆盖的印刷字符、带有勾选框的字符、印章文字以及带边框的文字。

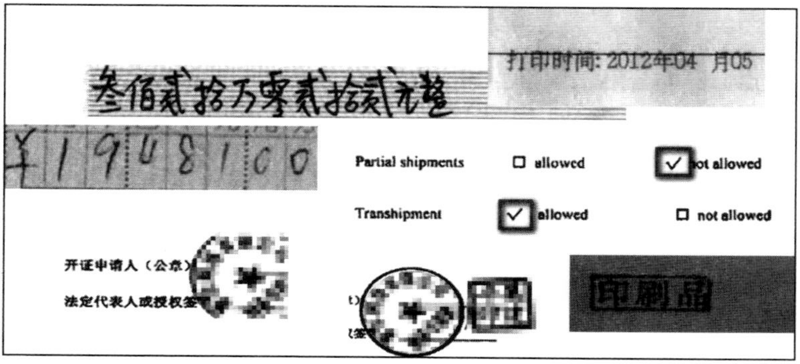

图 3-14　复杂图像

除技术方向外，另一个就是业务方向，即利用业务管理手段来帮助 OCR 提高识别率。例如，采用统一的高拍仪或扫描仪按照规范来获取图像，而避免个人手机拍摄因为手机的差异、拍摄角度和光线的差异导致识别率降低。例如，加入预校验功能，即事先排除那些低识别率的扫描件，直接转入人工处理，而避免流程进入大批量处理后，再由人工处理。例如，采用在需要比对的系统用户界面上直接附着已经切割好的图像切片，这样就避免了用户的双屏来回切换以寻找对比要素的过程。类似的业务调整和管理手段还有很多，最终目的都是希望减轻业务人员的工作量，提高工作质量和效率。

最后，如果企业仍然觉得 OCR 技术难以实现和掌握，还可以利用一些互联网公司提供的云端服务，如腾讯云的文字识别提供了身份证、名片、银行卡、车牌、行驶证、驾驶证、营业执照、通用手写体、通用印刷体的识别，并提供了后付费和预付费两种计费模式；百度云的文字识别还提供了网络图片、火车票、出租车票的识别。利用云服务的 OCR 每次识别的费用相对较低，如果企业对信息识别量不大，也可以考虑利用云服务结合 RPA 来一起使用。

3.2.2 自然语言处理

自然语言处理（Natural Language Processing，NLP）是研究如何让计算机理解并生成人类自然语言的一种技术。在 RPA 的应用过程中，NLP 的应用场景主要有以下几种情况。

- 当机器人接收到的要处理的信息不是结构化字段，也不是待 OCR 处理的扫描图像，而是一段人类自然语言表达的文字时，这就需要 NLP 从中提取出关键的字段信息，然后自动录入系统或者与系统中的信息做比对。
- 在 OCR 技术识别完信息之后，NLP 技术可用来做优化处理，在识别完的文字中找出最合乎逻辑的词，做出文字修正。
- 当需要处理大量信息时，RPA 可以利用 NLP 进行检索或分类处理。
- NLP 技术可以在 RPA 处理完成以后以自然语言的方式反馈给用户。

NLP 由两项主要技术完成，包括自然语言理解和自然语言生成。自然语言理解的主要目标是帮助机器更好地理解人的语言，而自然语言生成的主要目标是帮助机器生成人类能够理解的语言。NLP 是典型受制于语言特性的一项技术，如由于中文和英文在用词和语法的差异，造成 NLP 所使用的算法技术具有很大差异。

在自动化应用领域，NLP 一方面配合 RPA 来使用，另一方面也可以配合 OCR 来使用，协助提高文字识别率。例如，银行信用卡中心的 RPA 客服机器人收到这样的一份客户请求，“明天，请将我的个人信用卡额度多调整 1 万元”，这句话是不能被机器人所理解的，需要借助 NLP，如图 3-15 所示。

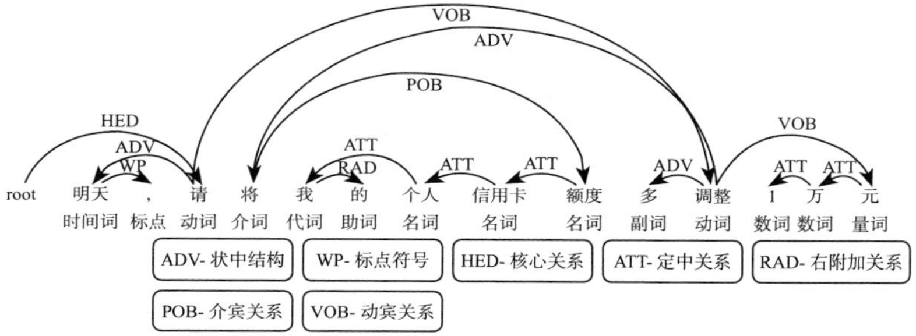

图 3-15　NLP 句法和词法分解

机器人结合领域知识将句子转换为业务信息，时间（Daytime）是“明天”，即“计算机获取的今天日期 +1”，假设得到明天的日期是“2018-11-20”；主语是“信用卡”；定语是“我的”，依据客户的请求来源可以得到 Customer ID，再依据 Customer ID 查询该客户名下拥有的信用卡（Card No）；动作（Action）是“额度调整”；金额（Amount）是“1 万元”。

通过这样的处理后，机器人获得的信息就变成了 { Customer ID: XXXXXX| Card No: XXXX-XXXX-XXX| Action: Credit Limit Adjustment| Amount: 10,000RMB| Daytime: 2018-11-20}，然后按照对应的动作自动打开相应的界面，直接录入相关信息进行操作。当然，机器人可能接收到的信息是“从明天起，我的信用卡额度增加 1 万元”或“我的信用卡额度从明天起请求提升 1 万元”，但是这样的话术调整，并不会影响处理结果。这只是一个较为简单的示例，真实的自然语言理解具有的难度更大，因为自然语言包含大量的口语语言现象，如省略、指代、更正、重复、强调、倒序等，所以中文

的 NLP 仍然被公认为是最难的。

但是我们必须澄清一点，RPA 的应用领域主要是在商业环境中的业务办理环节，话术是相对规范和标准的，而且范围也是相对狭窄和明确的。为了配合 RPA 的使用，企业也可以从管理角度规范双方沟通的话术。

3.3 用于决策判断的相关技术

OCR 和 NLP 技术基本上解决了 RPA 在数据获取环节遇到的问题，你也许还会问，"难道业务流程中就没有基于员工经验的主观判断吗？对于这些判断和决策，机器人如何自动处理？"我们必须承认，主观判断绝对是有的。但是经过深入的分析，发现其实所谓的"个人经验"，实际上可以大致分为几类情况。

第一类是对于复杂规则的判断，有经验的员工对某项工作做得久了就知道一件事情应该从哪些维度去判断，并综合各个维度的规则标准，得出结论。例如，某个采购项目的判断需要考虑价格、效率、质量、成本等各个方面的因素。

第二类是指有经验的员工可以对一个新的信息进行准确的分类和排序，快速将其分拣到某个类别中，后续再按照标准流程去处理。举个简单的例子，血管内科的医生需要对高血压患者的病情进行分级处理，根据血压高低可分为临界高血压（高压 130 ～ 139mmHg/ 低压 85 ～ 89mmHg）、轻度高血压（高压 140 ～ 159mmHg/ 低压 90 ～ 99mmHg）、中度高血压（高压 160 ～ 179mmHg/ 低压 100 ～ 109mmHg）、重度高血压（高压≥ 180mmHg / 低压≥ 110mmHg）。有了具体的分级后，医生才能给患者制定相应的治疗方案。

第三类是员工的知识储备很丰富，头脑中记得以前处理过类似的事情，那么本次还可以按照以前的方式来做决策。

第四类相对更复杂、主观一些，是指有经验的员工在工作中不断地积累某些信息的判断结果。决策做对了，员工则给判断结果一个正向的权重；决策做错了，员工则给判断结果一个负向的权重，长久以往在头脑中形成一个判断模型，再有新的信息就可以利用这个模型进行决策。

针对第一类情况，我们可以采用 RPA 结合规则引擎的算法实现自动化；针对第二类情况，我们可以采用 RPA 结合数据统计分析的算法实现自动化；针对第三类情况，我们可以采用 RPA 结合知识库系统的方式实现自动化；第四类情况实现起来最有难度，以目前人工智能的发展水平，我们可以尝试采用专家系统结合机器学习和增强学习的方式。第四类情况太过主观，但其实在真实的商业环境中并不多见，大多数的业务环节是可以明确定义出业务规则和分析方法的，这也正是自动化应用前景广泛的原因。在高级的流程自动化应用中，决策环节经常采用的技术包括业务规则引擎、知识库和基于数据的决策技术。

3.3.1 业务规则引擎

业务规则引擎（Business Rule Engine, BRE）是指可以执行一个或多个业务规则的程序或软件。这些业务规则主要与企业中的业务规范、规章制度、逻辑判断有关，而与程序的处理过程无关。例如，当“VIP 客户订单数量 > 10 或普通客户的订单数量 > 50”时，客户有资格获得免费送货的福利；所有一次花费超过 1000 元的客户将获得 10% 的折扣等。这些业务规则经常会因为企业的经营情况、营销活动的变化而随时改变，所以企业希望利用独立规则引擎，与其他应用程序分开。这样，业务规则就可以被独立地定义、设计、测试、执行和维护。

首先，我们需要回答一个问题，为什么不将业务规则直接写在RPA自动化脚本中，而是采用独立的规则引擎？这主要出于三方面的考虑。

第一，设计方面。如果出现规则过于复杂的情况，如图3-16所示的规则矩阵，则利用程序中if…else…的表达方式就会显得非常混乱和难以理解。而规则引擎可以让用户以可视化、近乎自然语言的方式来定义这些规则，并在运行过程中及时生效。

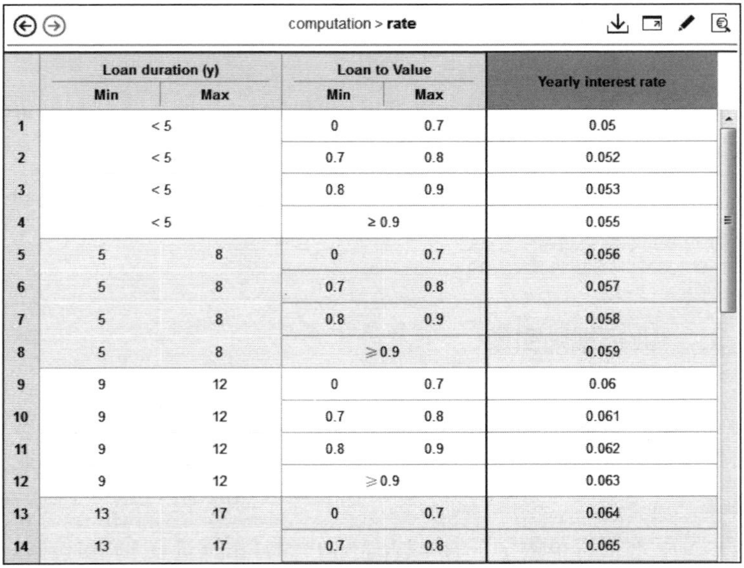

	Loan duration (y)		Loan to Value		Yearly interest rate
	Min	Max	Min	Max	
1	< 5		0	0.7	0.05
2	< 5		0.7	0.8	0.052
3	< 5		0.8	0.9	0.053
4	< 5		≥ 0.9		0.055
5	5	8	0	0.7	0.056
6	5	8	0.7	0.8	0.057
7	5	8	0.8	0.9	0.058
8	5	8	⩾0.9		0.059
9	9	12	0	0.7	0.06
10	9	12	0.7	0.8	0.061
11	9	12	0.8	0.9	0.062
12	9	12	⩾0.9		0.063
13	13	17	0	0.7	0.064
14	13	17	0.7	0.8	0.065

图3-16　规则矩阵

另外，如果将RPA流程处理过程与业务规则相解耦分离，也就可以将 RPA 开发人员和业务人员双方的权责分离。开发人员关注于流程实现，而业务人员关注于规则的定义。双方的权责明确不仅对自动化的设计过程有积极影响，而且对未来生产运行问题的界定和认责也是有积极影响的。

第二，维护方面。前面谈到业务规则经常会改变，如果业务规则和程序逻辑绑定，一些小的修改都可能造成业务风险。若二者相分离，业务规则不管如何改动都不会影响原有程序的运行。

第三，复用方面。规则引擎所具有的业务规则的复用性、业务规则库的全局视角，以及所见即所得的特点，都有利于管理者更好地了解业务运营情况。

在传统自动化应用领域，业务规则引擎经常结合工作流引擎技术一起使用。由于 RPA 的处理过程更加贴近真实的业务处理，因此很有必要将业务规则引擎独立出来进行单独表达和维护。在 RPA 运行过程中，机器人可以按照自己的处理流程随时调用内部配置或外部配置的业务规则引擎进行处理，处理结果再返回给机器人进行下一个步骤的操作。

3.3.2　知识库系统

知识库系统是收集、处理、分享组织中全部知识的信息系统，可以对组织中大量有价值的方案、策划、成果、经验等知识进行分类存储和管理，积累知识资产避免流失，促进知识的学习、共享、培训、再利用和创新。

RPA 结合知识库系统的使用场景主要是呼叫中心对客户服务或员工服务。在自动化领域用好知识库系统，需要做到以下两点。

第一，需要考虑知识库中知识的积累方式和表示模式，由于以前的知识库都是提供给人类使用的，大多采用自然语言表达，而如果是提供给机器人使用，则更多地需要采用规则化、知识图谱类的存储方式。

第二，需要在知识库搜索到的结果中加入可信度分析，这样才能确保可信度高的知识可以被机器人拿来直接使用，而可信度低的知识还需要人工辅助校验。

3.3.3 基于数据的决策

当今时代，数据为企业所带来的价值是毋庸置疑的，但是绝大多数人讨论的都是大数据分析能够给企业的经营管理者或领导者带来什么价值。在自动化领域，我们需要利用小范围、小样本的数据，来帮助机器人在操作过程中快速地做出决策。其实，大数据帮助解决的是一线操作人员的判断和决策问题，以避免个人的直觉给企业带来风险隐患。所以，自动化领域的数据决策与大家经常讨论的大数据决策是有差别的。

在自动化领域，用户通常会用数据决策来解决两类问题：分类问题和决策分析问题。

分类问题经常出现在自动化操作过程中。数据分类就是把具有某种共同属性或特征的数据归并在一起。最容易的是通过所属类别的属性或特征对数据进行分类，如信用评估、文本分类、风险判断等；相对容易的是对线性数据进行分类；相对难一点的是对非线性数据和随机数据进行分类。

决策分析问题方法是利用一种树形结构，对树节点上的每个属性进行衡量，并以此做出最终的决策。该方法可以帮助 RPA 解决某些复杂问题的决策判断，而且决策结果也会更加理性。图 3-17 为一种树形结构的建厂决策分析示例。

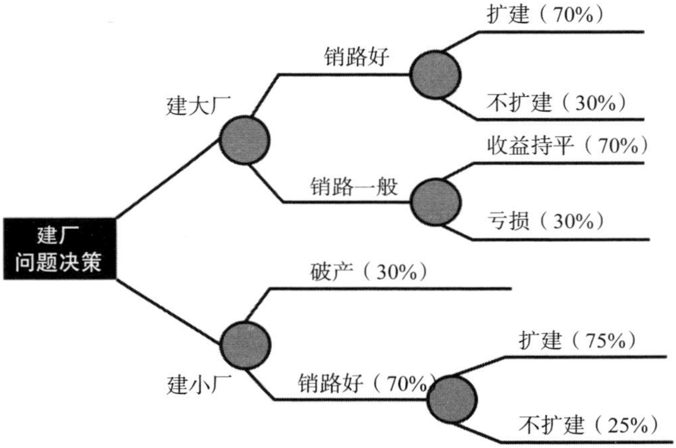

图 3-17　决策分析问题树示例

我们除了要了解如何决策，在 RPA 领域还需要关心决策的速度。因为 RPA 的处理过程是一个连续的同步处理过程，而不是可延时的异步处理过程，所以就要求数据决策时从连续的数据记录中快速地提取知识。一旦有流数据进入分析引擎，分析引擎会立刻发起计算，并将结果输出至下游，因此，流数据处理的模式为“事件驱动”。目前，能满足这样能力的技术框架包括 SOFA 流计算平台、Confluent Platform 、Spark Streaming 等。

针对 RPA 在流数据处理过程中如何做出判断和决策，我们应该考虑前面介绍的三种技术。如果企业已经构建后端的 IT 决策系统，则采用 RPA 的好处就是不必开发与后端系统的接口程序，只需要先通过模拟人类员工的操作方式，访问系统后在用户界面输入关键字查询并获取决策结果，接着再回到自动化流程操作处理。

除了技术以外，当然还有一个最重要的因素可以考虑，那就是“人”。目前还没有任何算法和技术可以完全替代人的分析决策能力，特别是对于一些模糊、抽象和未知的领域。在 RPA 的处理过程中，加入人的判断和决策也是实现自动化的一种重要手段，而有人值守机器人的主要作用也是在于此。

3.4 RPA 与人工智能技术的结合

人们在果树上摘果子的时候，总会发现一些果子结在较低位置，伸手可得，这在经济学上称为“低垂的果实”，目前也泛指那些工作难度不大，只需付出较小努力便能办成的事情。如果说 RPA 是人工智能领域一颗低垂的果实，那么在人工智能领域那些更复杂、更难的技术能辅助 RPA 做什么呢？这就是在所谓的“智能自动化阶段”需要考虑的问题。

IPA 中需要解决的问题仍然还是上面谈到的数据获取问题和决策判断问题。因为 OCR 还只是能解决图像中文字的识别，而如果需要对照片或影像进行识别，就需要采用计算机视觉技术。自然语言处理只能够处理静态扫描件，如果涉及机器人和人的交流过程，还需要用到对话机器人。对于自动化流程中更高难度的决策判断，我们则需要采用专家系统。

3.4.1 计算机视觉

计算机视觉（Computer Vision）是一门研究机器如何“看”的科学，是指用摄影机和计算机代替人眼对目标进行识别、跟踪和测量等，并用计算机进一步对图像做出处理，最终将目标处理成更适合人眼观察或符合仪器检测的图像。计算机视觉由硬件、软件等元素组成，比如图像采集设备、镜头控制及相应算法（基础算法是深度学习）。

流程自动化领域通常与计算机视觉里的图像分类和图像检测识别技术相辅相成。

图像分类通常是与OCR技术结合使用。因为图像在OCR识别之前必须要明确图像的类别，比如在一堆发票中需要分辨出哪些是增值税发票、哪些是出租车票，然后利用OCR技术识别票面中的要素。计算机实现分类时并不能像人眼一样直接对图像本身分类，因为算法只能对数据分类，所以需要将某一类图像所拥有的独有属性作为图像特征，然后依据人工智能算法利用图像特征进行分类。目前，较为流行的图像分类架构是卷积神经网络（CNN），它是将图像送入CNN网络，然后由网络对图像数据进行分类，这样处理之后方便OCR对分类后的图像进行文字识别。

图像检测是指对图像中的对象进行识别，以识别各种不同模式的目标和对象。图像分类关心的是图像的整体，给出的是整张图片的内容描述，而检测则关注特定的物体目标，要求同时获得这一目标的类别信息和位置信息。图像检测在自动化领域用于RPA机器人自动操作行为的触发，如在视频或图像中检测到目标物体，则触发机器人的自动化处理。

目前，计算机视觉技术主要的应用领域是物理机器人行业，如机器人按照路线行进和躲避障碍物等，如图3-18所示。相信随着人工智能技术的进一步成熟，计算机视觉技术能够顺利地融入更多人工智能产品中，也会与流程自动化领域结合得更紧密。因为计算机视觉技术是把物理世界转换为数字化世界的重要一环，也是RPA从虚拟的软件环境连接到真实环境的重要手段，如路标的识别、汽车牌照的识别、商家招牌的识别，以便于后续统计和分类的自动化。

图 3-18　图像检测识别示例

3.4.2　对话机器人

对话机器人（Chatbot）其实也是一种软件机器人，其核心技术就是自动问答，即利用计算机自动回答用户所提出的问题以满足用户知识需求。它不同于现有搜索引擎，不再是基于关键词匹配排序的文档列表，而是精准的自然语言答案。在自然语言处理研究领域，问答系统被认为是验证机器是否具备自然语言理解能力的四个任务之一，其他三个任务是机器翻译、复述输入文本和自动生成文本摘要。2011 年，以深度问答技术为核心的 IBM Watson 自动问答机器人在美国智力竞赛节目 Jeopardy 中战胜人类选手，引起了业内的巨大轰动。后来，以苹果公司 Siri、Google Now、微软小冰等为代表的移动生活助手爆发式涌现。

但是，对话机器人在自动化领域的应用与个人移动助手式的应用有明显的区别。在自动化领域，对话机器人主要被当作人机协作的交互界面使用，从而替代传统系统中的用户界面。例如，当 RPA 机器人自动处理一笔采购订单时，订单中的某项内容不符合业务规范，常规做法是业务人员介入修改这项内容，然后 RPA 机器人进行操作。如果采用对话机器人，这时 RPA 机器人就可以将消息发给对话机器人，假如对话机器人已经安装在业务人员手机端，那么业务人员就可以通过自然语言对这笔订单进行修改，而不必回到 RPA 操作的计算机前来处理。类似的例子还有很多，总之是将那些原来不得不由手工操作的动作转换为人机自然语言对话。

也许你会有疑问，目前的一些个人智能助手回答正确率并不是很高，如果将它们用于工作环节，是不是会带来很大的风险。其实，这也是个人领域与商业领域对话机器人应用的不同，商业领域应用的对话机器人大多是在某一特定领域，如财务报销的发票处理、新人入职时的问答等，而特定专业领域是有专业术语、业务规则、业务规范的，相当于大大缩减了双方沟通的话术和词语范围。另外，办公人员为了更好地完成工作任务，也不会特意“为难”对话机器人，因此，这和我们平时生活中碰到的情况是不同的。

根据目标数据源的不同，自动化领域的机器人主要采用检索式问答和知识库问答。检索式问答是从一系列可能的回答中选出一个与问句最相关的答句，很多为儿童讲故事的陪伴型机器人都属于此类。知识库问答采用的是知识图谱或知识库，对话机器人的任务就是要根据用户问题的语义直接在知识库查找、推理出相匹配的答案。因此，如何把用户的自然语言问句转化为结构化的查询语句是知识库问答系统的核心所在，关键在于对自然语言问句进行语义理解。

对话机器人中一项技术就是语音交互，这项技术不管是中文还是英文交互都已经非常成熟。语音交互主要包括语音识别（Speech Recognizer）、语言生成（Language Generator）和语音合成（Speech Synthesizer）模块。语音识别是实现语音输入到文字识别的转换，即把用户说的语音转成文字；语言生成是根据解析模块得到的内部表示，在对话管理机制的作用下生成自然语言，即把回答的机器语言再转换成口语；语音合成是将模块生成的句子转换成语音输出，即把口语再转化成语音。这种语音交互能力最适合的载体是个人移动设备，而不是桌面电脑，因为个人移动设备距离人最近，也最容易产生交互。但是，RPA 机器人却可以在桌面电脑上为你服务。所以，比较好的结合方式就是，利用移动设备上的对话机器人与桌面电脑中 RPA 机器人进行交互。

目前，我们并不相信所谓的通用对话机器人会出现，也就是那种可以与你随时对话、交流各种话题的全能对话机器人。但是，各种专业化领域的对话机器人却会逐渐出现，如负责售后、财务报销、采购答疑等机器人，它们谙熟于所擅长的领域，专心成长为某一领域的问答专家。这种专业型对话机器人也会与专业型 RPA 机器人相互配合工作。

3.5　与其他领域的技术结合

除了人工智能技术，我们也可以设想在其他领域的一些技术能够与 RPA 结合使用。例如，利用物联网技术为 RPA 获得更多的数据；利用虚拟现实技术来控制 RPA 机器人的操作；利用 RPA 机器人协助实现办公环境下的数字孪生；利用“脑机”接口技术来控制 RPA 机器人。除了与物联网技术的结合已经有了现实意义外，RPA 与另外三项技术结合的距离还尚远。但我们仍然有理由相信随着自动化技术的推广，市场逐步拓展，凭借 RPA 内在的吸引力，更多技术会投入自动化技术的怀抱中。

1. 物联网技术

物联网（Internet of Things, IoT）是指一个物物相连的互联网。

物联网利用互联网把传感器、控制器、机器、人员和物等通过新的方式连在一起，形成人与物、物与物相联，实现信息化、远程管理控制和智能化的网络。其中，包括具备“内在智能”的传感器、移动终端、工业系统、楼控系统、家庭智能设施、视频监控系统，以及贴上 RFID 的各种资产、携带无线终端的个人与车辆等。

RPA 与物联网结合后带来的第一个提升就是利用物联网技术采集到的数据为 RPA 机器人提供输入，比如当设备传感器给出物料不足的消息后，RPA 即可接收到消息，并自行下单采购。然后，RPA 根据采购结果自动调度生产排程，再将信息反传给物理设备上的处理器，实现从办公领域到生产领域的全流程自动化处理，实现现实世界与计算机虚拟世界的数据传递。

第二个提升是改进信息的处理能力，因为物联网技术可以方便地增加产品和业务运营之间的联系。例如，公司可以使用传感器和执行器准确跟踪产品供应链，甚至可以监控客户逛零售店时的运动轨迹。这些数据会加载到应用系统，再交由 RPA 来处理。

第三个提升是打通软硬件的界限。RPA 可以帮助管理物联网平台，能接收传感器被触发后所发出的通知，这些通知可能是记录的某个事件或对某个问题的警报。这些通知大部分是重复的，传统自动化高度依赖于后台员工来处理，但 RPA 可以处理此类信息。RPA 能够提高企业在应急事件管理的自主反应能力。

在日益数字化和互联化的世界中，特别是考虑到物联网的兴起，捕获的物理世界的数据量会呈指数级增长。如果这些数据都交给人来处理，完全是不现实的，那么，通过 RPA 来处理分析这些数据就变得非常有意义。

2. 虚拟现实

虚拟现实（Virtual Reality，VR）技术是一种可以创建和体验虚拟世界的计算机仿真系统。它利用计算机生成一种模拟环境，并使用户沉浸到该环境中。虚拟现实技术主要由模拟环境、感知、自然技能和传感设备等组成。模拟环境是由计算机生成的、实时动态的三维立体逼真图像。

我们可以设想将虚拟现实下的各种感知操作直接与 RPA 相连，为机器人提供操作指令，然后将机器人的操作过程和结果再通过虚拟现实技术返给监控者，实现虚拟世界与计算机世界的关联。

3. 数字孪生

数字孪生（Digital Twin）技术通常是指针对物理世界的物体，通过数字化手段构建一个一模一样的虚拟模型，借此来实现对物理实体的了解、分析和优化。2002 年，密歇根大学教授 Dr. Michael Grieves 在一篇文章中第一次提出了“数字孪生”概念，如目前 GE 能够用数字技术模拟出一台真正的飞机发动机。

现在更加创新的观念认为，数字孪生既可以实现物理资产的模拟，如传感器或车辆，也可以实现逻辑资产的模拟，如业务流程或服务。数字孪生在未来很可能会应用于对办公环境的模拟，如业务流程模型仿真设计、业务流程的运营模拟，在数字孪生环境下实现对业务流程的优化。这样，RPA 与数字孪生结合在一起，在各个环节都会发挥其巨大的作用，如利用 RPA 实现模拟环境下流程的运行，利用 RPA 抓取运营数据反馈给数字孪生环境等。

4. 脑机接口

脑机接口（Brain-computer Interface，BCI）有时也称作“大脑端口”或者“脑机融合感知”，它是指在人脑或动物脑（或者脑细胞的培养物）与外部设备间建立的直接连接通路。单向脑机接口允许计算机接收脑传来的命令，或者发送信号到脑（如视频重建），但不能同时发送和接收信号。而双向脑机接口允许脑和外部设备间的双向信息交换。目前，一些实验室已实现在猴子和老鼠的大脑皮层上记录信号，以便操作脑机接口完成运动控制。在实验中，研究人员让猴子只是通过回想给定的任务（而没有任何动作发生）来操纵屏幕上的计算机光标，实现机械臂控制，最终完成简单的任务。

虽然脑机接口技术还处在初级阶段，但未来该技术成熟以后，提供给 RPA 机器人的指令完全可以从大脑直接发出，甚至可以绕开前面谈到的自然语言。

3.6　本章小结

当我们重新审视 RPA 这项技术时，发现 RPA 是把原来开发人员手中的专业自动化技术重新组合和优化后，转化成一种通用的技术平台，实现了平民化的应用。这早已变成技术领域的一种惯例，例如今天人们更愿意使用一点即用的美图秀秀，而不是原来专业的修图软件 Photoshop。不但是 RPA 技术门槛会降低，其他人工智能技术的门槛同样也会降低。随着基础算法的成熟、应用实践的增多，更多基于人工智能的技术平台或应用平台应运而生。

未来，技术发展的另一个方向就是云服务，如果人工智能某项专业技术的实施和部署成本居高不下，会让更多的云服务提供商“有利可图”。如今，大量的人工智能技术就是通过公有云来提供的。这种云服务模式类似于一个 AI 主题商城，所有开发者都可以通过接口接入应用平台提供的一种或者多种人工智能服务，部分资深的开发者还可以使用平台提供的 AI 框架和 AI 基础设施来部署和运维专属自己的机器人。

技术具有组合和递归的特性。技术的“组合性”是指，所有技术都是在已经存在的技术基础之上产生的。新技术会带来更多新的技术，一旦新技术的数目超过一定的阈值，可能的组合机会就会爆炸性增长。技术的“递归性”是指，技术结构中包含某种程度的自相似组件。也就是说，技术结构是由不同等级的技术建构而成。每项技术至少是潜在的高一层级技术的一个零部件。所有技术可以作为组件为新技术做好准备。某一层次技术的变化一定要与其他层次技术的变化相协调。

RPA 作为一项新兴技术，也同样具有符合自身特征的“组合性”和“递归性”。这也是为什么本章既介绍了 RPA 自身的核心技术，也介绍了逐步组合到 RPA 中的其他技术，如 NLP 和 OCR。其他相关的人工智能技术在未来也许很快就会成为 RPA 的标配。RPA 技术本身已经成熟，但还会受制于其他人工智能技术的发展水平和成熟度，导致智能自动化仍处于不断演进的过程中。希望我们能一起紧随人工智能技术的发展，探索它们组合后的应用价值，顺利搭上自动化技术的这辆快车。

4

|第 4 章| CHAPTER 4

RPA 的应用领域及场景分析

不管你是来自业务部门还是 IT 部门，在初步了解了 RPA 的工作原理和技术特征以后，最感兴趣的应该就是 RPA 技术可以应用于哪些领域及场景。其实很容易做出一个笼统的回答，那就是“所有领域的所有流程都有可能使用 RPA 技术”。因为今天 80% 以上的业务流程都需要有人的参与执行，而只要有人参与的流程就有可能实现自动化处理。

RPA 的应用领域十分广泛，横向涵盖了各个职能部门，如财务、采购、人力资源等，纵向涵盖了各个垂直行业，如金融、电信、制造业等。本章首先列举典型业务领域和垂直行业中有可能使用到 RPA 技术的业务，然后重点对几个典型的应用场景做深入的剖析，最后抽象提炼出这些业务流程的特征和分析要点，并提出自动化实现过程中可能遇到的制约和风险。

4.1 RPA 在典型业务领域的应用情况

通常，一家企业的业务职能分为两类，一类是行业属性不明显的业务职能，如财务、人力资源等，因为各领域企业都需要类似的职能岗位。另一类是具有行业属性的业务职能，如保险行业中的理赔业务、银行行业的存款业务，这类业务具有极强的行业特征。根据 Everest 调研机构的报告，在整个 RPA 行业中，对于具有行业属性的业务流程，RPA 应用最广泛，达到 35%；对于行业属性不明显的业务流程，RPA 应用占比最大的是财务会计领域，达到 21%，紧随其后的是客户服务中心、采购、人力资源、IT 服务和其他领域，如图 4-1 所示。

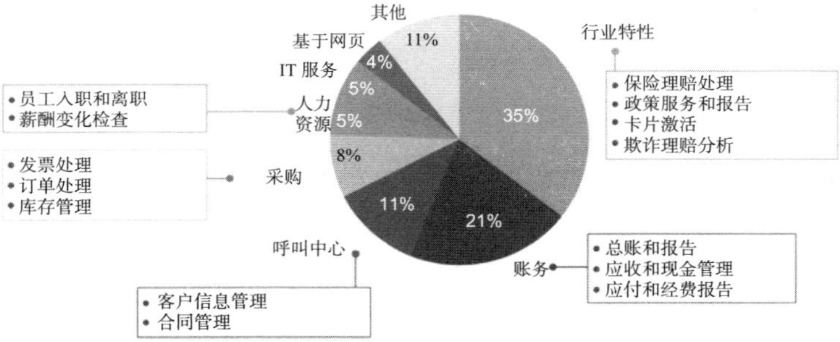

图 4-1 RPA 应用情况

4.1.1 财务会计领域

我们应该看到财务领域对信息化的要求几乎是刚性的，从算盘到计算器，再到计算机，几乎每一次计算工具的演进都必然先作用于财务领域。财务会计最基本的工作就是对数字的记录和计算，这必然要求财务人员足够细致和有耐心，而计算机系统就是他们最好的帮手。随着 20 世纪 90 年代 ERP 系统的推广，国际上的 SAP、Oracle，国内的用友、金蝶，都在为财务领域提供技术解决方案。但今天，Excel 依然是财务人员日常工作的最基本工具，财务团队仍然需要花费大量时间来准备财务报表，仔细检查电子表格中可能出现的错误，复制和粘贴数据，以及搜索一些数字相关的单据凭证。

有时候，老旧的信息系统会变成累赘，对老系统的升级或是跨几个系统的技术整合，不但耗时费力，难以达成业务目标，甚至还会带来新的业务风险。大多数财务人员不得不背负繁重的低价值劳动，长期工作到深夜，对数字的精准要求让他们高度紧张。而且，他们经常得不到其他业务部门员工、领导以及供应商的理解，在所有人眼中，已经给财务部门配备了最先进的信息化系统，为什么数据还会犯错？为什么数据仍不一致？

同时，企业领导层也对财务部门提出了更高的要求。要求财务数据具有实时性，财务指标要能第一时间反映经营情况；要求财务数据具有可决策性，因此财务人员不但要收集和整理财务数据，还要获得其他业务部门的经营数据，如产品、消费者、供应链等信息，这就需要他们操作更多的信息系统和电子表格；要求提高财务运营效率，因为几乎所有与运营相关的人员都希望第一时间得到财务数据，但是通过流程改进来提高与其他部门的协作水平，就不得不面对更多的协调工作；要求更低的人力成本，由于财务部门属于企业的成本中心，在不能得到对外收益的情况下，成本节省就成为财务部门考核的一项重要指标。

RPA 的出现不能说完全解决了上面的问题，但至少能减少问题的发生和最大限度地降低影响。其实，一些聪明的财务人员早就率先学会在 Excel 中编制宏脚本，帮助自己实现一些业务的自动化计算。各企业的 CFO 对 RPA 充满了好奇，特别是 RPA 更容易快速实施的特性，也就是它可以充分利用现有的遗留系统，节省跨系统处理时功能接口的构建过程。

目前，RPA 在财务领域的主要应用场景包括跨系统处理、应收和应付账款、数据整合和报表、月末结账、批量数据更新、现金申请和支付、账户对账、会计分录更新等。下面介绍几种具体应用场景。

- ❑ 应付账款流程：通过 RPA 可以帮助会计人员将 PDF 文件中的入库发票信息（发票号、日期和金额）录入 ERP 系统，并记录到电子表格用于内部报告。
- ❑ 成本分摊流程：业务人员需要通过电子邮件、Excel 表格或其他文档提交成本分配数据，这些数据首先需要合成一个主文件才能上传到 ERP 系统中。RPA 可以在不到 1 分钟内自动将所有数据合并到主文件中，无须人工手动合并。
- ❑ 发票内控流程：RPA 可以缩短与上一周期发票数据校对反馈的时间。打开文件后，RPA 自动核对当前周期与上一周期的数据信息，并反馈那些还需要人工审核的例外情况。
- ❑ 月末结账流程：RPA 能将从各业务部门收到的电子税务表格中的条目录入 ERP 系统，使财务人员的手动复制和数据转录任务减少了 85%。
- ❑ 对账流程：如果发生对账例外情况，后续的审核需要对 ERP 系统、Excel 表中的数据和发票数据进行相互校验。RPA 可以作为三个数据源之间的桥梁，完成发票差异的自动化比对。
- ❑ 差旅报销：当员工提交出差费用信息时，RPA 可以辅助自动收集所有的相关信息，统一发送给财务经理审批，减少员工粘贴报销附件的时间。

- 税务申报：利用 RPA 实现进项发票识别、匹配、认证；销项发票集中自动生成、审核；增值税纳税申报表的底稿制作、复核、一键申报等各项增值税自动申报功能。

总结一下，一般出现以下几种比较典型的情况时，我们都可以考虑采用 RPA 技术全部或部分实现自动化处理：从电子邮件、电子表格、其他文件或 ERP 系统中采集数据的时候；跨多个部门、跨系统或跨企业之间有数据交互和比对的时候；需要从 PDF 或发票库中获取数据信息并录入系统的时候；在财务数据正式录入 ERP 系统之前核对和合并数据的时候；需要自动发送或接收电子邮件的时候。这里无法穷举所有的业务场景，后续我们会总结可自动化的流程特征以及配合的技术手段。

4.1.2　客户服务领域

当前，越来越多的企业建立了自己的客户服务中心或呼叫中心。随着业务服务范围、用户规模的扩大，客户期望值也在不断提升，导致客户服务的时长和话务量都在逐渐增加。除了原来的呼入、外呼等电话业务外，又增加了线上互联网客服业务，而且目前对客服座席人员的效率管理、服务质量和合规性管理要求也变得更加严格，如对于礼貌用语的使用。

与此同时，客户服务的技术生态环境也变得越来越复杂，服务渠道从电话、电子邮件、社交媒体、网络聊天扩展到自助服务平台。前端众多的渠道，后端繁杂的系统操作，给客户服务人员的工作带来巨大的挑战。通常，跨渠道服务以及各类服务是难以整合的，因为客户相关的各类交易数据和访问历史通常也存储在各个分散的应用系统中。

在客户服务过程中，客服座席人员通常需要打开或浏览多个应用系统或软件程序，在不同界面之间来回切换；遇到复杂的问题，更是需要烦琐的业务查询和操作；办理步骤冗长、重复性操作过多和来电条目难以归类等，这些都会导致客户满意度降低，与客户的通话服务时间增长。

通常，客服部门的人力也是最为紧张的，人员流动量又大，需要客服人员熟悉工作流程及业务的周期较长，培训成本高。而且由于业务量的波动性问题，客服人员如何合理配置也是一个难题。在采用传统的 CRM 系统进行业务办理、业务查询、工单受理等操作时，需要人工在 CRM 菜单中查找点击对应菜单和按键，加上业务种类繁多，缺少有效的智能化和自动化辅助工具，因此客服部门对一线业务人员系统操作要求较高。

有报告称在未来十年，人工智能和 RPA 可以在客户服务中心承担接近 69% 的工作，特别是当 RPA 机器人与对话机器人、大数据分析相结合以后。下面具体介绍几个应用场景。

- 收集和管理客户数据：呼叫中心的客户服务人员在每天的业务处理过程中，需要收集和整理大量的客户数据信息，因此可以让 RPA 来帮助完成客户数据的采集和录入。在后续的服务过程中，RPA 还可以负责自动维护客户数据、查询客户数据，以减少客服人员的人工处理时间，同时可以减少人为的失误。
- 知识库查询和推荐：为了解答客户的疑问，客服人员经常会使用知识库系统，知识库中通常包含各类资费信息、营销活动、业务知识等。由于知识过于庞杂，客服人员需要花费很多时间来获取这些信息。RPA 可以自动进入知识库系统，按照客户需求获取知识库中的相关信息，使前端客户服务人员更快捷、更准确地获取信息。

- ❑ 自动创建摘要信息：RPA 可以收集和分析来自电话的输入数据，避免呼叫中心员工类似的手动记录工作，并允许员工将精力集中在客户的需求上，从而更有效地解答客户的问题。同时，自动生成的摘要脚本还会缩短整个客户服务的平均处理时间，以便客服人员接听更多电话，提高单位时间的呼叫量。
- ❑ 积压业务处理：如果当天有一些没有来得及接听的客户电话，可以由 RPA 自动生成待呼叫邀请客户的清单，由员工或者外呼系统在第二天再次拨打电话，以消除客户的不满情绪。
- ❑ 收集客户的投诉和建议：在呼叫中心中，客户有时会采用文本的方式进行投诉和信息反馈，如发送邮件和网站留言等，而客户服务人员又经常会忽略这些信息。RPA 可以自动搜集和整理客户的这些投诉和反馈信息，并及时发送给对应的客服人员进行处理。

另外，今天的 Chatbot 已经能够完成外呼工作，而且在外呼过程中，客户难以分辨是否是真人在与他们对话。因此，RPA 机器人与 Chatbot 结合还可以帮助完成自动接听的工作任务。RPA 机器人的数量也可以即时增加或减少，以匹配呼叫中心不断波动的客户需求。

总结一下，RPA 可以同时快速更新或查询多个系统中的信息，而无须在屏幕之间来回切换，能够基于知识库进行动态搜索，使客服人员实现“零错误操作”。我们最早了解到的智能语音助手是基于 NLP、语音解析和合成技术，用于替代客服与客户沟通的一类机器人。今天的 RPA 机器人是基于操作行为、知识库，能够满足业务处理的一类机器人，在 AI 和 RPA 机器人的共同进步下，可以为客户服务领域带来更多的创新发展。

4.1.3 采购管理领域

不管是以采购原材料为主的制造业，还是提供必要用品和设备的服务业，采购部门都是每个企业里最重要的组成部分之一。采购和财务同属于企业后台运营管理部门，所以二者之间有着较多的相似性。

采购部门通常需要与第三方供应商、法律顾问和业务部门等多个责任主体打交道，以获取不同的信息源，让各方达成一致的采购意见。业务部门通常对所要采购的物品和供应商情况更加了解，而采购人员为了帮助企业规避风险，常常会提前开始尽职调查。采购人员通常又希望吸引足够多的竞标者，以创造充分的竞争环境，增加获得高价值产品的可能性。但这也带来了更多的麻烦，竞标的供应商越多，获取和管理这些供应商的信息就越具有挑战性。为了保证采购的合规性，采购人员需要对整个采购流程的各个环节设置检查点，对过程信息和结果信息进行跟踪和保留，因此信息的校验和核对也耗去了大量的人力。特别是对于那些已经建立了集中采购中心的企业，所有业务部门的采购都需要通过采购中心，而采购中心又受制于人员编制和成本，通常是不堪重负，所以经常看到在某些大型企业中，一个采购流程走下来要花几个月的时间。

采购领域的自动化运营通常会从采购效率和速度方面率先考虑，如加快采购周期；基于电子文件的自动化处理，取代原来大量的纸质文件；提高每个采购环节的可见性，并留有处理痕迹；提高采购人员与各方人员的沟通效率和数据采集效率。下面介绍 RPA 在采购领域的几个具体应用场景。

- 采购合同管理：通常涉及从 ERP 系统、邮件、网页、扫描的文档中提取各类数据来补充到合同信息管理系统中。RPA 机器人可以自动将合同内容与标准模板进行比较，并指出非标准条款和条件，然后自动向审阅者发送摘要以供后续协商使用。
- 采购协商：如果需要与多家供应商合作，而且价格是采购选择的主要依据，RPA 机器人可以自动跟踪变更和最优惠的价格，从网络资源中获取定价目录。
- 供应商关系管理：RPA 机器人可以跟踪合同进展情况，识别不同的定价和可能的折扣，以及服务协议相关的条款变更或处罚。RPA 机器人还可以主动调整供应商账户的付款金额，以及提前告知供应商并解决与供应商的问题或争议。通常，企业中战略供应商的评分卡需要收集内部和外部的大量数据。如果特定供应商细分的评分卡是标准化的，那么就可以使用 RPA 机器人来抓取信息，自动执行每月或每季度的评级考核。RPA 还可以帮助读取采购人员的电子邮件，并突出显示那些需要交互的供应商信息。
- 新的供应商登记流程：原来这些流程通常是手动的、重复的和冗长的，现在 RPA 机器人可以自动完成许多任务，包括背景调查、供应商文件审查以及对缺少信息或文件的供应商跟进等。
- 应付账款流程：对于供应商所提交的发票，RPA 机器人可以读取发票信息进行多项检查。如果发现异常，RPA 机器人将阻止支付发票的处理流程，并向供应商发起收集正确信息的请求。如果问题解决，RPA 机器人便可以利用工作流来获得批准和处理，将处理结果发送给操作员以获取最终批准并完成支付。应付账款流程中，RPA 机器人可以减少发票对账错误。如果一家企业每年的采购金额是 30 亿元，发票汇款处理的错误率为 0.1%，则通过 RPA 处理就可以节省 300 万元。

- ❑ 另外，在采购品的分类管理、价格管理、外部信息跟踪、主数据管理等方面，RPA 也可以充分发挥其自动化的价值。

总结一下，采购领域的 RPA 应用主要是为了衔接不同的关联方，应对那些随时可变的业务情况，消除一些外部因素带来的关联影响。相比于财务领域更多的数字金额操作，采购中会涉及大量的文书和条款，某些场景中需要结合 NLP 技术才能满足业务处理要求。

4.1.4 人力资源领域

对于一家组织规模发展迅速的企业来讲，人才获取和保持是首要任务。人力资源部门需要在整个招聘、入职、培训、挽留、离职等多个环节做出辛勤的工作。该领域的自动化应用场景几乎涵盖了整个人力资源的服务过程。下面具体介绍几个 RPA 在人力资源领域的应用场景。

- ❑ 人员招聘信息发布：企业每年都会针对大量不同职位进行校园和社会招聘。为了寻找与不同职位最为匹配的人才，RPA 机器人可以帮助 HR 专员在众多招聘网站发布和维护相关招聘信息。
- ❑ 人才筛选和候选人入围：对应聘人员简历筛选并生成一个邀请面试的候选人名单，是一个非常耗时的过程。有调研报告统计称，一个候选人的选拔总共需要花费招聘人员近三个工作日的时间。RPA 可以依照预定义的规则帮助收集和筛选简历，进行相关的验证检查，并对所有相关的工作申请者进行比较；也可以自动按照比例邀请候选人，并且根据预定义的规则生成访谈、反馈或拒绝通知书。

- 录用通知书的生成：由于录用通知书必须要遵守劳动法规和公司各方面的规定，RPA 可以根据不同的数据库和法规自动查找数据，对来自不同维度的相关规则进行交叉检查，自动定制新员工的录用通知书并为其量身定制准确的薪酬计划。
- 新员工入职：在新员工入职的第一天，企业就必须为其申请新的用户账户、电子邮件地址、座位分配、应用程序访问权限以及必要的 IT 设备，这中间涉及多个关联方和相关系统，是一个冗长和烦琐的过程。而新员工对公司环境缺乏了解，通常会手忙脚乱。原来的做法是为员工定制一份步骤繁多的待办事项清单和联络人清单。而 RPA 机器人可以在创建用户账户以后，自动触发多个预定义的入职工作流程，而且待办事项清单中的联络人分配也由机器人来完成。原来需要花费一天的入职流程，RPA 机器人能够自动完成 80%，新员工只需要完成少量的确认工作。
- 每月工资单发放：由于企业发放员工工资时，必须要遵守劳动法规和安全性要求，并且工资又具有一定的隐私性，从而导致标准化程度较低。但事实上，大多数工资计算过程都是基于规则的，并且具有高度重复性。RPA 可以提高员工工作量计算的准确性并缩短处理时间。尤其是当公司员工众多，且需要与 ERP 系统中的数据进行核对时，RPA 可以批量提取、导入和验证，包括薪资、福利、奖励和报销等数据，避免数据不准确和处理延迟的问题发生。

- 员工数据管理：貌似简单的员工数据其实是一项关联多种信息的数据集合，包括当前员工、过去经历、亲属关系、申请人、上下级、休假、合规和监管要求、工资福利等数据。虽然企业建立的 HR 系统可以帮助解决部分问题，但是仍然有许多任务需要跨多个不同的数据库系统进行手动输入、更新和维护。RPA 可以确保人力资源准确获取员工从入职开始的全部数据，包括创建员工 ID，记录与新员工的所有互动信息，并通过自动清理数据保证多个系统中的数据一致性。
- 出勤和休假管理：员工休假系统和真实的出勤情况往往会出现冲突，RPA 可以替代原来手动审核员工出勤记录的工作，同时严格遵守劳动法规和公司加班规章制度的变更。RPA 可以交叉检查不同的数据源来验证出勤记录，如休假报告与公司网络中出勤记录时间是否一致等，并在信息丢失或不一致时提供警报或重新分配人力资源的建议。
- 员工证明：在职员工在出国或信贷申请时经常需要人力资源部门开具在职证明或收入证明，这类证明通常基于通用文档模板，但是需要采集一些补充信息才能合并生成。这类工作看似简单，但是工作量巨大。RPA 可以依据员工请求，自动查找文档模板，到系统中按照员工 ID 查询返回相关信息，自动补充文档，反馈给员工。基于标准化的规范，整个 RPA 操作过程甚至完全不需要人工介入。
- 离职管理：员工离职流程也不亚于入职流程。而且员工在离职时更加显得懈怠和粗心大意，手工处理不当时还会引发后续的审计问题。RPA 的自动化流程可以更好地确保员工完成所有的交接和待办事项，如自动合并离职者信息并反馈到相关系统、撤销系统相关访问权限、生成离职文档、通知相关人员撤销关联关系、回收公司资产、处理剩余的报销申请等。

总结一下，现在企业中的人力资源部门早已超越了原来人事部门的管理范畴，需要在更多领域为员工做好服务工作。近年来，随着互联网时代信息大爆炸，以及企业内部的精细化管理要求、员工个性化服务要求，人力资源工作越来越需要依赖于信息化手段。鉴于 RPA 能更好地实现数据采集、信息比对、信息传送和系统操作等，加之其他智能化手段辅助判断和决策，RPA 已经成为企业人力资源信息化转型的重要方向。

4.1.5　IT 服务领域

通常，我们认为拥有技术人员的科技部门是在企业中最先采用自动化，也是应用自动化最为广泛的一个部门。而事实上却不是这样的，一家企业中科技部门自身的信息化水平可能还比不过一个重要的业务部门，科技部门的工作重心在于给关键业务提供科技支撑。但是近年来，随着各种系统的出现以及虚拟化、云中心的建设，员工日常对计算机的依赖度也变得越来越高，各类 IT 服务便成为自动化应用的重点领域，包括桌面服务（IT Help Desk）、运维服务和自动化测试服务。

桌面服务类似于前面讲到的客户服务。科技部门一般认为此项工作属于低价值服务，甚至可以外包给第三方完成，而且由于桌面服务中很多工作是由技术人员来提供现场支持，所以这种分散的服务模式与统一集中的 IT 建设模式产生了矛盾，人员的分散为服务的管理造成了困难。如何提高技术人员的技能和熟练程度，解决团队建设、知识共享、服务质量的问题，高效利用标准化为内部提供服务，成为服务管理的工作重点。特别是这些桌面服务人员是直接为最终用户提供服务的，他们的工作质量和效率又直接影响着用户满意度以及业务部门对科技部门的态度。RPA 自动化解决方案可以在缩短问题响应时间、提高修复准确性、优化与用户的服务过程和建立集体知识层面起到重要的作用。

传统的运维服务依赖于各个应用提供的相匹配的运维工具和运维手册，基本上依赖于运维人员的手动处理。在以前，这并不会成为一个大问题，因为运维人员也都是专业的技术人员，他们理应懂得那些复杂的命令行处理以及和“天书”一般的运维脚本。但是今天的情况已大不相同，任何一个小的生产问题都可能为业务的正常运行带来灾难，所以 IT 部门必须在第一时间立即响应业务部门的要求以及发现生产运行中的问题。手工处理的运维过程经常容易出错，操作过程也无法跟踪和检查，而自动化恰好可以提高运维服务的准确性、合规性，并保证服务的可用性。

近年来，云中心的建立可以让人们更容易地获取计算资源和存储资源，也可以为生产、收入和客户满意度带来持续动力。但是对于 IT 运维和管理部门来说，事实上工作量更大了，他们需要面对更多的服务器，快速地提供资源、配置资源，才能跟上不断加速的业务环境，新的生产力必然匹配新的生产关系以及管理工具，否则就如同把赛车的引擎放到了拖拉机的车厢中。

今天，越来越多的 IT 部门希望与企业中的业务部门紧密合作，以带来企业的高速发展和市场竞争力，但实际情况是 80% 的 IT 资源已经用于系统日常的运维工作中。虽然企业中的 IT 部门预算每年都在增加，但 CIO 依然会严格考量 IT 资源的投入价值和有效性。除此之外，在运维岗位上找到并留住那些技能优秀的 IT 员工是非常困难的。

自动化测试领域经过多年的发展，已经变得十分成熟。我们在前面章节介绍了它与 RPA 技术的区别。在未来，更进一步的考虑是如何利用 RPA 技术将测试与生产更好地结合起来，而不是将测试环境和生产环境割裂。特别是在黑盒测试、回归测试和影响性测试的环节，RPA 都可以展现出超过原有自动化软件测试技术的能力。

综合一下，RPA 在 IT 领域有以下几个应用场景。

- 服务请求处理：当员工提请 IT 服务请求时，原来的方式一般是服务系统会自动产生一个服务单号（Ticket），接下来需要人工处理这个服务请求。RPA 可以依据各类规则实现对服务的过滤和分拣，比如将一些能够自动化处理的服务请求转给 RPA 机器人进行自动处理；将其他服务请求自动路由到相关的处理人员，并及时反馈处理情况。
- 自动答复和处理：员工如果有一个软件安装的请求处理，原来的方式是需要员工自己下载，获得必要的批准后手动安装。如果采用 RPA，员工只需要从在线服务目录中请求安装该软件，接下来的安装工作可以交给机器人，如果中间过程中遇到了特殊需要解决的问题，才可能需要员工自己或远程技术服务人员的支持。
- 密码重置：Gartner 的报告中曾提到，密码重置占所有服务台呼叫中的 40%，每次呼叫的服务成本接近 18 美元。IT 服务部门可以利用 RPA 机器人和 Chatbot 的结合，即员工通过与 Chatbot 的直接对话提出密码重置请求，Chatbot 再调用 RPA 机器人完成密码重置的系统操作。系统中的配置和权限变更的请求操作也是类似的，可能对于 RPA 的操作来说只是步骤多一些。

- 授权批准：员工有许多工作需要科技部门授权批准，如查阅某些资料、安装应用程序或增加电子邮件收件箱容量等。其中，某些请求只需要进行简单规则判断和校验就可以得到批准，这时，RPA 可以遵循类似的自动化处理过程，直接添加批准请求。
- 员工沟通：员工满意度的调研反馈、沟通状态反馈、通知和致谢邮件都可以通过 RPA 自动发送给员工。
- 资源分配和配置：基于云服务，RPA 可以按照云管理规则，对系统资源进行自动调控；结合工作负载模式的深度预测分析，判断和决定如何优化资源配置，同时降低资源分配不足与系统操作上的风险。
- 监控和问题修复：RPA 可以实现对系统的自动巡检、故障预测、异常侦测、异常警报、问题判断以及故障修复。对于不能自动处理的流程，RPA 将通过第三方通话软件，自动拨号通知顾问进行干预；同时，将问题信息描述及系统截图通过邮件发送至顾问，方便顾问及时获取问题信息。
- 软件版本分发：对于分布式结构系统进行软件新版本下发或程序补丁下发，RPA 可以依据规则实现自动分发，并执行脚本安装和配置。

总结一下，在 IT 服务领域 RPA 机器人可以辅助 IT 人员完成一些规则性任务，也可以在没有 IT 人员参与的情况下，完成系统中的异常事件检测、自动巡检、查找问题以及自我修复等任务。自动化不单是为了减少服务和运维的工作量，更主要的是需要降低员工手工操作可能给系统运行带来的风险，因为系统故障所引起的业务影响范围更广，风险也更高。

4.2　RPA 在各行业中的应用情况

上一节我们谈到的多是跨行业的通用业务领域，接下来将会介绍在各个行业中那些具有行业特征的自动化应用场景。IBM 对大中华区的市场调研报告显示，以银行和保险为代表的金融行业的自动化流程市场份额最高，占到了 RPA 市场总量的一半以上。接下来，各领域自动化流程市场份额由高到低依次是政府和公共服务业、制造业、电信业、零售业和交通物流业，如图 4-2 所示。从全球市场来看，结果是类似的，大规模采用 RPA 机器人的行业同样是金融行业。随着 RPA 技术在更多行业的逐步推广应用，整个 RPA 市场的蛋糕将以近 61% 的增长率被逐步做大。

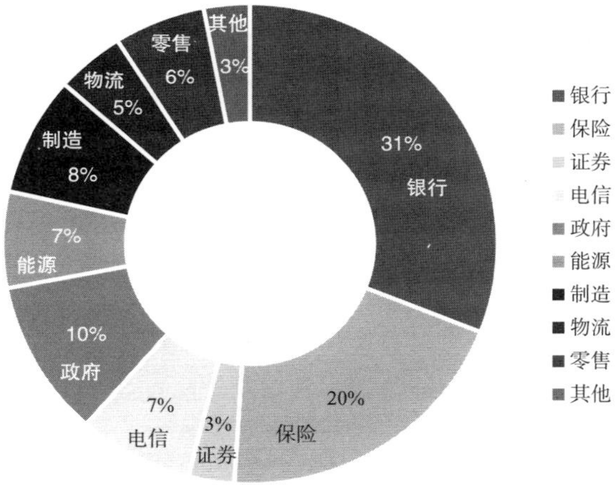

图 4-2　不同行业应用 RPA 技术的业务流程占比

4.2.1　银行业

今天的商业银行所面临的市场压力、监管要求比以往任何时候都要大，在过去几十年间各家银行都在建立各类应用系统来支撑业务的发展和运行，但这也给银行带来了高额的 IT 投资和系统运营成本。任何一个小需求的修改在银行这么庞杂关联的体系中都会变得十分困难，而且银行对业务连续性的要求非常高，对业务故障几乎是零容忍，这使得银行中的 IT 部门对业务变更和新的需求普遍持保守态度。

中国的银行业过去一直是能带来高收益的行业，新的竞争条件和利润率下降都迫使银行寻求降低成本、增加收入和提高整体效率的新方法，管理者也感受到了内部运营成本的巨大压力。特别是拥有众多分支行机构的大型银行，每个分支机构的业务操作都是类似的，但又不得不耗费大量的人员、场地、设备等。以农业银行为例，2017 年农行实现净利润 1929.62 亿元，人力成本为 1138.39 亿元，占比近 60%。2017 年，在我国 159 家银行中，有 29 家银行的净利润下降，主要与利率市场化、手续费及佣金净收入下降等原因有关。

随着金融科技快速推广，如人工智能、云计算、大数据等新兴技术的发展，银行的经营管理、业务运行和客户服务模式均发生了巨大的转变，促使银行网点加速智能化转型，推动智慧银行、无人银行落地。另外，为应对监管机构不断增加的压力，银行不得不在不影响产品和服务质量的前提下利用高度的自动化来实现数据报送和信息监管。

目前在银行业中，RPA 可以替代大量的、固定的、重复的手工操作，节省人力成本、减少手工作业环节、降低处理错误率，也可以对规则明确、频率较高、人工用时较长的流程实现自动化。银行的运营部门、后台作业处理部门、票据中心、单证中心、信贷中心、信用卡处理中心等都是应用 RPA 技术解决方案的重点部门。下面罗列了银行细分领域一些 RPA 重点应用场景。

- 银行运营领域：如在外部监管信息监测领域，RPA 可用于自动抓取市场信息并提取监管部门需要的监测信息。在第三方账户核对领域，RPA 可用于客户数据采集自动化、账户信息筛查自动化、账单核对自动化等，未来将进一步整合核对验证后的数据，并在此基础上进行判断和预测，从而辅助精准营销、欺诈识别、风险监控等。随着线上业务占比的大幅提高和前台流程数字化的推进，账户结算和在线申报流程，如账户结算、备案、申报、上传等的自动化作业处理，将成为 RPA 重要应用方向。其他场景还包括账户恢复、清算、支付结算、对外报送等。
- 风险合规领域：随着数字化系统的引入，银行不得不面对的一个重要问题就是欺诈，因为银行很难通过跟踪所有交易并进行标记的方式来识别可能的欺诈交易。而 RPA 可以实时跟踪交易并依据欺诈交易模式自动标识，从而减少业务响应上的延迟。在某些情况下，RPA 可以通过阻止账户和停止交易来防止欺诈，类似的应用场景还包括反洗钱信息的监测和处理、风险对外报送和合规审核等。
- 信贷领域：处理一笔抵押贷款需要几十天的时间，由于批准抵押贷款的流程需要经过各种检查，如信用检查、还款记录、抵押品价值审查等，任何一个微小错误都可能导致流程减慢。RPA 可以加快流程检查并消除瓶颈，从而将某些环节的处理时间从几十天缩短到几分钟。其他应用场景还包括贷款调查信息的收集和审核、交易信息的确认、贷后信息的维护、信用证或保函的处理过程等。
- 零售客户和对公客户领域：了解你的客户（Know-Your-

Customer，KYC）是银行必备的操作规则，需要对客户的身份进行识别和确认，以及执行必要的检查。随着 RPA 验证客户数据准确性的提高，银行无须再担心额外增加人力，并且可以更高效、更准确地完成此流程。银行账户注销通常也是一个烦琐的处理过程，特别是当有一些账户关联无法及时处理时，可以借助 RPA 跟踪此账户状态并自动发送通知。其他的应用场景还包括客户信息分析、账户维护处理、客户信息维护、第三方代理协同、客户支付等。

- 信用卡领域：传统的信用卡申请处理需要花费数周以验证客户信息并批准信用卡，漫长的等待期既浪费银行的人力成本，也会造成客户的不满。在 RPA 的帮助下，银行可以在几小时内处理申请业务。RPA 可同时与多个系统协作并验证证明材料，如背景检查、信用检查等，并根据业务规则来决定批准或不批准该申请。其他的应用场景包括发卡处理、信用审核、卡信息调整、信息报送等。
- 投资和金融市场领域：该细分领域应用场景包括投资组合处理、证实书核对等。营业网点细分领域的应用场景包括开户申请、资料验证、业务授权、第三方数据获取及核对等。

案例分享

纽约梅隆银行（BNY Mellon）是全球最大的资产管理商之一，管理资产超过 1 万亿美元，并以 18 万亿多美元的代管和托管资产成为全球领先的资产服务商。BNY 于 2016 年开始采用 RPA，截至 2017 年，已经采用 250 个 RPA 机器人。BNY 的 RPA 机器人正在用于简化贸易结算的处理流程，主要包括清算交易、订单处理和自动对账。原来一名工作人员至少需要 5 到 10 分钟来处理一笔失败的业务交易，但 BNY 的机器人可以在 0.25 秒内完成相同的工作。BNY 还注意到 RPA 带来的其他好处，如原来需要操作 5 个不同系统的一笔业务处理，在实现自动化后，交易处理时间和账户关闭验证效率提升了 88%，而且准确率 100%。在部署 RPA 机器人以后，BNY 的员工能够将更多的时间投入到运营质量控制和异常状况解决中。BNY 也开始探索人工智能与 RPA 相结合的方法。舒尔曼说："未来 10 年，RPA 机器人技术、自然语言处理等众多人工智能技术将改变银行的运作方式。虽然这些技术仍处于早期阶段，但它们将推动银行业的重大变革。" BNY 2017 年度报告中提到："我们一直在改进业务流程并应用流程自动化工具，例如用于日常处理的机器人……这些工具提高了效率，降低了成本，提高了速度和准确率，使我们和我们的客户受益。而且，随着我们继续投资相关的技术平台和员工自身能力的提高，工作会不断地取得新的进展，以推进和改善我们的客户服务。"

总结一下，自动化解决方案更适于在银行推进的其中一个原因是，银行业相比其他行业拥有良好的基础，除了基本全数字化的工作环境和相对健全的应用系统外，还拥有一批高素质、对信息科技较为熟悉的业务团队，从而加速了 RPA 在银行领域的推广应用。金融行业的领导者对新技术的敏感性和敢于尝试和创新的动力，也比其他行业的领导者更明显。同时，银行的领导层认为，如果某些新技术被其他同行业竞争对手抢占了制高点，并形成业务优势，那么有可能后面难以超越。所以，即使前几年 RPA 技术仍处于尝试期，一些银行就已经开始行动了。

4.2.2 保险业

保险业与上面提到的银行业具有很多相似性，都属于国家强监管的行业，也是高度依赖信息化的行业。不过近年来，中国保险市场正处在稳定的快速增长期，2017 年中国保险业总资产规模超 16 万亿元，较 2018 年增长 10.8%。与原来高度依赖保险专员的方式有所不同，如今保险业更多是借助“互联网保险”模式来迅速拓展，这也为整个行业带来了新思维和冲击。但保险公司的客户管理和业务管理中依然存在高度依赖人工、产品需求与实际业务不匹配、动态定价能力弱、效率不高的现象。保险公司对内需要提高业务运行效率和安全性，对外需要不断升级服务质量，如加快申请、理赔等客户服务流程。所以，流程自动化对于保险行业来讲，不单是对后台运营效率的提升，更是对客户服务效率的提升。

保险公司从新产品的发行、承销、销售、服务到索赔，在整个生命周期涉及的如监管报送、数据采集、对账、税务申报等流程基本都是强标准化的。而且由于保险公司所面对的客户群体广大，所以业务量较大且业务是重复执行的。目前，保险公司手工承担着大量烦琐的文书工作，如果能将这些工作转给 RPA 机器人也是非常合适的。下面列举一些 RPA 在保险领域的主要应用场景。

- ❑ 申请处理：每天都有成千上万的客户申请保险。保险专员需要手动完成表格，对客户信息进行提取，将其提供给不同的系统，并创建不同的内部请求以实现滚动，这个过程非常考验细节，但其实整个过程是重复性操作的。RPA 机器人可以实现上述这些基本任务，为保险专员节省宝贵的时间，以便在客户沟通、审查表格和提高整体流程效率方面承担更多责任。

- 理赔流程：这也是一个以文档形式表示的数据密集型处理流程，需要从多个来源收集信息。因为理赔流程关系到客户能否快速获得赔偿，所以其流程效率影响着客户的满意度和忠诚度。RPA 可以帮助保险公司快速输入第一次损失通知（FNOL），自动通知损失理算员并分配索赔处理人员，通过整合各方的信息，加快流程处理并创造更好的客户体验。
- 客户沟通：保险专员经常需要与客户进行沟通。例如，当客户的季度或年度保费到期时，保险专员会向他们发送电子邮件或短信。但是，如果客户对金额有疑问，或者由于原件丢失或损坏需要他们的保单副本，保险专员则需要及时回复。RPA 可以自动从系统中提取该客户的保险信息，再生成副本，在确保丢失保单的审核手续完成后，再自动发送给客户。
- 承销流程：RPA 自动帮助承销商执行那些重复性工作任务，包括搜索多个系统、获取与策略相关的记录，以及从多个位置打开文档等，使得承销商的用户体验和生产力得到提高，并让他们关注那些更高效和更有创造性的工作。
- 付款错配：RPA 为了帮助员工处理客户付款错配问题，可以做很多预先检查，如确定同一客户是否存在两种不同的配置规则、查找反向的规则编号，以及检查该客户名下是否存在贷款等。如果无法从这些类别中识别出正确的匹配，则需要客户与银行直接联系。
- 信息报送：例如保监会要求各家保险公司报送“偿二代风险综合评级数据”，保险公司的每一家分支机构都有近 200 个指标数据。传统做法是人工一个一个地将数据录入标准转换工具中，导出 XBRL 格式，然后上传至监管的报送系统中。

一旦数据输入有误，未能通过校验，又要回到标准转换工具重新核对、调整、导出、上传、校验，直到数据校验正确成功。而这些流程，对于几十家分支机构来说，每一家都要执行一遍。RPA 可以自动帮助风险部门的同事将监管部门要求报送的数据模板发送给总公司对应的业务部门以及分支机构的风险协调部门。到了规定的时间，RPA 会自动回收风险信息数据，对收集的信息进行基础的格式校验和逻辑校验，同时把各家分支机构的数据进行汇总，整理成表格报送给总公司。

另外，当 RPA 结合人工智能技术后，在保险领域的应用范围将更加广阔。

- 保险评估：保险公司可帮助那些遇到交通事故的客户，使用手机实时对汽车损坏情况进行评估。后台利用人工智能技术已经训练过的数千张图像，对客户发来的事故图像进行判断、归类和分析，然后，通过 RPA 自动提交保险请求，同时将汽车维修成本估算提供给客户确认。自动化流程通过准确地评估索赔结算来帮助保险公司降低成本。依据审查计划，RPA 每分钟进行数千次维修估算，减少了不必要的索赔和防止遗漏客户索赔。
- 理赔审核：在医疗保险理赔案件中，保险公司需要被保险人提供大量的医疗证明材料，如各种类型的检查单、处方、化验单等，再由保险专员对这些材料加以验证。如果结合图像深度学习、OCR 以及 NLP 技术，RPA 则可以对证明材料进行自动分类，在图像识别完成后，对材料中的关键字段再进行自动核对。只有在信息不完整或一些文字难以确认的情况下，才会通过人工介入的方式反馈给客户。

案例分享

作为南非最大的私营保险集团，Hollard 每年从其经纪商处收到 150 万封电子邮件。 为了处理每项保险索赔，Hollard 必须对这些电子邮件及其附件的内容进行解释、分类和处理。Hollard 面临的困难主要与索赔案件的积压、服务水平协议（SLA）的维持以及特定监管和法规的遵守有关。Hollard 向智能解决方案提供商 LarcAI 求助，以简化这种复杂的非常规流程处理，他们选择 RPA 作为独特的开放式架构，允许集成端到端自动化所需的 AI 服务。其中，机器学习（ML）、自然语言处理（NLP）、智能光学字符识别（OCR）以及 Microsoft、IBM Watson 和 ABBYY 的分析功能都融入了企业 RPA 平台。RPA 机器人现在可以在上下文中访问和解释入站电子邮件的内容，对所需文档进行分类和排序，并将相关数据输入相关数据库；还可以与人员交互执行特定指令并完成确认，使处理速度提高 600%，每笔交易成本降低 91%。RPA 机器人的评估准确度超出人工准确度，还可确保满足所有合规要求。基于这些变化，Hollard 实现了员工和经纪商之间关系的大幅度改善。

总结一下，保险行业由于业务量大、数据材料多以及手工操作繁复的业务特征，以前不得不依靠人力资源的持续投入才能带来业务规模的扩展，今天 RPA 结合人工智能的方式为保险业注入了一股新鲜的技术力量。

4.2.3　政府和公共服务业

政府和公共服务业包括税务、公安、财政等政府机构，水、电、燃气、交通等公共服务业，以及教育和慈善业，虽然这些领域的竞争压力比不上商业领域，但是由于其受众面广、服务范围多、工作量大、工作标准化等，也成为 RPA 应用的重点领域。

- 在税务机构，结合 Chatbot 的 RPA 可以帮助政府机构的服务人员回答一些常规问题，如社会福利计算、税收计算、反欺诈检查、许可证的申请处理、事故报告、案件管理和合同管理等。
- 在公安机构，RPA 可以帮助公安人员监督交通违法行为、更新驾驶证、查询人员身份、提取犯罪报告以及打击网络犯罪等。
- 在公共服务业，RPA 可以帮助实现水、电、燃气费的收缴和核对工作，省去原来需要的大量人力。特别是随着中国对高速公路 ETC 的改造，大量的收费站服务人员已经减少，后台业务处理和财务对账处理人员相应增加，RPA 可以帮助解决新的人力瓶颈问题。又如地铁公司既要汇总统计各个站点的数据信息，又要核对政府交通部门的数据，此时，RPA 可以既精准又快速地完成这种高频率的数据处理。
- 在教育行业，自动化带来的最大价值就是节省了学校和老师事务性管理时间，增加了学生和老师之间的沟通和互动时间。RPA 可以帮助学校实现招生和入学处理、出勤管理、课程表、课程申请、学生财务处理、寄送通知、作业收集、成绩管理等流程的自动化处理。结合 NLP 技术之后，RPA 甚至能够帮助教师评估简答题和论文，并给出初步评估建议。

案例分享

美国白宫管理和预算办公室正在推进机器人流程自动化（RPA）部署工作，以最大限度地减少员工花在低价值、重复性工作上的时间。在周一发布的关于“从低价值转向高价值工作”的备忘录中，Mick Mulvaney 主任提交了三项指令。“每年，联邦政府员工花费数万小时的工作时间用于低价值的合规活动，这些活动来自几十年积累的规则和要求，”备忘录上写道，“应优先考虑减轻这些低价值活动的负担，并将人力资源转向那些对公民更重要的服务工作中。各机构应制定措施并实施改革，以消除不必要的或过时的合规要求，并降低任务支持的成本。”另外，密西西比州斯坦尼斯航天中心的美国宇航局共享服务中心、美国财政部财政局已完成 RPA 试点运行，进入实施推广阶段。

总结一下，虽然以上这些行业并没有面临着激烈的商业竞争，但即使是发达国家也不得不面对社会公共资源的稀缺性，更何况是中国这样的发展中国家。减少财政支出，提高政府办事效率，为公共服务、教育等行业节省人力物力，让公民能够获得更好的服务，这应该是全人类的期望。

4.2.4　制造及能源业

生产装配线上使用流水线机器人已经成为制造企业的常见做法。随着各家企业推进 ERP 系统的建设，企业的运营管理也走进了数字化时代，从前端到后端、从生产到销售各个环节也更加依赖计算机。

最近，随着 RPA 技术的兴起，制造企业将这种自动化能力推广到其他关键细分领域。这主要来自几个方面的驱动力。

第一，集团化管控发展以及对降本增效的要求，特别是其中的人力成本，使得越来越多的集团企业加强了内部整合，建设了如财务共享中心、人力资源共享中心等，并在此基础上逐步优化运营执行流程，提高运营效率。

第二，提高供应链的管理水平。供应链包含供应商、运输商、经销商等多个主体系统，强化供应链协同和数字化管控能力，实现供应链实时更新，便于成员企业间协同运作，为管理层提供辅助决策。

第三，智能制造产业反向驱动数字化业务转型升级，包括智能控制、物联网、数字孪生等技术发展，促使企业进一步深化数字化和信息化运营能力。

除了上一节谈到的财务会计、人力资源、内审合规外，那些能够强化上下游供应链管理的流程自动化也是 RPA 应用的重点领域。RPA 可以应用到如下几个业务场景。

- 采购订单（Purchase Order，PO）创建：对于处理多类产品的制造型企业来讲，利用手工方式创建采购订单的过程是较为复杂的。RPA 可以自动实现 PO 创建，从而达到高效处理和 100% 准确。RPA 负责从各个独立系统中提取数据，自动查找有关部门负责人的电子邮件，获得批准后，自动生成 PO 请求。
- 物料清单（Bill of Materials，BOM）创建：BOM 是供应链管理中的一个重要生产文件，它列出了制造最终产品所需的全部内容，包括原材料、子组件、中间组件、零件和每个零件的数量等信息。制造业的员工需要参考该文件来了解采购地点、采购内容、采购时间以及采购方式等。如果这些信息错误，就可能使企业遭受巨大损失。通过 RPA，制造业可以实现产品信息的自动化创建，不但保证了效率，而且保证了数据的准确性。
- 库存管理：库存的控制是供应链管理的核心环节，通常需要实时监控库存水平，以确保满足生产和销售需求。RPA 可以帮助实现如数据采集和监控、库存水平通知生成以及订购申请的自动化处理。采用 RPA 来实时管理和跟踪库存，需要获取某个日期前某种产品的准确库存数量。RPA 在产品库存不足前通知相关人员，以便留出一定时间来补充进货，从而避免了物料短缺或物料争抢情况。RPA 反馈的实时仪表板和数据报告还可以提供目前业务模式中的风险点和瓶颈环节，这些信息都可以帮助消除供应链中的断点，帮助完成流程的优化。

- 物流数据跟踪：每个制造企业都会配有专门的物流部门，负责管理产品的运输过程。RPA 可以通过运输管理系统有效地监控产品的运输过程。特别是当公司拥有多个承运人和多个担保方时，RPA 可以帮助计算并给出最佳的成本、担保价格和运输时间报告。
- 分支机构的信息沟通：一家制造企业可能拥有多个工厂和办事处。在非高度集成的系统环境，分支机构更难以获取和操纵系统中的数据。如果在各个分支机构中部署 RPA，那么它们就可以通过总部来监控、访问和更新系统中的信息，从而减少了各分支机构之间的通信时间和数据处理时间。
- 客户支持和服务台：RPA 可以帮助增强客服人员与客户的沟通。在制造业中，供应商、客户和内部员工之间的日常沟通需要大量的手动工作，如客服人员需要处理各种查询，包括所运货物的数量、时间、状态等。RPA 可以帮助客服人员实现查找电子邮件、跟踪 ERP 系统中的货物信息、向客户发送更新信息，并关闭服务案例整个流程的自动化处理。

未来，随着智能化生产的升级完善，与 RPA 相关的应用也将逐步尝试并推广。通常，产品开发过程（PDA）是实施工业 4.0 的关键要素。PDA 包括需求、定义、设计、生产、维护和回收 6 个环节。

在产品的整个生命周期，企业需要做到有效跟踪、管理和分析该产品的相关信息，其中有些信息是通过物联网中的传感器采集得到的，有些信息是通过 ERP 或其他系统采集得到的，只有实现跨系统的协同处理，才能真正确保 PDA 的周期完整。如果将 PDA 与 RPA 相结合，通过实时监控产品的运营信息、库存和销售信息以及客户反馈信息，可以让各系统间更好地通信，从而避免了以前的金字塔结构，即将数据传输到高层，再由高层决策后反馈到底层。

另外，在能源行业中，RPA 技术可以进行钻前规划和钻井监测。钻井工程师还可以使用 RPA 来提高风险识别、决策钻井的速度和进度以及管理设备状况。无人机和微型探测机器人目前已经应用在石油和天然气管道中以用来发现裂缝和腐蚀，通过数据的采集再结合 RPA 的自动化处理，可以在降低检查成本的同时提高安全性，缩短检查周期。其他如资产管理、生产优化、钻井过程、油藏管理、供应链和精炼等领域，都可以考虑与 RPA 结合使用。

案例分享

西门子作为欧洲最大的制造业公司，创新一直是公司的核心理念。从 2016 年开始，西门子就将机器人流程自动化（RPA）等技术作为数字化转型之旅的一部分。西门子被 Everest Group 评为 RPA 应用的顶级公司。西门子在共享服务中心和 IT 部门共同运营全球 RPA 服务，使得业务线在端到端的流程中实现真正的效率和质量提升。

西门子于 2017 年 10 月推出了“专业 RPA 服务”，并在全球范围内推广。通过欧洲、南美和印度三个 RPA 交付中心，协调数字化流程，保证 RPA 交付的速度和灵活性。西门子利用 RPA 实现整个业务流程的自动化，特别是那些从后端到前端可能产生数据中断和存在非结构化数据的流程。为此，西门子创建了一个开放的生态系统，引入各种智能自动化技术，形成了一个自动化技术的工具箱。其中一个很好的例子就是内部和外部供应商的发票付款查询。西门子利用 Chatbot 与 ERP 系统、工作流数据相集成，实现自动查询和获取发票信息。RPA 收集所需信息，从后端系统检索实时状态并发送给用户，如果未能被解析，则创建一个请求传递给人类服务人员。

西门子最初实现了 50 个流程和 80000 个工作小时的自动化，并且在不到一年的时间又扩大了自动化的实现范围，增加到 170 个流程和 280000 个工作小时的自动化。最终，西门子希望通过将认知技术与 RPA 结合，弥补人与 IT 系统之间的差距，让所有各方可以无缝地协同工作，实现持续的数字化转型。

总结一下，前些年中国制造业的高速发展得益于我们的成本优势和规模优势，而在今天这些优势带来的红利已经逐步消退。为了保持竞争优势，我们就必须要考虑企业内部的降本增效，以及技术创新，这些创新不仅应该发生在生产流水线上，还应该发生在办公室里，更应该利用 RPA 将生产端和管理端更好地连接和整合。

4.2.5　电信业

近些年，全球电信业经过 3G、4G 甚至 5G 网络的快速发展，已经成为全民所依赖的一种最基础产业。一方面，电信运营商由于高昂的基础设施投资，利润空间也逐步被压缩，需要在很长一段时间内利用高效、低成本的业务运营模式来维持利润的持续增长。2018 年 3 月，政府工作报告中再次敦促电信运营商提速降费，要求年内取消流量漫游费，且移动资费年内降低至少 30%，并降低网络宽带用户费用。另一方面，电信运营商需要更好地提高服务质量，并控制服务人员的增长。这些都要求电信行业积极运用新技术实现数字化转型，优化原有的组织运营流程。

电信运营商都有大量的客户和各种类别的日常事务需要处理，如信用检查、订单处理、客户重新分配、解锁、移植、ID 生成、客户争议解决和客户数据更新等，而各项业务又相互关联，特别容易出现人为错误。RPA 可以更容易地管理后台操作和大量重复、基于规则的任务，提高电信人员的工作效率。通过将复杂、劳动密集和耗时的任务简化执行，降低客户服务类人员的投入，减少相关成本，及时响应客户，提升客户体验，提升整体运营效率以及流程操作规范性。

- ❑ 数据采集和反馈：RPA 可以帮助电信人员采集客户的各类反馈数据，如从电子邮件、网络表单和业务请求中提取关键数据，进行验证，并向客服人员提出对应的建议，客户服务代表确认或修改后，自动回复客户。
- ❑ IP 电话设备备份：电信公司需要管理客户的 IP 电话（IPT）设备，并提供相应的备忘录系统，将备份作为一项增值服务提供给客户。这就需要下载详细配置信息并将数据传输到文件传输协议（FTP）服务器上。通常，这个手动过程非常耗时，备份每个 IP 电话设备可能需要 15 分钟。而 RPA 机器人可以登录到客户端系统的每个 IPT 设备中，自动从数据库中获取数据，并将数据上传到 FTP 服务器。
- ❑ 自动系统检查：RPA 自动启动后，通过电话管理系统识别不同的关联系统并进行相应测试，确保交换机上接收的来电在不同应用间传输，并被正确记录。电话管理系统的控制面板会实时显示测试状态，当软件有问题时，会发出警报。企业无须技术人员持续监测应用程序、重新测试系统的升级功能、更新警报或识别系统故障的潜在根源。

- 高效操作检查：RPA 自动进行“日常巡查式”音频质量测试，确保通过录音设备和电话听筒等接收的通话信息被妥善存档，供以后审查。通过覆盖所有电话线路的自动测试取代过去零散的人工抽查，使效率大幅提升。
- 实时策略检查：RPA 结合语音识别和 NLP 技术，可以监测并比较所有实时通话与录音，识别系统配置问题，从而尽早发现错误、快速补救，确保通信符合服务水平协议或相关法规要求。

案例分享

成立于 1985 年的 Telefonica O2 是英国第二大电信提供商，总部位于斯劳。在 2015 年，O2 已拥有 2400 万客户，经营着 450 多家零售店。到 2009 年，O2 的交易量从每月约 40 万笔增加到每月数百万笔。其在印度的外包中心人数增加到了 375 人，外包业务所能发挥的价值已达到上限。同时，由于印度的人工工资也在上涨，O2 的运营成本不断上升。为此，O2 从 2010 年就开始了 RPA 的验证测试工作。验证测试包含两个流程，一个是更换 SIM 卡，另一个是账户的预 / 透支计算。测试成功以后，预估 RPA 如果应用到 10 个自动化流程中，在 10 个月内就可以收回成本。

接下来，在 2015 年第一期项目中，O2 就采用了 20 个 RPA 机器人，由三名开发者负责，完成了 15 个业务流程，包括 SIM 卡更换、信用检查、订单处理、客户重新分配、解锁、数据移植、ID 生成、客户争议和客户数据更新等，约占所有后台工作流程的 35%，共节省了上百小时的FTE。截至2015年末，O2每月通过RPA实现40万到50万次交易。按照RPA机器人的容量来分析，每月的处理数量还可以增加70万次或更多。后续，O2仍将不断推进自动化工作。

总结一下，行业分析师预测，未来三到五年内，自动化将成为电信行业关键解决方案之一。无论是帮助电信公司管理大型非结构化数据集，还是通过简化的运营任务提高流程中断的响应能力，RPA都可能是电信行业持续发展壮大的加速器。

4.2.6 医疗健康业

RPA对于医疗保健行业的作用不只在于提高效率，还在于利用更好的医疗手段改善人们的健康状况，降低患者的治疗成本并为其提供更好的医疗服务。RPA技术可以帮助医疗健康机构实现医疗数据和临床文档的传输，将这些重要的信息从业务前端传递到管理的后端系统中。此外，医疗机构必须遵守上级单位，如医保局、药监局、卫健委等的各种法规和管理流程，而且这些法规和流程也是经常变化的。RPA可以灵活配置，实现流程自动化，帮助合规数据的收集、整理以及第三方系统的下载和传递。医疗健康行业的一些典型RPA应用场景如下。

- ❑ 患者预约和信息采集：在患者到医院注册信息的过程中，RPA可以帮助医疗机构收集患者的基本信息，以及前期诊断和保险等信息。另外，RPA可以采集到医生的出诊信息，自动化地安排患者预约就诊时间。
- ❑ 临床数据提取：RPA可以帮助实现从现有的医疗系统中提

取某个患者的临床文件和其他诊疗数据，并按照事先约定的规则传输给需要这些数据的医护人员。

- 加快账户结算：RPA 可以收集患者在检测、药品、病房、护理和医生等方面的发生费用，准确计算账单金额，并及时通知患者，这样就可以避免医疗账单的人为计算错误及减少付款延迟现象发生。
- 简化医疗保险的索赔处理流程：医疗保险的索赔处理流程包括数据输入、处理、评估以及上诉处理等过程。如果手动或使用通用软件处理整个过程，则效率低且容易出错。过时的保险理赔程序会严重影响现金流量。此外，由于不遵守法规，30% ～ 40% 的健康保险索赔可能会被拒绝。RPA 可以加快保险索赔的数据处理速度并避免错误，还可以识别与合规性相关的各种例外情况，避免在处理过程中违反法规。
- 自动生成出院指南：在出院后，患者需要按照医生提供的出院指南，继续服用一些药物来缓解症状。而对于医疗机构而言，检查患者是否遵守出院指南几乎是不可能的。RPA 可以确保出院指南的准确性，并向患者发送取药的提醒，进而自动安排医生检查，并及时通知患者。
- 自动记录审核数据：医疗机构经常需要接受监管机构的审核和监督，其中涉及多项风险评估。RPA 可以自动采集数据，完成必要的审核，并记录审核过程及结果，自动生成报告。

案例分享

Max Healthcare 是印度北部最大的医院之一，拥有 14 家医疗机构，提供 29 种医疗服务。从记录客户详细信息到处理索赔和协调政府医疗保健计划的数据，Max Healthcare 每天需要处理庞大的数据。同时，手动处理效率低且易出错，安全问题频出，给该机构带来不小的挑战。例如，数据录入与核对不仅耗时，而且错误率高；理赔处理等流程除周期冗长之外，还面临信息搜索、跟踪和文档安全方面的问题；必须简化的非结构化数据和信息量巨大；由于字段不清、格式问题和数据缺失，处理结果的准确性很难保障；此外，激增的数据也很难管理。

Max Healthcare 决定从小规模的 RPA 开始，在需要时也希望进一步扩展到其他业务。一开始，Max Healthcare 在索赔流程与客户端操作两个关键领域实施自动化处理，包括中央政府医疗保健计划（CGHS）的数据协调；退役军人医疗保险基金（ECHS）的数据协调。由于每位患者可能在一天内就有数百次数据交互或病情数据，因此协调所有数据的任务确实艰巨。Max Healthcare 通过采用 RPA 平台简化了大量流程，不仅提高了现有流程的效率，还确保了数据准确性并缩短了流程周转时间。RPA 可以为 CGHS 和 ECHS 创建全新的数据录入方案，能够通过 17 家不同医院和第三方管理员（TPA）的 URL 登录 ECHS 门户网站。同样，CGHS 关联 12 家医院，每家医院都有各自的 URL 地址。RPA 访问医院的 URL 后，能读取患者事务记录并验证录入状态。每当数据验证成功后，RPA 都会通过电子邮件通知相关部门。

随着 RPA 的实施，Max Healthcare 已成功减少了一些重复流程中所需的人为干预。业务收益包括索赔处理的周转时间至少缩短了 50%，而 CGHS 和 ECHS 的数据协调时间则缩短了 65% ～ 75%。同时，加速了医院的数字化转型过程，满足了更高要求的安全性与合规性。随着机器人监测与管理整个医院的关键活动，员工对结果的掌控能力更强，可以轻松估计出任务何时完成，接下来做什么，需要什么支持，因此他们可以计划得更加精确。

展望未来，Max Healthcare 正致力于在银行对账单的读取与处理、供应商票据处理等领域采用 RPA 技术。

总结一下，机器人流程自动化可以帮助医疗健康机构简化数据的处理流程，提高精准度和时效性，并节省员工和医生处理数据的时间，将那些耗时长且容易出错的手动工作转移到 RPA 机器人上。在未来，RPA 技术有望为医疗健康行业节省数十亿美元的成本开支。

4.2.7　零售业

零售业一直是规模增长最快的行业之一，尤其是在新兴市场国家，市场参与者之间的竞争越来越激烈。除了采用创新实践吸引客户外，市场参与者一直在使用更新的技术手段来串接他们的业务流程，以获得持续增长的动力来应对各种挑战，如 RFID、POS 以及 RPA 等创新技术的引入。零售企业希望能够超越传统的业务处理能力，实现更加准确和高效的运营和业务流程管理。RPA 的主要应用方向包括电商等大量客户销售的服务支持，内部财务对账、记账、报告生成等流程的自动化处理，全渠道、供应链管理等运营方面的自动化。

特别是从传统门店模式转向电商运营模式后，客户服务的工作量逐渐增大，主要集中在订单核对、物流核查、退款审核、下载报表、整理汇总、售前催单、顾客答疑、订单监控、物流跟踪、售后退款、新品上架、内容核对、促销活动报名等环节。在电商领域，零售企业越优质，吸入的客流量就越大，但也意味着售后服务人员越多。售后服务还会涉及供应链的各个环节，比如电商平台上游对接的厂商或渠道商，下游对接的消费者，中间对接的物流配送。在促销期间，工作量更是成倍增加。例如2019年“双十一”，全网电商平台销售额超过4000亿元，这个数字的背后代表了无数服务人员的辛勤工作。

另外，移动支付的快速发展也加大了零售企业订单记账和对账的工作量。支付宝、微信支付、电子钱包等多种支付方式逐渐替代现金支付，商家需要记录订单号、支付流水号、支付方式等订单信息并完成商家内部对账、商家与支付渠道对账、账账核对等。除了上述流程外，还有其他一些适用于RPA技术的应用场景。

- 新产品介绍：新产品介绍和产品线推广是任何品牌宣传的关键环节，需要研发、生产、营销等多个部门密切合作。在产品上市以后，公司还需要接收各种市场反馈，包括产品运作情况、实际表现与预测的对比情况、客户满意度等。RPA可以帮助协同处理各部门之间的数据，利用自动化手段保证信息的匹配度和一致性。产品上市后，RPA再通过自动化警报和阈值调整来提高产品决策的实时性，随时帮助工作人员决策产品定价、管理库存和后续的生产排期。
- 市场促销：市场促销是零售公司经常采用的经营手段，有效的市场促销管理需要对多种因素进行平衡，需要对多个变量进行持续计算和分析。如果制造商可以给零售商采购的产品提供一定的折扣，那么零售商可以购买更多的产品。为了能准确地掌握销量，零售商就需要快速、准确地跟踪和分析促销活动的实际效果，并且需要获取关联系统的数据。最终选择一个合适的采购数字和折扣。整个过程中零售商可以借助RPA自动化处理方式来替代原来的电子表格和手动处理方式。

- 店铺计划：零售商一般是根据店铺所在地的人口构成来定制他们的店铺上架商品。RPA 可以将已经定制好的算法从一个系统复制到另一个系统，以便于零售商逐个对店铺制定详细的、基于事实数据的上架商品。RPA 甚至可以与店铺中的手持设备相互协作，以获取执行情况并输出合规性报告。
- 退货处理：在电子商务销售渠道中，产品退货的可能性增加。如果依靠手工处理退货，需要操作的步骤非常多，也是一项非常耗时的任务。产品退货已经变成公司的成本，如果还要再依赖于大量人力手工处理，则成本会进一步增加。RPA 可以完成退货、更改库存数据、返回客户账单等自动化处理流程。
- 供需计划：需求和供应计划的匹配通常是一项复杂的任务，需要查找和采集多种数据，对数据进行标准化和格式化，再模拟运行，查找异常，最后确认再发送计划。RPA 可以自动处理上述流程，有助于零售商提高产能和管理水平。
- 全渠道协同：全渠道一般包括线下门店、线上电商、移动端的微信商城或 App 等。在如此多的渠道中保持产品信息的一致性，本身就是一个非常耗时的过程。RPA 可以帮助管理员采集数据，并自动更新信息，保证处理效率和数据准确性。
- 工作管理：RPA 可以更有效地管理工作，包括分配班次、测量时间、计算出勤率、审计销售、处理工资单和休假等。

除此之外，RPA 结合大数据分析后，可以用于销售分析、消费者行为分析、特定的销售计划制定、订阅管理、索赔处理和投诉处理、会员管理，以及物流和供应链管理等。

案例分享

英国最大的数字零售商之一 Shop Direct Group 是一个多品牌网上零售商。集团总部位于英格兰西默西塞德郡利物浦市斯皮克区。Shop Direct 迄今为止已实现 130 个流程的自动化。

原来，客户对退回商品的账户入账时间表示极度不满，从而影响客户对该店铺的信用评分。RPA 可以实现公司收到回退产品后，自动将退款返还给客户并开放购买限额。通过这一自动化流程，客户的满意度上升了 3 个百分点。而且启用 RPA 后，RPA 可以负责所有客户身份验证并建立新的客户账户，大大缩短了原来的处理时间。

Shop Direct 通过注入“人 + 机器人”这样的理念，解决了更多的业务问题。

总结一下，零售业虽然也可以建立自己的后台作业中心或共享服务中心，但是与其他行业相比，零售业最大的区别是具有范围广、门店多、渠道多、商品繁杂等特点，而且有更多人与人的沟通过程，所以 RPA 的应用重点应该放到有人值守机器人。物联网、大数据与 RPA 相结合后，在门店场景下的 RPA 也同样具有可复用的价值，我们不应把眼光只放到那些集中作业或服务的领域。

4.2.8 交通物流业

伴随着电子商务以及各类互联网应用蓬勃发展起来的不只是零售业，还包括物流业。回顾 2018 年“双十一”，据国家统计局数据显示，11 月 11 日至 16 日业务高峰期间，全国邮政、快递企业处理快递 18.82 亿件。物流企业面临着激烈的竞争，上游以及同业竞争者间的价格战挤压了早已经很微薄的利润空间。在同质化服务的物流行业，压缩成本、提高效率成为各企业必须考虑的问题。由于受制于成本预算压力，物流企业的 IT 建设水平并不高。尽管 RFID、二维码、移动设备应用得到了普及，但是业务工作依然需要依靠大量的电子表格和手工处理。这些手工的、劳动密集型任务最终导致低效率和低生产力。

传统的运输企业和第三方物流提供商承担着供应商到客户之间的物品和信息的转移，在转移过程中必然涉及多方沟通和信息衔接业务。传统的集成方法是利用电子数据交换（EDI），但这需要物流企业与业务合作伙伴之间采用标准化的数据交换格式。而且这种方式不够先进，太过昂贵而且耗时。所以，这些流程通常需要后台员工和客服人员手动输入业务相关的数据，如报价、配送安排、交货证明、发票证明等。这些工作是重复执行但不能出错的。而 RPA 可以从收到的电子邮件中自动提取货物的详细信息并安排后续作业，在调度系统中处理请求并提供送货时间。RPA 可以访问客户和供应商的门户以告知时间表。RPA 还可以自动将提单、承运人发票和其他相关文件发送给相关方。后续，RPA 还可以为客户自动更新工作进度，包括车辆的位置、中间转运节点、送货人员的联系方式等。

供应链管理是 RPA 应用的热门领域，实现电子邮件的自动化处理可以更好地促进客户、供应商和分销商之间的沟通。RPA 可以实时监测库存量，当库存接近阈值水平时生成通知。在评估完之前的订单后，RPA 也可以帮助确定当前最佳订单量。

在物流业，保持最新和完整的客户联系信息对于成功交付货物至关重要。通常，物流企业需要配置一个数据管理团队，负责监督重复输入、淘汰、删除旧合同和数据格式标准化等任务，这些重复性工作也可以交给 RPA 机器人来辅助完成，以节省工作人员的时间和精力。

当结合大数据和人工智能技术后，RPA 可以得到更加广阔的应用范围。例如，预测整个物流过程，由于物流过程具有不确定性和波动性，所以管理者更希望通过数据分析来提供运输网络和流程的预测能力，使物流企业的管理行为从被动变为主动。这个预测包括预测运输网络——减少空运率；预测需求——提前安排匹配的运输能力来满足需求；预测风险——避免材料短缺、供应商违规问题发生，影响整个物流过程；预测交通和优化路线——解决运输车队的流量优化和控制问题，寻找城市间的最短路线，以确保最短的时间和高资源利用率。为了达到上述分析结果，RPA 可以帮助后端数据分析师抓取各类数据，并将分析结果自动通知相关方或在业务系统上直接更新信息。

案例分享

Crete Carrier 是美国领先的货运公司之一，为沃尔玛、Lowe’s、ConAgra Foods 和 Kimberly–Clark 提供服务，拥有数十个站点和数万辆汽车。客户希望他们能够按时、安全地接收到货物。所以，合理的车辆预约安排就起着至关重要的作用。Crete Carrier 需要估算从接货点到目的地的里程、到每个站点的特定时间、有哪些车辆和司机可以使用，以及客户是否可以在某个时间内收到货物。这是一个劳动密集型过程，而且随着业务的增长，团队依赖人力越来越难以满足调度需求。

Crete Carrier 在四年前就开始使用 RPA 技术，目前已经部署了 467 个机器人，每年运行超过 100 万次，运行时间超过 13000 小时。除此之外，他们还设计了 24 个额外的机器人来管理这些机器人的工作队列，但只需要三个管理员就可以管理 RPA 平台。RPA 可以收集包括提货和下车点、发货距离和交货时间等一系列信息。当公司收到新的订单时，RPA 平台可以使用这些收集来的信息来选择合适的交付通道。如果自动化产生的解决方案无法确保满足交货要求，RPA 平台可以将收到的所有信息发送给人类操作员。操作员可以建立一组新的参数并指示 RPA 机器人重新编排交货计划。

据统计，RPA 平台可以自动实现 40% ～ 50% 的车辆预约安排。Crete Carrier 还利用 RPA 平台收集信息以跟踪货运情况，提高货物在全国范围内的运输可见性。RPA 平台还可以自动确认单个车辆的位置和负载状态，而不需要驾驶员直接去站点确定车辆的可用性。

总结一下，物流企业对于 RPA 机器人和自动化技术并不陌生，应用场景也显而易见，并且领导者的应用意愿也最强烈。RPA 投资成本低、见效快的特征可以满足物流企业的现实需求。随着 RPA 的不断深入，物流企业的管理者会逐步意识到自动化和人工智能可以给他们带来什么价值。RPA 也将成为物流企业发展的加速引擎。

4.3　典型的应用场景分析

前面我们站在宏观视角从业务领域和行业特色的角度介绍了 RPA 的应用场景，本节我们将从微观视角分析 5 个具体的业务流程，具体来看看 RPA 以及其他人工智能技术在真实的业务场景中是如何发挥作用的。

4.3.1　为新员工创建用户 ID 的应用场景

企业的人力资源部门经常需要为新入职的员工创建用户 ID，有了用户 ID 以后，才能为新员工建立邮箱、配置应用系统用户和权限、登录内部网站等。为了创建用户 ID，人力专员还要同时录入员工的其他基本信息，如姓名、性别、出生日期、联系方式等，这些信息已经保存在企业的招聘系统中，只需要从招聘系统复制粘贴到人力资源系统即可，而不需要人力重新填写一遍，避免了两次输入信息不一致的情况。而建立员工 ID 的请求通常是由业务部门的主管经理在 IT 服务请求系统中提出，然后转入人力资源服务流程中，由人力资源专员来处理。所以，整个流程处理涉及 IT 服务申请系统、招聘系统和人力资源系统。接下来，我们学习为新员工创建用户 ID 的传统处理流程，如图 4-3 所示。

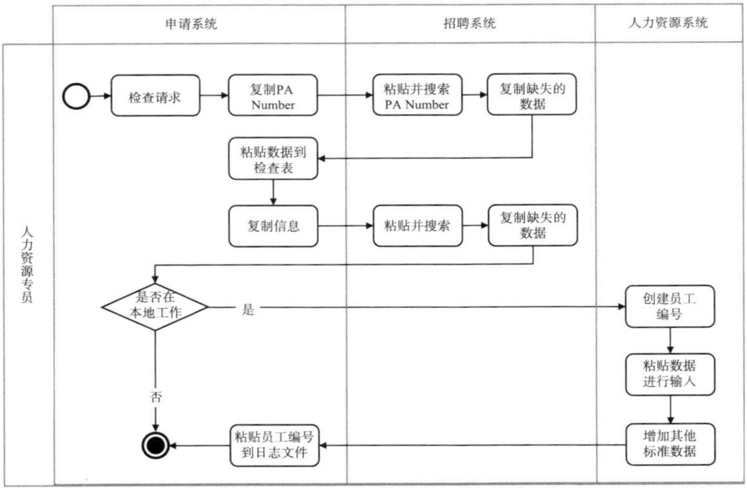

图 4-3　传统为新员工创建用户 ID 的处理流程

1）人力资源专员从申请系统发现了一个新的 Ticket（服务请求），该请求是帮助某新员工建立员工编号。

2）打开服务请求信息，并复制已经同意录入的应聘人员号码（PA Number）。

3）人力资源专员输入用户名和口令并登录到招聘系统中，粘贴 PA Number 到查询信息的页面点击“查询”按钮，系统输出该应聘人员的相关信息。

4）由于需要检查这些信息是否完整，人力专员须将数据粘贴到检查表中以检查信息的完整性，并和 IT 服务申请系统中的信息相比对。

5）再次复制服务申请系统中的信息。

6）粘贴到招聘系统中，并做查询。

7）这时，人力资源专员已经拿到了完整的员工信息，可以建立员工 ID 了。为了不在人力资源系统中重新录入这些信息，人力专员不断用 Tab 键切换两个系统页面，逐项复制粘贴数据。

8）在创建员工 ID 之前，人力资源专员还需要通过电话与员工沟通，确认他是否愿意在本地工作。因为人力资源系统目前只能满足本地入职的员工 ID 建立，如果是外地入职的员工，需要将信息转给其他地区的人力资源专员来处理。

9）确认是本地工作的员工后，人力专员则登录到人力资源系统，打开“建立员工 ID”功能。

10）从申请系统中逐项将所需要的数据信息粘贴到人力资源系统的输入界面中。

11）组织代码、部门经理、成本中心等其他标准数据也补充到人力资源系统中后，点击“生成员工 ID”。

12）再将员工 ID 粘贴到服务申请系统的处理日志文件中，表明该服务请求已经处理完成。

经过流程分析，我们发现除了步骤 8（专员通过电话与员工确认工作地点外），其他步骤都是可以通过 RPA 机器人实现的。我们可以在原来的流程上用灰色标识出那些可以采用 RPA 机器人执行的步骤，如图 4-4 所示。

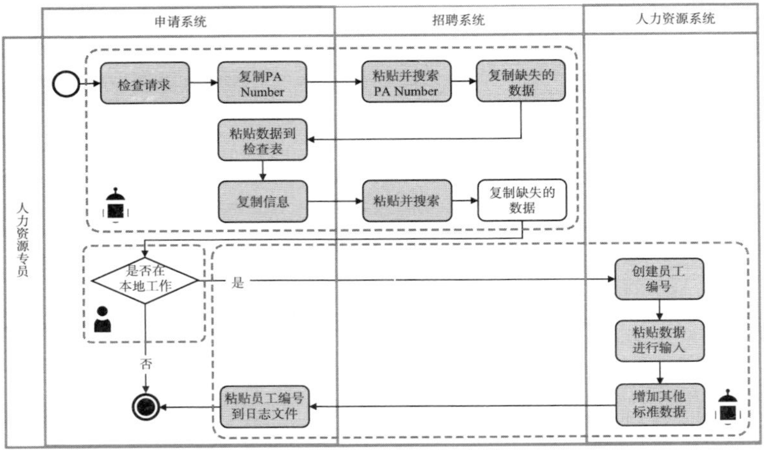

图 4-4　识别为新员工创建用户 ID 的自动化环节（灰色标识）

我们发现如果将 RPA 机器人也作为一个角色，那么自动化的流程就是由人力资源专员和 RPA 机器人共同完成的，如图 4-5 所示。

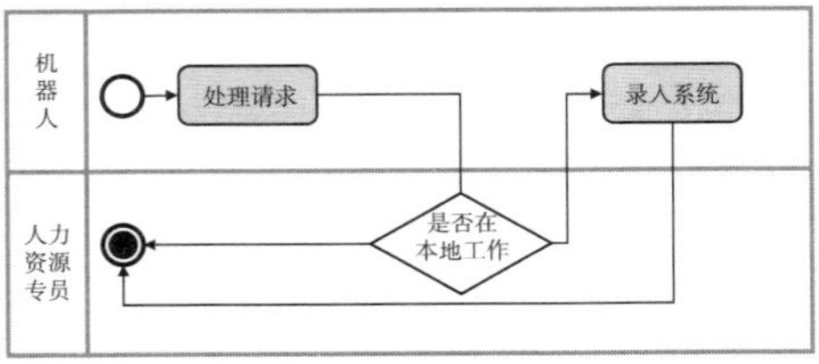

图 4-5　为新员工创建用户 ID 的目标业务流程

在自动化流程中，从流程管理者的角度看只有三个步骤。

1）由 RPA 机器人自动检查新的请求，如果发现是建立新员工 ID 的请求，则自动到招聘系统和申请系统查询和获取信息，并通知人力资源专员。

2）人力资源专员收到通知以后，与应聘者电话确认工作地点，如果确认是在本地工作，则手工启动 RPA 机器人的下一个任务——“录入系统”。

3）机器人收到人力资源专员发出的指令后，自动将前面查询到的信息录入人力资源系统，生成员工 ID。

通过这个自动化场景的案例，我们发现，如果想实现自动化流程就需要逐个分析原有流程的每个步骤，识别哪些可以被 RPA 机器人实现，哪些不可以。在这个案例中，流程的处理工作大多是操作不同的系统进行复制粘贴，这是典型的旋转座椅模式，是最适合利用 RPA 实现的。在这个场景中，我们还看到人和 RPA 机器人协同工作的情况，机器人发送消息给人，人处理完后再启动机器人。这个案例在日常工作场景中是非常普遍且比较简单的。接下来，我们看一些更复杂的案例。

4.3.2　保险公司为客户理赔的业务场景

保险公司为客户提供理赔处理是一个比较繁复的过程，中间也需要操作不同的业务系统，并处理来自各方的业务信息。下面是保险理赔专员的一个日常工作场景，如图 4-6 所示。

1）保险理赔专员收到一封带有新的客户请求理赔的电子邮件。

2）邮件附件包含一个 PDF 的索赔表，索赔表里包含一个新的理赔请求号。

3）保险理赔专员将每个理赔表转移到共享网络驱动器的文件夹队列中，便于自己按照收到的邮件顺序进行处理。但是由于这样的理赔表很多，在高峰期，保险专员没有办法即时处理，可能会产生10 到 20 个或者更多的积压理赔请求。

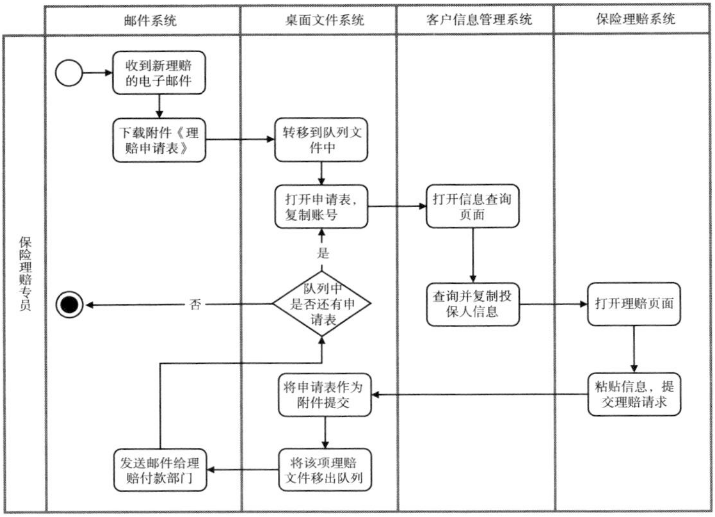

图 4-6　保险公司为客户理赔的现状业务流程

4）她打开文件夹队列并处理第一个文件，将理赔表单中的客户账号复制粘贴到公司的客户信息管理系统中。

5）登录客户信息管理系统后，打开客户信息查询页面。

6）将理赔表单中的客户账号复制到系统的查询页面，然后找到该保单持有人的账户。

7）再打开保险理赔系统，查询该客户的理赔计划，比较理赔计划和保单持有人账户的信息，确保信息匹配。

8）将保单持有人的姓名、出生日期、身份证号、地址、理赔号、账号和任何其他所需信息，繁琐地复制到理赔系统中。

9）并将理赔申请的 PDF 索赔表附加到理赔系统，提交请求。

10）最后将 PDF 索赔表从待完成文件夹移到已完成文件夹中。

11）发送电子邮件到理赔付款部门，通知他们此理赔申请已经完成，且已准备好付款。

12）发送完电子邮件后，处理文件夹队列中的下一个申请，直到完成全部队列。

保险理赔专员每天要处理很多笔这样的业务，而且内容大致相同，大多是重复处理。当业务量大的时候，刚刚处理了一批理赔申请，再次检查电子邮件时又发现了新的理赔申请。因此，保险理赔专员总是不能满足处理的时效性要求，待处理的队列总在增长，不得不加班处理，期间不免会出现流程瓶颈问题。针对该场景，我们依然需要先分析整个流程的步骤，标识出那些可以自动化处理的步骤，如图 4-7 所示。

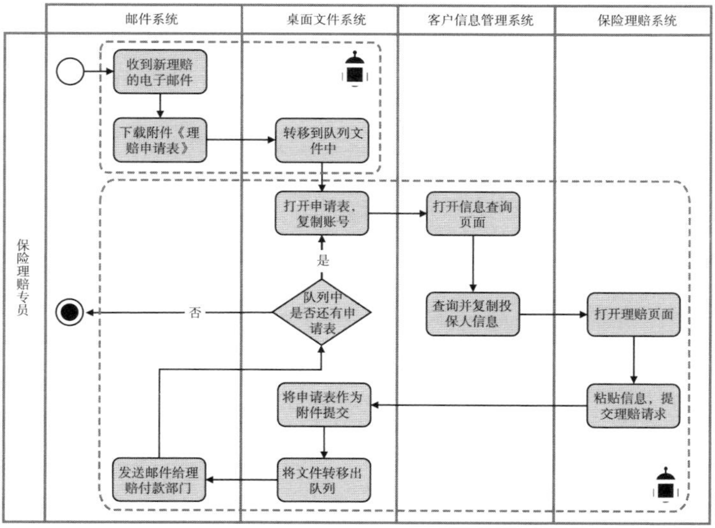

图 4-7　识别保险公司为客户理赔的业务流程自动化环节（灰色标识）

现在让我们看看 RPA 机器人如何处理同样的理赔流程，以及生产效率的前后差异，如图 4-8 所示。

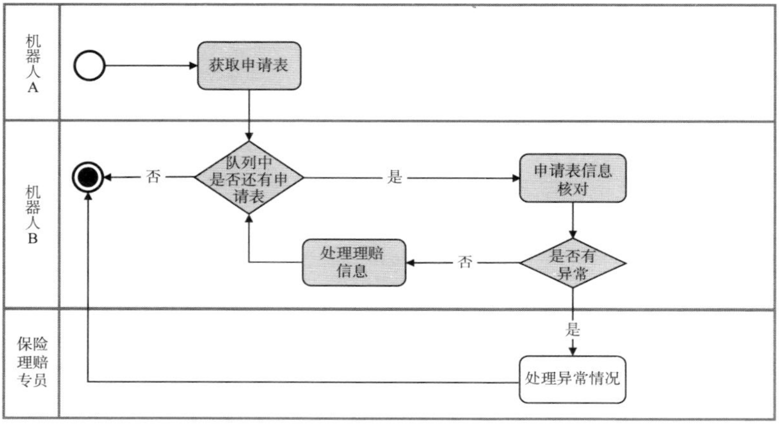

图 4-8　保险公司为客户理赔的目标业务流程

在新的自动化理赔处理流程中，我们设计了两个 RPA 机器人来配合理赔专员处理。机器人 A 只是帮助获取邮件中的附件，并放置到文件夹中；机器人 B 负责处理文件夹中的理赔申请单。理赔专员每天只需要启动机器人 A 和机器人 B，就可以处理理赔请求。

1）机器人 A 在电子邮件系统定时搜索所需要的理赔请求邮件，找到新电子邮件后，下载附件并保存到共享网络驱动器文件夹中。

2）机器人 B 则是定时打开文件夹中的待处理队列，并打开最早的文件，在客户信息管理系统中搜索保单持有人的账户并核对信息。

3）如果发现理赔信息与账户之间存在差异，则机器人 B 停止处理并将理赔信息保存到名为“需要审核”的新文件夹中。

4）理赔专员负责处理一些“异常”情况。

5）如果没有异常，机器人 B 则正常提交理赔信息，并采用预制好的电子邮件模板将理赔结果发送到理赔付款处理部门，通知他们已完成并准备好付款。

6）机器人 B 循环运行，直到所有的待处理请求全部处理完。

自动化流程处理使得保险理赔员的工作大为改变，上午他们可以把所有理赔请求交给 RPA 机器人来处理。中午午餐休息结束，返回工位时，RPA 机器人已完成所有的理赔处理。他们只需要打开“需要审核”的文件夹，检查异常情况，并与各方沟通确认这些差异。反过来，他们也可以上午处理前一天晚上 RPA 机器人发现的异常情况。

保险理赔员需要花费 20 至 40 分钟来处理一项理赔请求，而 RPA 机器人只需要 4 分钟。由于 RPA 机器人处理的速度很快，在业务量不大的时候，可以每 2 个小时运行一次。任务完成后，RPA 机器人可以去完成其他工作任务。在业务量大的时候，如果 RPA 机器人连续运行，可能需要更多的理赔专员配合工作。而且 RPA 机器人消除了可能的流程瓶颈，消除了重复的手动工作，并提高了索赔处理效率，那些保单持有人也能更快地收到理赔款。在这个保险机器人自动化场景的例子中，我们更深刻地了解了 RPA 机器人与 RPA 机器人的配合方式，以及业务量大小对 RPA 机器人的处理周期以及人员配备的影响。

4.3.3　银行为客户提供新的信用账户限额场景

前面两个场景都属于某一客户的单一任务处理，但在企业实际的业务流程中很多是属于跨组织、跨角色、跨时序的长流程，也许一个流程要历经几天时间才能走完，中间会有停顿或中断。对于这种复杂流程，RPA 所能带来的价值会更高。我们以银行为客户提供新的信用账户限额为例，该流程需要经过客户服务专员、信用评估专员、销售代表三个不同部门的业务角色，中间需要操作呼叫中心系统、客户信息系统、信用账户系统和工作流系统 4 个应用系统，这还不包括在桌面操作系统中操作的 Word 或 Excel 文档，如图 4-9 所示。

1）首先是银行呼叫中心接听电话的客户服务专员接收到客户提高信用限额的请求。

2）客户服务专员需要在呼叫中心系统记录客户的请求。

3）但是客户信息是不完整的，比如客户的姓名、开户日期、在银行的账户情况等信息，所以还需要查询客户信息系统。

4）需要重新登记客户所抵押的财产信息，并将查询到的客户信息一并补充到请求记录中。

5）在银行系统对内部发起该客户的处理请求。

6）当然，银行系统通常是比较智能的，通过工作流系统可以将这个请求发送给对应的信用评估专员。

7）信用评估专员需要在工作流系统中的待办任务中查看处理请求，而有时候赶上周末或者节假日，可能已经过去几天了。

8）信用评估专员打开处理请求后，依据业务规则在信用账户系统对客户的信用限额进行计算和评估。

9）如果发现不能提高限额，则通知对应的销售代表，并将拒绝信用限额提高的消息发送给客户。

10）如果发现可以提高限额，则客户销售代表要判断是否需要给该客户新开一个信用账户。

11）销售代表也需要在工作流系统查看自己的待办任务并处理。

12）如果不需要开信用账户，则销售代表直接查询客户原来的信用账户信息，对限额进行调整。

13）如果需要新开信用账户，则销售代表需要到客户信息系统查找客户的相关信息。

14）再复制粘贴这些客户信息到信用账户系统，为客户建立一条新的信用账户记录。

15）最终，销售代表需要把调整后的信用限额信息通知给客户。

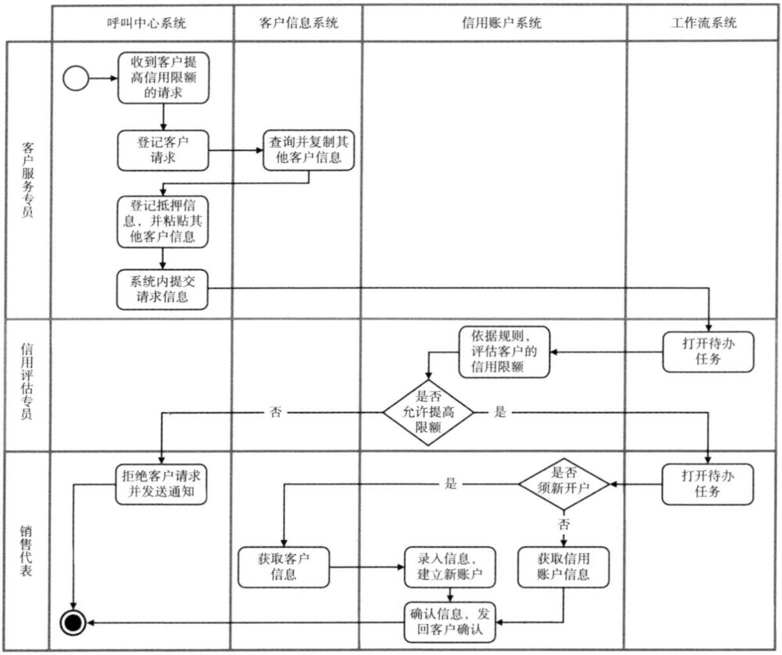

图 4-9　银行为客户提供新的信用账户限额的传统业务流程

按照前几个例子的分析方法，我们可以分析这个流程中哪些环节能够被 RPA 处理，并用灰色标识，如图 4-10 所示。

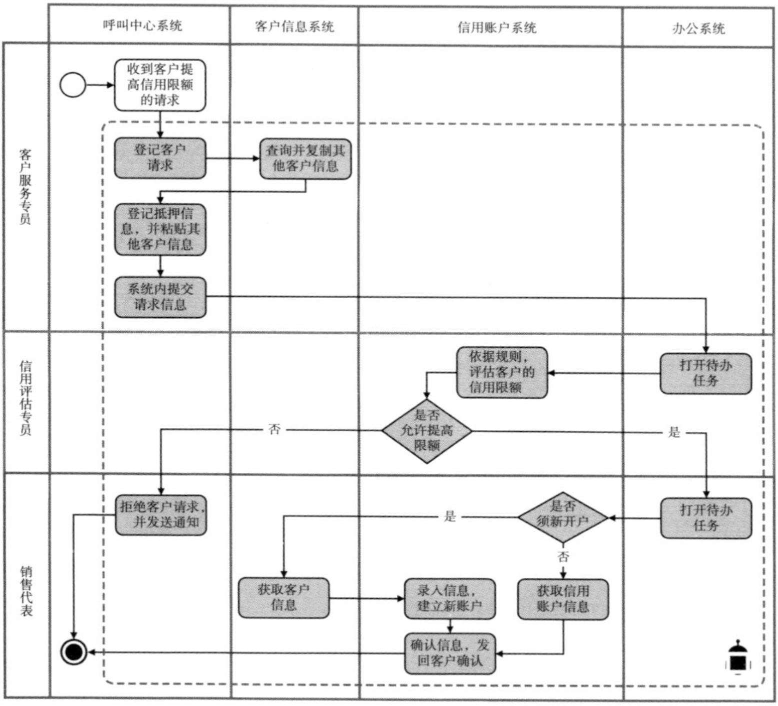

图 4-10　识别银行为客户提供新的信用账户限额的业务流程自动化环节（灰色标识）

如果只是利用 RPA 机器人简单替代人的工作任务，那么为了满足这么一个复杂的长流程，就需要配置三个 RPA 机器人分别为客户服务专员、信用评估专员和销售代表服务。比如 RPA 机器人需要模拟人的操作来打开办公系统中的待办任务清单，再进行自动化操作。但实际上，我们并不需要给 RPA 机器人固化一个类似于人的角色，只需要让机器人掌握多个角色的用户名和口令就可以。一个 RPA 机器人可以连贯地完成三个不同角色的任务，而且可以让任务在一个时间序列内完成，不需要耗费人工衔接过程的时间。最终优化的 RPA 自动化处理流程如图 4-11 所示。

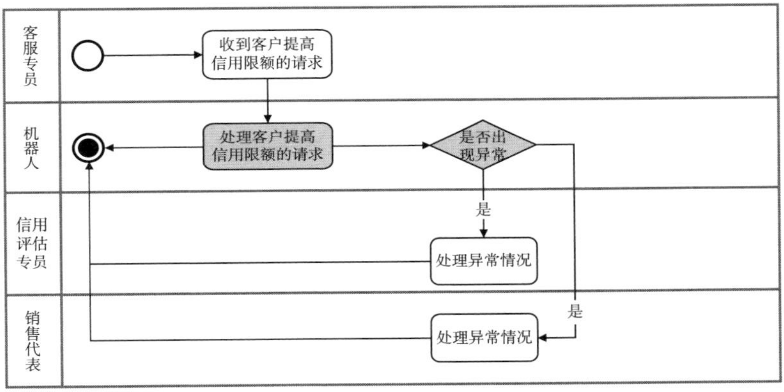

图 4-11　银行为客户提供新的信用账户限额的目标业务流程

图 4-11 只利用一个 RPA 机器人完成信用限额调整，由客服专员触发机器人，其他角色的业务人员只是在信息出现异常的情况下，配合 RPA 机器人完成业务处理。RPA 机器人将原来需要几天的业务流程处理时间缩短为 45 秒。

在这个例子中，我们看到了 RPA 机器人可以将原有人工处理流程中不同角色的工作内容进行合并处理，如此一来，时间上远比客服专员操作速度提升节省得多。自动化流程最大的不同是，在企业内出现了一种跨组织部门的 RPA 机器人来帮助完成工作，而原来的传统业务处理中，企业员工已经被角色固化在业务组织中，无法超越组织的界限，更无法从本质上提升工作效率。

在上面的三个案例中，自动化流程都只是基于 RPA 实现的。接下来，我们看两个 RPA 结合人工智能技术的案例，即 IPA（智能流程自动化）应用场景。

4.3.4 为员工开具收入证明的应用场景

通常员工为了满足自身的购房或者贷款办理等需求，需要所在公司开具一份收入证明。在大企业的人力资源部门，或是人力资源共享服务中心，类似业务的请求频率是非常高的。在该流程中，通常会有一个员工与人力资源专员沟通的过程，比如开具收入证明的目的是什么，有没有固定模板，哪些要素需要加进去。传统的沟通方式是通过邮件或电话，由于电话没有留下员工的电子请求记录，如果后期所开具的收入证明出现错误，也就无法找到出错的源头。如果通过邮件，就需要员工按照格式要求填写一个申请表。如果申请表有错误或员工有疑问，就会出现或开具错误的收入证明、反复邮件沟通的情况。所以，比较好的方式是采用 Chatbot 来帮助完成双方的沟通。目前，市场上看到的 Chatbot 更多是针对客户服务的，而这个场景下的 Chatbot 是针对内部员工服务的。

传统的为员工开具收入证明的处理流程通常分为以下几个步骤，如图 4-12 所示。

1）人力资源专员收到员工开具收入证明的请求邮件。

2）人力资源专员检查邮件内容是否完整和正确。

3）如果缺少信息，则发送邮件给员工，要求再一次补充或修改。

4）如果信息完整，则登录人力资源系统，查询该员工的收入信息。

5）按照员工在邮件中提供的信息，结合收入信息，一并补充到收入证明模板中，生成员工的收入证明文件。

6）最后，人力资源专员将收入证明文件发送给该员工。

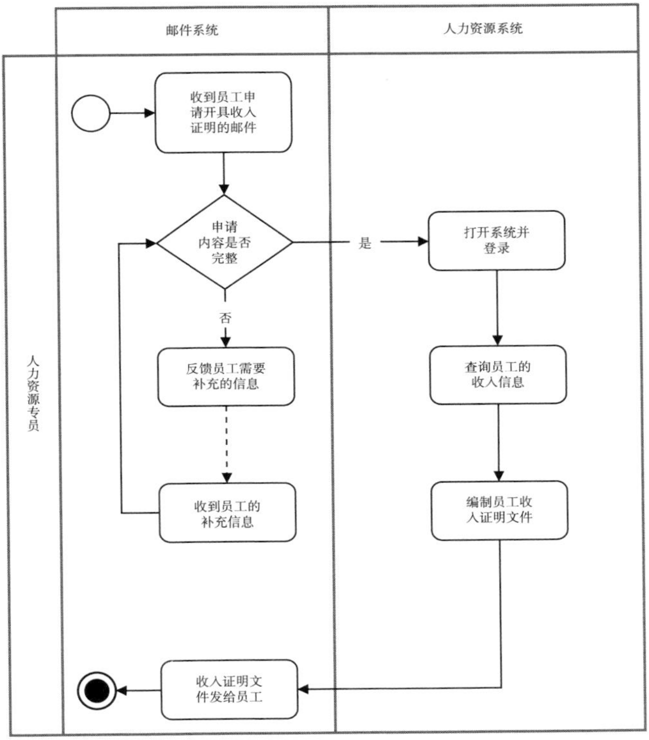

图 4-12　为员工开具收入证明的传统业务流程

接下来，我们将以上流程划分为两个阶段，第一个阶段是员工沟通，即步骤 1 ～ 3，主要是人力专员与员工通过邮件系统实现的沟通过程；第二个阶段是业务处理阶段，即步骤 4 ～ 6，主要是人力专员通过操作人力资源系统来完成，这两个阶段都是可以通过自动化处理方式完成的，如图 4-13 所示。

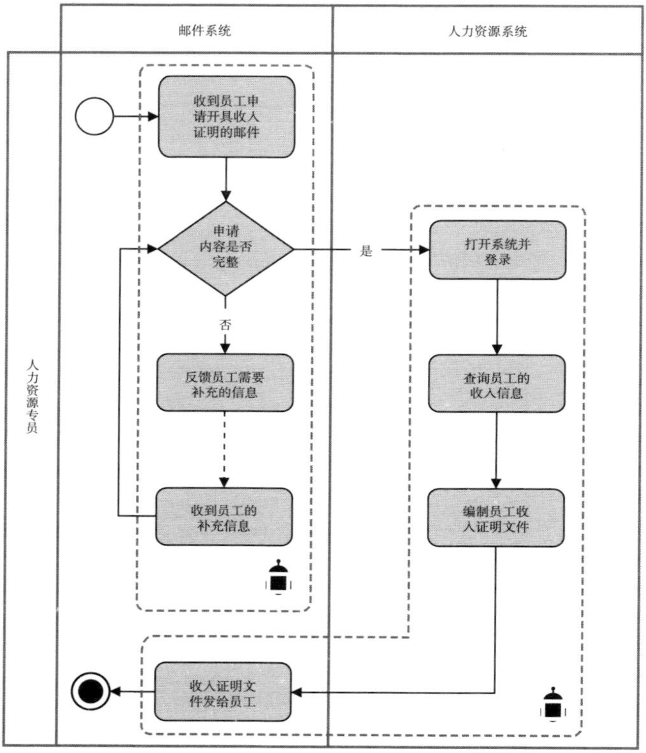

图 4-13　识别为员工开具收入证明的业务流程自动化环节（灰色标识）

接下来，我们可以采用 Chatbot（对话机器人）结合 RPA 的方式实现该流程的自动化。Chatbot 主要解决第一阶段的自动化，RPA 主要解决第二阶段的自动化处理。

对于第二个阶段，RPA 的处理过程应该是比较明确和简单的。

Chatbot 可以将与员工沟通的处理结果，通过邮件或者共享文件的方式通知给第二阶段的 RPA 机器人。RPA 机器人接收到信息后，自动登录到 HR 系统，查询得到员工的信息，依据模板生成收入证明材料，并通过邮箱自动发送给员工，如图 4-14 所示。这个场景中的自动化是由 Chatbot 和 RPA 机器人协作完成的，除了极特殊的情况外，中间不需要人参与。利用 RPA 机器人解决的是操作问题，而利用 Chatbot 解决的是沟通问题。最后给员工反馈的过程，也可以采用 Chatbot 来完成，如图 4-15 所示。

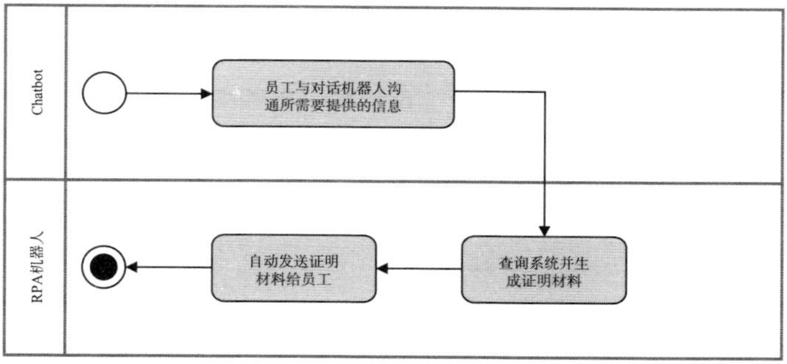

图 4-14　为员工开具收入证明的目标业务流程（第一种处理方式）

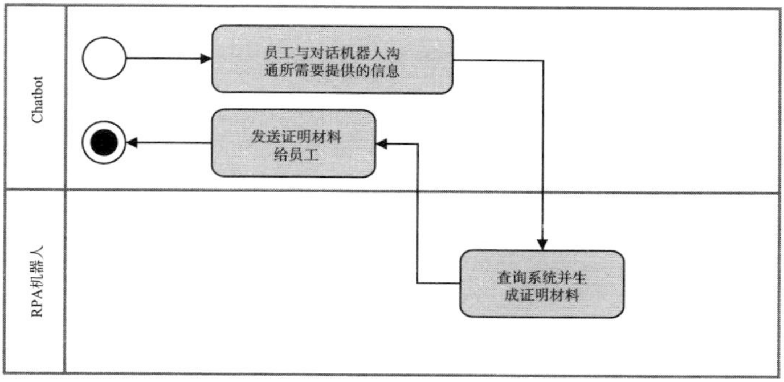

图 4-15　为员工开具收入证明的目标业务流程（第二种处理方式）

如我们前面谈到的 IPA 特征，Chatbot 改变了原来的人机交互方式，对于场景单一、交互简单的流程，如邮件、电话沟通，实现起来都是非常容易的。

4.3.5 保险客户理赔的复杂处理场景

在第二个案例中，我们已经了解到保险公司处理理赔业务的场景。在这个场景中，我们有意简化了关于对客户所提交的证明材料的审核过程。其实，保险公司每年面对数百万计的理赔业务，理赔证明材料的核实是一项巨大的工作负荷，也带来了巨大的人力投入。例如，医疗保险材料中包含诊断证明、检验结果、收费单据等，这都需要理赔专员逐笔核对理赔材料、理赔金额与申请理赔内容是否一致。所以，基于第二个案例的流程图，我们增加了一个步骤“检查理赔附件是否正确完整”来体现此项工作，如图 4-16 所示。

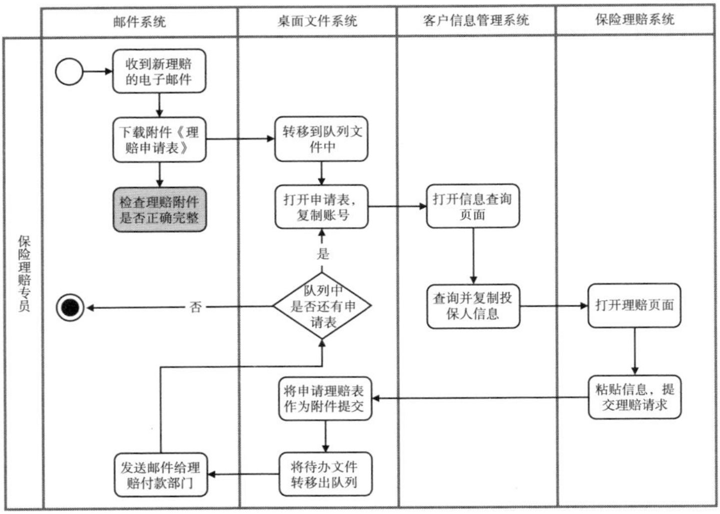

图 4-16　保险客户理赔的传统业务流程

如果我们依然只是采用 RPA 来解决理赔问题，检查理赔附件材料的过程仍然需要由理赔专员来处理，如图 4-17 所示。

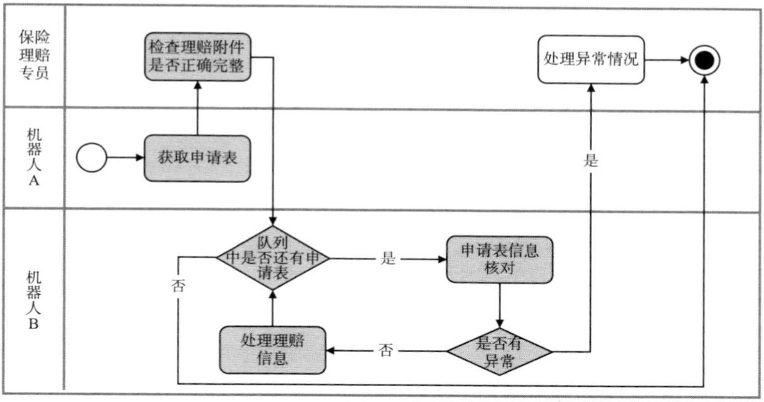

图 4-17　保险客户理赔的业务流程自动化处理场景（灰色标识）

为了真正解决材料的审核自动化处理流程，我们必须要结合人工智能技术。检查单据的流程主要包含两个部分，一个是检查单据的完整性，即需要提交的材料是否都已经提交；另一个是检查单据中信息的正确性，即单据中的数据与理赔申请请求是否一致。

为了检查完整性，首先需要对单据进行分类，然后检查单据的类别和数量是否与业务规范中的要求一致。分类问题可以利用机器学习（Machine Learning）和深度学习（Deep Learning）来解决，而且在应用前需要利用大量的样本数据对分类模型进行训练。有别于传统的识别方法——利用票据中的数据特征值分类的方式，深度学习采用的是对单据的完整扫描图片进行特征判断，生成分类模型。当然，在实际应用中为了分类效果更好，人工智能的方法可以和传统的特征识别方法相结合使用。这个处理过程和利用人工智能识别图片中哪些是狗、哪些是猫的方法是类似的。样本数据的训练过程如下。

为了检查正确性，我们需要使用 OCR 和 NLP 技术来对单据的内容进行处理。由于目前的 OCR 技术还无法完全实现对未知格式的图像的识别，这就需要基于前面单据图像分类进行 OCR 识别。OCR 技术可以是对全局文字的识别，也可以是对切割后的局部文字的识别，主要依据是单据的特点。我们只要获取需要比对文字信息的最小集就可以，而没有必要将全部文字信息完整地识别出来。对于识别出来的那些用自然语言表达的文字，需要利用 NLP 技术将所需要的关键信息提取出来。当获得最终的信息后，理赔专员再和理赔申请表中的信息比对就可以了。当然在比对过程中，我们依然可以采用 NLP 技术来尽量减小 OCR 识别的错误率。

最终，我们得到的理赔处理流程如图 4-18 所示。

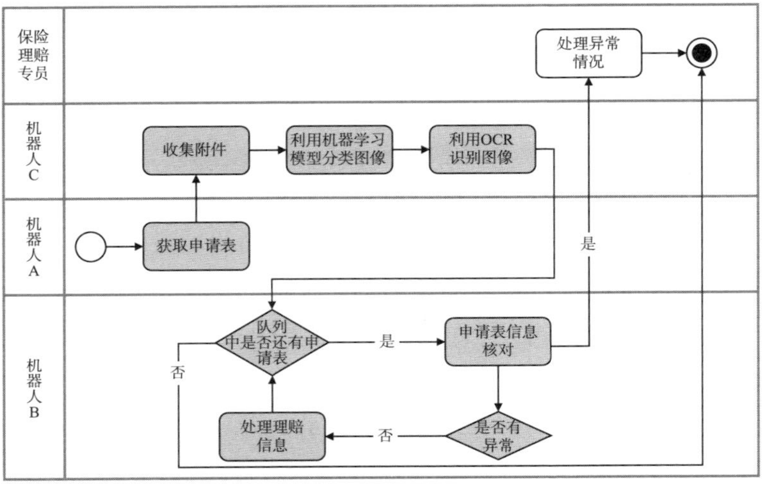

图 4-18　保险客户理赔的目标业务流程

在这个场景中，通过机器学习、深度学习、NLP、OCR 和 RPA 等技术尚不能 100% 解决所有单据的审查，但至少保险公司可以有针对性地选择处理业务量最大的那些单据，极特殊情况以及异常情况仍旧反馈给理赔专员来完成核对。

4.4　应用场景特征及分析要点

4.4.1　可自动化流程的特征分析

通过上面案例的应用场景，我们知道有一些 RPA 典型的应用场景或者是用户操作过程是经常出现的，具体如下。

- 登录和访问不同的应用系统
- 查询和打开邮件以及下载附件
- 移动文件或文件夹
- 从外部网站查询数据
- 从文件中获取信息
- 将数据填写到表格中
- 自动生成报告或报表
- 从多个数据源抽取数据后进行整合
- 两个系统中的数据需要迁移
- 复制和粘贴数据
- 预先检查并过滤业务流程中输入的信息
- 数据过滤和清洗
- 依据规则分派任务
- 对账或信息核对
- ……

当然不是说只要出现以上场景，就一定可以采用 RPA 技术或者就适合采用 RPA 技术，还需要依据这些业务场景的特征做出判断，最终评估使用 RPA 技术的合理性。这些特征主要包括如下内容。

1. 基于固定的业务规则

一条流程的业务规则必须是明确的，而且可以被清晰地描述出来。对流程中那些需要人为主观判断或经验判断的规则，仍然需要借助人工判断和决策，或者在流程规范化或标准化之后，结合人工智能和大数据分析技术来替代人工的分析处理过程。

2. 业务处理量大

业务量越大、消耗人力越多的流程在使用 RPA 技术后所带来的投资回报率（ROI）越高。其实，业务量小的流程也可以实现自动化处理，但是一般实施的优先级别比较低，或者只是作为 RPA 机器人空闲时间的一种工作补充。

3. 很少出现异常情况

如果使用 RPA 处理异常情况，就需要在程序脚本中编写更多的分支。更多的分支会导致程序的复杂度和工作量增加。而且，有时候为了一些不经常出现的异常情况，需要编写比正常处理脚本复杂的程序脚本，得不偿失。更何况，一些异常情况在设计和开发阶段还不能被发现。

4. 已稳定运行的规范化流程

RPA 特别适合那些已经在企业中成熟稳定地运行了很长时间的业务流程，这些业务流程经受了各种异常情况的检验，而且相关业务方非常了解处理细节。如果业务流程经常变化，对于人类员工来说可能是简单的，但是对于 RPA 来说，就会带来迭代工作，以及相关的测试和部署工作。

5. 用户所使用的后台系统不会经常调整

系统调整主要包括用户界面的调整、角色权限的调整、流程衔接的调整，而不包括后台应用功能逻辑的调整，因为后台的处理逻辑不会影响 RPA 运行，而用户界面和操作流程方面的调整会影响 RPA 运行。由于一些应用系统会周期性地进行升级和优化，因此企业在应用 RPA 之后，必须要考虑应用系统调整对 RPA 运行的影响有多大。

以上几个维度只是从宏观角度粗略地分析业务流程对于 RPA 技术的适用性。另外，流程中的数据安全、规范和标准、人员分布、系统性能等因素都会影响 RPA 的应用效果。事实上，我们还可以从更细的维度来分析流程中的每一个处理环节。也就是说，一个完整的流程也许不能满足上述 5 个特征，但如果某个处理环节可以满足要求，也可以单独使用 RPA 实现自动化。当其他环节满足了自动化使用要求以后再进行 RPA 实施，最终拼装出一条完整的业务流程。

上面谈到 RPA 适用性的几个维度，多是从当前企业运营的投资回报率的角度来考虑的。如果考虑未来的机会成本，以及企业转型所带来的隐含价值，也许就不能只以如此简单的维度来判断了。特别是结合了人工智能技术之后的 RPA，即智能流程自动化（IPA），所能够应用的业务场景会更加广泛。

4.4.2　流程抽象后的分析结论

为了进一步提升分析高度，我们可以把工作流程的各个环节抽象分解为 4 部分，如图 4-19 所示。

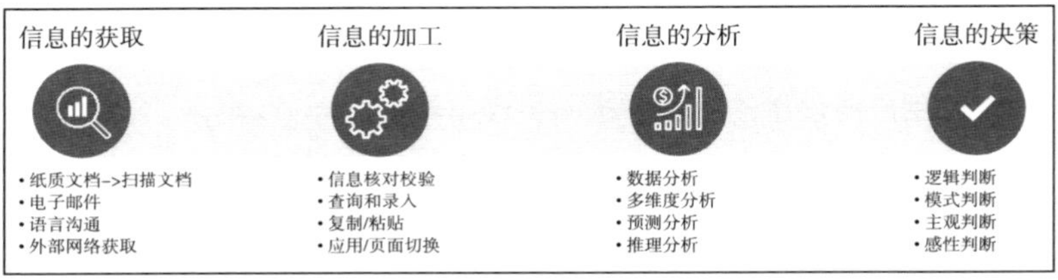

图 4-19　各个环节的流程处理抽象

第一部分是“信息的获取”。由于一项工作的开始可能是在接收到外界一项指令，或者获得某项信息之后。例如接到公司领导的电话，告知你将要完成一项工作，或是收到一封邮件，邮件里交代了你要处理的事项，或者你从互联网上查询到一些数据等。在信息的获取过程中，执行者通常需要了解这些信息应该从哪里获取，从哪里可以获取，什么时间，以什么方式获取，主动还是被动。例如，对图像或视频中的信息识别，以及判断获取到的这些信息是否完整和准确，是否足以支持你开展后续的工作。

第二部分是“信息的加工”。随着信息化的普及，当获取信息之后，通常需要将这些信息输入计算机（也许是一个在线的处理系统，也许是个人办公软件，如电子表格或 Word 文档，或是云端存储）。然后对这些信息进行存储、过滤、加工、整合或抽取。在这个部分中，执行者需要了解这些数据的归类方式、存储结构、数据量、加工规则等。当然如果是基于后端强大的信息处理系统，执行者只需要关心信息的录入方式即可，包括单笔还是批量；录入数据之间的先后依赖关系；录入前需要检查的业务规则等。

第三部分是“信息的分析”。信息经过加工和处理后，需要转换成有意义的“信息”，也就是通常我们所谈到的数据分析。简单的数据分析包括查询、汇总、统计，复杂一点的数据分析用到了图或表的报表工具，甚至用到了各种商业智能（Business Intelligence，BI）分析工具，如 Hyperion 或者 SAS 等。

第四部分是“信息的决策”。数据分析之后，接下来就要做决策判断了。而决策过程中涉及的技术更为复杂一些。第一类属于决策“硬”技术，即定量决策，包括确定型决策技术、非确定型决策技术、竞争与随机型决策技术等。第二类属于决策“软”技术，即定性决策，包括德尔菲法、类比法、孙子兵法等。第三类属于“软硬结合”技术，如用模拟方法解决数学分析问题。在决策之前，自动化系统还需要进行必要的推理，包括演绎推理、归纳推理、类比推理。

以上 4 个部分可以说是我们目前工作模式的一种抽象模型，接下来分析一下 RPA 或 IPA 对于这 4 个流程分解部分的自动化处理能力，以及替代人工工作的比例。我们可以将自动化工作的难度分为易、中、难三个等级。“易”指的是利用简单的 RPA 技术就可以做到的工作；“中”指的是需要更高级的自动化或者智能自动化技术才可以做到的工作；“难”指的是依赖目前的人工智能技术难以做到，或者短期内没有技术可以实现自动化的工作。

1. 信息的获取

在“信息的获取”工作中，我们又可以分为信息接收和信息理解两类工作任务。

利用自动化实现主动或被动的信息接收是容易的，基础的 RPA 就可以自动收取邮件、及时接收消息、获得系统反馈。但对于语音、图像、视频或者现实场景的信息接收，就需要借助人工智能技术。目前阶段，单一语种的语言转换成文字也不是非常困难，而且识别率非常高。在特指的一些工作场景中，即在低噪声的场景中，我们基本上认为语音的接收是容易实现自动化的。图像和视频的自动化接收方式是类似的，都需要对画面中的内容进行识别和获取，需要借助人工智能技术，以目前的人工智能技术能力来讲，实现难度为“中”。而对于现实场景中的信息接收，由于涉及诸多干扰因素，且来自三维空间，需要借助传感器等物联网技术来实现，所以难度为“难”，这也是自动驾驶难以实现的一个重要原因。回归到办公室的工作场景，接收信息自动化难度为“易”的部分在50%左右，借助智能自动化处理的部分约40%，其余的部分才是难以处理的。

人们通常认为信息理解环节的自动化处理比信息接收环节的自动化处理难度大很多。其实，这里的难度主要体现在人与人之间的理解。由于人的理解能力涉及文化背景、学识修养、价值观、世界观等诸多因素，更何况现实世界中充满了词不达意、语焉不详、上下文差异等误解。如果利用人工智能技术去实现人与人之间的理解，今天看来仍然是十分困难的。然而人与机器、机器与机器的相互理解其实是相对容易的，这也是为什么我们说，一家企业的数字化水平越高，自动化实现起来就越容易。机器之间的理解最为容易，因为它们必须遵循通信标准和规则协议标准。当然，不同系统间的标准可能不一样，但为了达到某种标准而对接口或服务重新设计，这个过程总是相对容易的。

总体看来，在“信息的获取”部分，通常能够达到自动化的比例可以在50%以上（难度为“易”和“中”）。依据目前的技术水平，一般需要人类员工配合实现最难部分的自动化。

2. 信息的加工

“信息的加工”部分的自动化是相对容易实现的，但前提是必须有相应的业务处理规则。正常的业务实现甚至于生活都是有规则的，只是这种规则通常是非固化的。例如，汽车行进到路口时，必须依据信号灯指示来行进，信号灯这种基础设施就帮助固化了交通规则。但是不等于没有信号灯，交通路口就没有交通规则，例如，在一些没有交通标志的街道，人们也会自然形成一种礼让和行进规则。所以，有没有公示出来的规则并不是问题的核心，而规则是否明确才是核心问题。社会、城市管理水平越成熟，交通规则就越明确，而企业的管理成熟度也体现了信息处理中规则的明确程度。所以，实现自动化的一个重要前提就是将以前尚未明确的规则明确下来。

在明确规则的过程中，有两个重要因素不得不考虑，一个是异常，另一个是变化。通常我们认为在流程中，数据异常时有发生。而对于某种异常情况，规则明确则更加复杂且难度大。一些自动化的实践者有时候会由于异常情况的规则明确太复杂，甚至放弃对正常业务的规则梳理，这就显得有些为了芝麻丢了西瓜。如果以“二八原则”作为参考，我们只要弄清楚那 80% 的正常业务就可以了，另外的 20% 可以暂时放下不管。另外，谈到规则的变化，其实是加入了一个时间维度，即随着时间的推移规则会发生变化。规则的变化其实没有那么迅速，也没有那么容易。RPA 带来的规则改变也只是一些小的细节上的变化，并不会影响整个规则的设定。

3. 信息的分析

关于“信息的分析”，由于市面上已经有太多的数据分析类工具，所以数据分析环节本身的自动化不会成为最大的问题。目前，数据分析领域的关键制约点在于前期的数据采集和整合。由于数据来源于多个应用系统，难以形成实时的分析结果，也就难以对业务进行实时决策。另外，由于各个系统中的数据标准不同、规则不同、语法不同，因此难以对数据进行核对和整理。

我们站在 RPA 的角度来看待“信息分析”，发现其优势主要有三个方面。

第一，由于 RPA 实现的是帮助前端业务人员实现数据处理，那么其所能获取的数据必然是业务人员能够理解的。不像传统的数据分析引擎，其数据来自各个系统的数据库。所以，RPA 的数据无须转义，且与有多少个后端应用来存储数据没有关系，从而避免了前端录入数据到后端存储数据的转换问题。

第二，RPA 机器人所操作的数据范围远远超过了传统应用系统所存储的数据。例如，Excel 表的处理、收发邮件中的内容，这无形中增加了传统应用系统的数据采集范围，使数据变得更“大”了。

第三，机器人操作的数据来自实时业务场景，也就是说，实时分析对于 RPA 机器人来说并不困难，不再像传统方式通过数据仓库或大数据平台“T+1”或“T+2”延时分析。

基于以上这三点，RPA 结合一些报表或仪表盘（Dashboard）工具，所能带来的价值远超传统的数据分析平台。理论上，“信息的分析”部分实现自动化的比例在 80% 以上。

4. 信息的决策

“信息的决策”是 4 个部分中最难实现自动化的。根据上面谈到的“硬”“软”“软硬结合”三种方式，在“硬”决策判断中，还有 50% 实现的可能，另外两种方式的决策判断就很难通过 RPA 来实现自动化。

接下来，我们需要回答这样一个问题：到底自动化流程在企业所有流程中的占比是多少？这个问题的回答有助于让企业的领导者认识到自动化对企业运营流程的影响有多大，应该采取什么样的战略来应对这场自动化变革。

在今天，很多企业负责人希望 RPA 或者 IPA 帮助他们实现流程的 100% 自动化，即流程中不再需要人为参与。因为他们相信只要有人参与，就会拖慢整个流程进度，还会带来人为风险，也没有实现人力资源的完全释放，反而需要人力来干预或打断机器人的处理，增加了业务流程的复杂度。所以直到今天，很多企业仍旧是在单点的、零散的一些流程片段中引入 RPA 应用，就像是在原来的流程中或系统上打一些补丁。为什么会出现这样的情况，我们来综合分析一下。

我们假定企业是希望做端到端流程自动化的，如上所述，“信息的获取”部分实现自动化的工作比例是 50%，“信息的加工”部分实现自动化的工作比例是 80%，“信息的分析”部分实现自动化的工作比例是 80%，“信息的决策”部分实现自动化的工作比例是 10%。如果完整地看第一到第四部分，确实会得到类似的结论——最终自动化的比例为 3%（50% × 80% × 80% × 10%），即企业所有流程中只有 3% 可以实现全面自动化。而通常，咨询公司或厂商在宣传材料中提到的这个比例是 40% ～ 50%，这个结论几乎截然相反。这就是今天一些企业在做流程自动化可行性分析时经常遇到的问题，表面看上去流程自动化机会很多，但仔细分析下去，又都不适合做自动化了。

那么问题出在哪里？原因在于很多企业的运营和管理是不够成熟的。举例来说，企业经常会要求一个员工从头到尾完成一个完整的流程。举一个大家较为熟悉的例子，即我们去医院门诊看病的流程。在一些大医院里，挂号之后，患者经常需要等几个小时才能见到医生，常规门诊的医生接待一个患者的平均时间约 10 分钟。在这 10 分钟里，医生要做的事情还有很多，需要询问病情、做出判断、录入病例、开药单等。而从全社会来看，医疗资源是紧缺的，医生的精力也是有限的。但事实上，医院已经算是分工较为细致的一个行业，挂号、看病、缴费、取药各个流程都是标准化运作的。

所以通常我们在分析自动化流程的时候，需要做的第一项工作就是对流程任务进行定性分析，即分析哪些是专业工作，哪些是简单的数据处理工作，并对流程环节进行拆分，甚至是对流程步骤拆分，梳理清晰之后，再将任务重新归类整理，专业性、创造性、决策性的工作交给专业人士来处理，机械性、重复性的工作交给 RPA 机器人，最后由专业人士和 RPA 机器人协作，形成新的自动化业务处理流程。

如果是按照这种方法，我们再来重新做一下自动化的比例计算，假定企业中从第一到第四部分的工作量是均匀分布的，都是 25%，那么该流程的自动化比例就有可能达到 55%，即 25% × 50%+ 25% × 80%+25% × 80%+25% × 10%，是不是和一些行业报告中的数字接近了许多。

业务流程分析和优化工作是 RPA 实施过程中最重要的一环，甚至超过了技术实现本身。对于 RPA 行业的从业者来说，为了做好业务流程的梳理和分析，最好让业务流程各方在使用 RPA 之前就达成共识。

4.5 制约和风险

通常我们考虑 RPA 流程自动化实现的制约和风险主要来自以下几个方面。

第一，安全方面。

有别于传统后端系统，如果单纯地采用桌面形式的 RPA 软件，只是解决人类员工手工录入系统的问题，类似于给原有的应用系统加上外挂程序。在游戏领域，如果某位玩家使用外挂，可以算作一种作弊行为，也是被明令禁止的。一方面，如果 RPA 机器人程序中某个步骤或规则被遗漏，一旦程序运行起来，就会直接给企业带来风险。虽然传统应用系统运营过程中，人为操作错误的可能性也很大，但人为错误更多是单点出现的、不连续的，而且依赖配套的问责机制，问题相对容易得到处理和解决。而如果是 RPA 机器人的运行中出现业务问题，就有可能是规模性的、连续性的、难以补救的。

另外，由于企业在 RPA 应用初期，尚没有清晰定义人类员工与机器人协作过程中的权责分工，如果这时将所有 RPA 机器人运行中产生的业务问题都由自动化流程开发者来承担，就未免太过牵强了。当然，我们也可以通过人为干预或使用另一个 RPA 机器人来检查输出是否正确处理，来避免这类问题的发生。

在信息安全方面，传统的应用系统中的数据主要存储在数据库中，安全性由数据库管理员（DBA）来严格管控。开发者接触的主要是应用功能和数据结构。而 RPA 开发者却能直接接触到真实的生产数据，如 RPA 机器人登录系统时就需要使用真实员工的用户名和口令。RPA 机器人登录系统后，又能看到系统中一些敏感和隐私数据，如 HR 自动化流程中有时就须查询员工的工资。在 RPA 开发阶段，用户担心 RPA 的开发者接触到这些安全信息。在运行阶段，用户又担心其他人看到或监控到 RPA 机器人所操作的数据，或者其他人员干预或侵入 RPA 机器人进行操作，盗取 RPA 机器人所使用的口令及权限。RPA 安全管理涉及诸如机器人脚本的开发和审核机制、开发和部署方式，以及信息的存储安全、传输安全和操作安全等多方面的内容。另外，RPA 对企业原有的合规、风险 / 内部和外部审计是否存在影响，也是需要进行评估的。

第二，企业是否选择了合适的业务流程来实现自动化。

RPA 技术虽然非常适合于那些重复性的、基于规则的、大批量的且不需要人为判断的任务，但只有这些粗略宏观的筛选标准是不够的。一些企业的标准化流程虽然已经实施了多年，并且被编写成标准流程文档。但实际上，不同的员工在实际操作时，还会使用其他变通的或更具实用性的方法来解决手头的问题，而且不同员工之间的操作习惯和处理方式也可能不同，更不用说那些尚未实现标准化流程的企业。

另外，企业自身变革对 RPA 业务流程也有影响，比如组织机构、业务分工的调整；流程的不稳定也会使 RPA 实施难度增加；某些后端应用系统的更新升级也会影响到 RPA 的实施难度和运行风险。因此，在实施 RPA 项目前，企业需要找到哪些流程适合自动化，哪些流程可以在时机成熟后再实施自动化，以便确定自动化的优先级。如果对业务流程分析和选择不当，也没有对业务流程中潜在问题的根本原因进行全面分析，就冒然开始一个 RPA 项目，有可能造成项目的失败或达不到预期收益。

第三，企业是否合理地利用了 RPA 机器人的资源。

RPA 机器人的资源包括 RPA 机器人的工作时间、处理效率以及所使用 RPA 机器人的数量，因为这些资源的消耗会与项目实施成本和软件成本产生关联。在面对同样的工作任务和工作量时，企业应该考虑采用最少、最优的机器人资源来完成。

第四，RPA 流程能否应对异常情况和流程变化。

RPA 机器人程序设计、开发和设置不灵活，就会导致无法快速适应流程的后续变更，或者后续变更成本过高，这也是 RPA 项目实施中经常遇到的一个问题。为了降低这种风险，除了使用合理的技术架构和集成方式外，企业还必须配套合理的 IT 治理结构进行管控，包括计划、沟通和变更等过程，使 RPA 机器人能够适应持续性的变化。

第五，来自基层员工的抵制和悲观情绪的传播。

一些基层员工可能认为机器人会取代他们的日常工作，进而导致企业裁员或员工转岗。所以在一些 RPA 项目中，虽然高层领导强力支持，但在基层实际实施时往往会遇到阻力。因此，RPA 项目的顺利实施与企业内部良好的沟通机制、员工的培训教育以及企业文化的推广息息相关。

最后，希望所有实施 RPA 项目的企业负责人知道，这个世界上没有银弹，也就是说，不可能依靠 RPA 就可以解决所有的自动化问题，而是需要认识到 RPA 能做什么和不能做什么的限制因素。没有完美的技术，只有适合的技术，在自动化实现过程中，如何合理地选择业务实现自动化，才是所有企业领导者需要考虑的问题。

4.6　本章小结

不管是行业调研报告还是实践经验都已经证明，RPA 是一项具有极大潜力，且可以被广泛应用的技术，可以跨行业、跨领域应用到各类业务流程自动化过程中，远超传统的系统集成方式和传统的 IT 实施方式。通过对这些案例场景的分析，我们可以看到自动化技术如何为流程所服务；也可以看到各类人工智能技术与 RPA 的结合点，以及结合后的适用场景；还了解到 RPA 对企业业务流程的影响，甚至是对企业业务流程的再造。

为了能够更加清晰地理解 RPA 的适用场景以及适用范围，我们又将企业中常见的业务流程分为信息获取、信息加工、信息分析和信息决策 4 个部分，分析了各部分的处理特性，并估算了各部分自动化的比例。这也从侧面印证了 RPA 应用范围的广度，打消了部分人对于 RPA 应用规模的疑虑。

不管是实战还是理论都可以充分证明 RPA 的价值，但是我们在落地 RPA 项目时仍然会遇到种种困难，包括安全性保障、流程范围的选择、机器人的利用率、程序设计的合理性，甚至是企业管理因素以及人的因素等。如何解决这些问题和规避这些风险，正是后续第 5 章所重点关注的内容。

5

第5章 CHAPTER 5

RPA应用实践

看过前面章节对RPA的分析和介绍以后，你是否已经蠢蠢欲动了呢？是不是很想上手体验一下这项新的自动化技术？今天，RPA面向的主要服务对象仍旧是企业用户。对于企业来讲，在启动一个自动化项目之前，还需要回答很多问题。例如，项目范围如何确定？项目预算如何估算？RPA项目如何开展和管控？会经历哪些阶段？项目中需要哪些人员参与？这些人员又是如何配合工作的？RPA上线后的运维问题如何解决？在行业内，哪些RPA产品和服务资源可以帮助完成自动化？

上面这些还只是基础性问题，一些有远见的领导者还会关心：RPA 的安全和风险管控；RPA 机器人运行的稳定性如何保证；如何提高 RPA 机器人的开发效率和运行效率；如果未来希望将 RPA 扩展应用到企业的更多业务流程中，目前的技术架构和管理模式是否能够支撑。

接下来，我们将剖析企业实现 RPA 的整个旅程，以及实施和管理自动化流程中的各项主要考虑因素，从而回答上述问题。

5.1 企业实现 RPA 的旅程

5.1.1 RPA 旅程的 4 个阶段

我们把企业从了解 RPA、实现 RPA 以及运营 RPA 的整个过程称为"RPA 旅程"（RPA Journey）或者"自动化旅程"（Automation Journey）。通常，RPA 旅程可分为以下 4 个主要阶段，如图 5-1 所示。

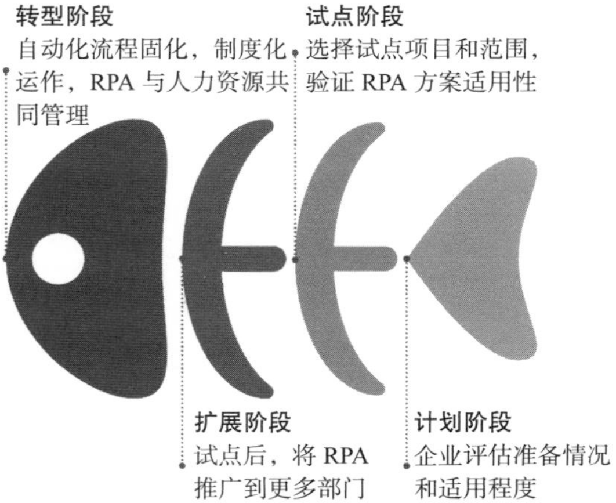
转型阶段
自动化流程固化，制度化运作，RPA 与人力资源共同管理
试点阶段
选择试点项目和范围，验证 RPA 方案适用性
扩展阶段
试点后，将 RPA 推广到更多部门
计划阶段
企业评估准备情况和适用程度

图 5-1 RPA 旅程的 4 个阶段

第一，“计划”阶段

“计划阶段”即企业需要评估组织内部实现 RPA 的准备情况以及适用程度的阶段。在此阶段，企业需要识别可能存在的 RPA 业务场景、对 RPA 进行概念证明（Proof of Concept，PoC）、选择合适的自动化工具以及合作伙伴、评估业务收益和价值，以及制定初步的 RPA 战略和执行步骤。

第二，“试点”阶段

企业需要在这个阶段利用真实的业务场景来验证 RPA 的适用性，选择试点项目和试点范围，进一步加深对 RPA 技术的实现和运作模式的理解，同步建立机器人监控和运营中心，甚至筹措或启用自动化卓越中心（CoE）。在这一阶段，RPA 项目应获得企业的政策和资金支持。同时，企业应同步建立和完善 IT 基础设施架构，对更大范围的员工进行教育和培训，以获得 RPA 的相关技能。

第三，“扩展”阶段

当企业成功完成试点项目后，管理者可以将机器人推广至更多的组织部门中，并加强各职能部门和不同地区的相互联系，利用 RPA 来解决企业中端到端的业务流程。管理者还应同步完善整体 RPA 战略，建立自动化治理框架，并调整运营模式，监督和审查自动化流程，修订和完善 RPA 推广计划。在此阶段，企业还需要壮大原有的 CoE 体系。

第四，“转型”阶段

经过试点和推广阶段以后，企业应该将那些固化下来的流程自动化，并采用制度化的运作模式，将 RPA 机器人正式纳入企业的可用资源，并对人力资源和 RPA 机器人资源同步管理。通过强有力的治理和控制措施，转变整个运营模式，培育创新文化，进一步巩固和发展 RPA 的应用。目前，大多数企业仍处于 RPA 旅程的早期阶段。

5.1.2 RPA 旅程的两种推动策略

那么，这个旅程如何开始呢？通常，企业会采取两种推动策略，一种是“自顶向下”，另一种是“自底向上”。

“自顶向下”是指企业的高层领导对 RPA/IPA 或者整个自动化方向产生了极大的兴趣，愿意在企业中开始尝试，并将其作为一项新的数字化转型举措。这种方式驱动 RPA 旅程的优点是容易获得高层支持，推进工作的视野和高度够高，企业内部更容易形成合力；缺点是需要让各基层部门充分了解 RPA 的好处，以及需要用更长的时间去寻找合适的业务场景。

“自底向上”是指一些基层员工和业务管理者希望寻找一些技术手段来解决日常业务中繁重的重复工作，从而推动 RPA 项目的实施。这种方式驱动 RPA 旅程的优点是痛点明确，容易快速释放业务价值；缺点是由于受制于原有的业务制度以及企业的 IT 治理模式，很难推动更深层次的 RPA 实现，只能简单地替代一些手工数据处理工作。

通过上面的优缺点分析，我们不难发现，企业中最有效也最有效率的驱动方式就是将“自顶向下”和“自底向上”两种模式相结合，即高层支持、协调配套资源，基层有痛点、有场景，上下齐心合力，一并前行。

两种模式相结合确实是一种理想的驱动模式，但考虑到企业在文化、体制和一些现实情况的制约，仍旧需要选择适合于自己特点的策略来驱动整个自动化工作。我们可以考虑从以下几个方面进行分析。

1. 企业的治理结构

如果是集中管理式企业，则决策体系具有明确的分层。大多数决策都由高层管理者和中层管理者来制定，而基层员工的参与较少。在这样的组织中，“自顶向下”的方式会更适合。相反，如果是分散经营和管理式的企业，则决策通常由基层组织人员来做，包括流程、规范和管理制度的制定。在这样的组织中，“自底向上”的方式更适合。

2. 企业运营的核心理念

企业运营的核心理念是以“流程”为核心，还是以“人”为核心？在以“流程”为核心的企业中，明确的流程和标准更有利于推动自动化的执行，则“自顶向下”的方式更好。在以“人”为核心的企业中，个体的责任心和知识经验积累更有利于推动自动化的执行，则“自底向上”的方式更好。

3. 企业的敏感度来源

如果企业对于规范和政策的敏感度更高，则“自顶向下”的方式更好；如果企业对于市场和客户的敏感度更高，则“自底向上”的方式更好。

4. 企业对于技术的掌握程度

“自顶向下”方法更适合于大多数员工对传统的已经实施的 IT 系统感到满意，并且可能不太容易推广新的系统或新的技术。在这些企业中，高层管理者更应该从顶层推动企业的数字化转型。如果企业各个组织中已经拥有精通技术的员工群体，如各个部门都会配置独立的 IT 技术人员，那么应该用“自底向上”的方式。因为，“自底向上”的方式可以让更多员工参与到新技术的实现中，通过更加自主的力量来提高整个组织的生产力。

5. 考虑自动化主导方所处的位置

如果主导方是某公司的总部或者集团公司总部，则“自顶向下”

方法更适合。如果主导方是某个区域分支机构或是本地子公司，则“自底向上”方法也是可行的。

6. 企业的财务风险偏好

财务风险偏好较高的企业适合于“自顶向下”的方法，因为在统一推动和管理下，可以避免更大的实施风险。但是，对于一些有意愿试错或者财务风险偏好低的企业来说，“自底向上”的方法也许更有效。

5.1.3 RPA 实施和推广过程中面临的 4 个挑战

通过分析国内企业的很多 RPA 实战案例发现，他们的 RPA 旅程大多数是以“自底向上”的方式推进的。这主要是源于企业对 RPA 领域的认知不足，领导也没有介入这项工作。在早期缺乏有经验的专家指导的情况下，企业就冒然启动 RPA 项目，会导致在项目实施和推广过程中面临诸多问题和挑战。我们总结为以下几种情况。

1. 缺乏企业级的 RPA 战略和路线图

往往基层部门在推动 RPA 项目时，得不到高层领导和 IT 部门的支持，更谈不上给予相应的战略引导和配套政策。更像是在原来庞大的 IT 系统中私搭乱建一堆“小煤窑”，短视地解决眼前的问题，自动化流程都是零散的、碎片化的，业务收益也难以体现，最终还可能导致 RPA 项目的失败。例如，国内很多财务部门的 RPA 项目基本上没有通过 IT 部门的审核，也没有纳入 IT 部门的统一管理，更多是把 RPA 当作一种桌面软件来使用，甚至退回到了原来 DPA 时代。

2. RPA 项目推动过程中没有考虑相匹配的流程和组织变革管理

虽然 RPA 有些时候看起来更像是临时的补救措施，但是一旦在企业中推广和使用，员工就会发现自动化流程中的角色分工、职责分配和相关方协调都是 RPA 项目实施成败的关键因素。例如，几乎所有的 RPA 应用都将面临一个最基本的问题，即需要给 RPA 机器人建立访问系统的用户名和口令，而且要求可以访问系统更多的功能，以及要求 RPA 有多个系统的访问权限，而这些都是为了更好地实现自动化操作过程。然而，在传统管理模式下，系统用户名的建立是需要对应到真实的员工个体的，比如需要 HR 部门出具该员工的入职证明或者提供明确的员工 ID 等信息，这样 IT 部门才能建立用户名，更不用说超出一般员工权限的申请。

3. 缺乏经验丰富的 RPA 专家资源

企业自身没有相应的 RPA 专家资源，社会上又难以找到足够数量和足够质量的 RPA 专家资源，且获取成本较为昂贵，这些是所有新技术面世和快速成长时都会面临的问题。

4. 国内企业的流程标准化和规范化程度不够

这主要体现在企业缺少整体的流程管理框架和展示视图；缺少流程文档或流程作业图，知识的传播主要依靠师傅和徒弟之间的口口相传；部门主管对于目前流程中人员的工作状况不了解，对工作量分布情况也无法做量化估计；业务流程中太多的人为因素干预等，这些问题在中国企业经营中尤为突出。

以上这些问题虽然突出，但还不致命。

一方面，RPA 项目负责人应当努力将 RPA 纳入数字化转型工作中，这样就可以得到高层领导的充分支持。以全球最佳案例来看，企业需要在 IT 部门和业务部门之间建立一个集中的 RPA 团队或者 CoE 组织来推动 RPA 的应用。推动 RPA 的过程中强化对现有流程的分析、优化和再造，并且努力提高 RPA 机器人的利用效率，最大化投资回报率，专注于实现那些无须人参与的、效率更高的直通式流程。

另一方面，为解决资源不足的问题，企业可以用更加民主化的方式将权力和 RPA 技能赋予基层员工，通过提高个体员工的生产力，消除平庸而重复的工作任务，培训他们开发属于自己的机器人程序或数字助理。通过设立本部门或本地区的督导小组定期协助员工改善技能，监督企业整体自动化推动进展，并鼓励员工相互合作，分享他们的经验和成果，或者建立游戏化的奖励与识别机制来增强员工的兴趣度和参与度。对于流程标准化和规范化不足的问题，RPA 项目组需要努力做好项目实施过程中流程梳理和分析的环节，并在 RPA 上线之后在企业中相似的业务线进行推广，努力将其打造成业务处理的“标杆”流程，然后逐步让这些“标杆”流程变成企业中可见可落地的流程“新标准”和“新规范”。

5.1.4 RPA 的总成本和总收益分析

既然企业决定开始自己的自动化之旅，那么领导者的头脑中就要形成一套有关 RPA 的成本和收益分析模型，以帮助其在项目实施过程中清醒地认识应该以何种方式降低 RPA 的投入成本，以何种方式提高 RPA 的价值收益，来不断调整和优化企业的自动化战略方向。在前面章节中，我们虽然谈到了关于 RPA 成本和收益的组成部分，但大部分内容仍然属于定性讨论。在本节中，我们希望用定量的方式来帮助企业建立一种 ROI 衡量的标尺。

1. 总成本分析

企业在 RPA 旅程中所投入的总成本，可以分为以下三个阶段、7 个组成部分。

- ❑ RPA 部署之前阶段的成本投入，包括：① RPA 或其他相关软件的许可证购买成本；②服务器、PC、操作系统、数据库等基础设施投资成本；③附加解决方案的投入成本，即由于引入 RPA 而对其他系统带来的适应性改造或集成工作所带来的成本。
- ❑ RPA 部署阶段的成本投入，包括：④对 RPA 流程的评估、优化、改进等咨询服务成本；⑤ RPA 流程的设计、开发、测试等实施成本。
- ❑ RPA 部署之后阶段的成本投入，包括：⑥ RPA 流程的监控维护以及技术支持相关的投入成本；⑦培训、宣传、推广和变更管理所带来的成本。

每家企业对以上 7 项成本的投入方式不尽相同，但企业可依据自身的能力情况做出不同的选择。

基础能力较强的企业，可以由内部的企业员工来负责完成其中的部分，如由流程管理或精益流程的相关部门负责第④和⑦项内容，由 IT 团队或流程 IT 团队来完成第③、⑤和⑥项内容。

如果企业已经具备了传统 IT 项目服务的基础能力，但尚缺乏 RPA 的相关经验和能力，便可以借助于第三方的力量来补足自身的短板。例如，如果团队缺乏流程梳理、分析和优化的能力，则可以聘请外部的咨询服务商来帮助企业完成第④和⑦项工作；如果团队缺乏 RPA 的实施能力，则可以聘请外部的系统集成服务提供商或专业的 RPA 服务提供商来协助完成第③和⑤项内容。

不管企业在 RPA 旅程中使用的是内部资源还是外部资源，本质上都会产生相应的成本，只是成本的计量方式存在差异。

2019 年调研机构收集并归纳分析了企业在 RPA 旅程中所投入的总成本占比情况，如图 5-2 所示。

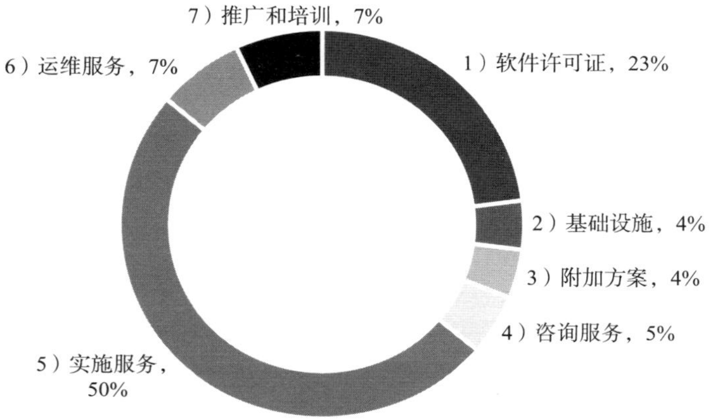

图 5-2　RPA 旅程中的总成本分布

其中，第⑤项 RPA 实施成本在投入总成本中占比最大，达到 50%。所以，在本章的后续小节中，我们会重点讲述 RPA 的实施过程以及如何管理和提升机器人的开发效率，这些内容都有助于降低 RPA 的实施成本。

其次，第①项软件许可证的成本占比 23%。由于目前全球主流的 RPA 软件都是采用 SaaS 软件的计费方式，即按照时间周期、按照软件中的组件类型来收取服务费，所以如何提升机器人的运行效率就变得十分重要。

接下来的总成本占比顺序是第⑥项运维服务和第⑦项推广和培训，各占总成本的 7%；第④项咨询服务占总成本的 5%；第②项基础设施和第③项附加方案，各自占比 4%。后续，对机器人扩展性管理、卓越中心和生态体系的介绍都将有助于降低这些类别的投入成本。

2. 总收益分析

我们在 1.3 节已经对 RPA 的业务价值有了初步的归纳总结。在本节中，我们将用定量的方式来衡量 RPA 为企业带来的总收益。Forrester 调研分析结果，以那些已经实施了 RPA 的企业的三年总收益作为衡量基准，将各项收益转换为财务指标后，主要可以分为以下 4 项，如图 5-3 所示。

（1）由于 RPA 加速了企业的整体数字化转型进程而带来的收益

RPA 加速了企业原有信息化系统的处理过程，提高了供应链上下游以及企业内外部的信息沟通效率，也就相当于加速了原有产品或服务的运营效率。企业便有机会推出更多的新产品和新服务。新老产品都将为企业带来更高的营业收入和附加利润。这部分收益平均占到整体收益的 8% 左右。

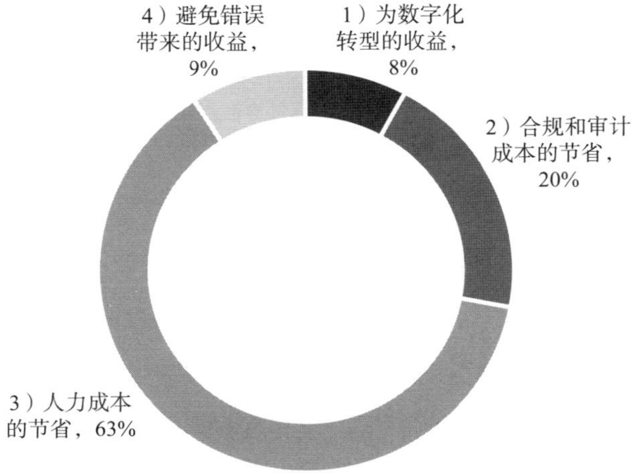

图 5-3　RPA 为企业带来的总收益分布

（2）RPA 帮助企业节省合规和审计成本

RPA 有助于减少企业中原有作业中的人为操作错误，规避了可能出现的合规风险，相应地同步减少了企业合规审查和审计工作的处理工作量。例如在某企业中，每年需要花费所有审计人员总共 80000 小时来执行各种合规和审计相关的工作任务，通过三年的 RPA 实施，每年可节省 36000 小时，从原来的 38 个 FTE 减少为目前的 21 个 FTE。这部分收益平均占整体收益的 20% 左右。

（3）RPA 为企业带来人力投入成本的节省

这是 RPA 为企业带来的最大，也是最明显的一部分收益。RPA 替代了人类员工的手工操作，直接节省的人工成本可以通过人工工时进行衡量。另外 RPA 还避免了由于企业业务扩展而需要雇用新员工的人力成本。RPA 变成了一种对人力资源的替代性采购策略，将人的采购成本替代为 RPA 的采购成本，同时同步节省了人力资源部门大量的招聘和入职流程工作内容。这部分收益平均占整体收益的 63% 左右。

（4）RPA 可避免企业中的数据错误，并节省需要人工弥补这些错误而带来的额外劳动成本

在使用 RPA 之前，企业不同应用系统之间、应用系统与员工手工保存的数据之间经常存在着不匹配的情况。员工必须通过手动验证来解决业务处理中的这些细节问题，这通常是一个耗时耗力的过程。使用 RPA 之后，机器人可以不断搜索系统记录中的错误类型，基于已定义的校验规则调整这些错误数据，并自动通知人类员工来完成数据的修复。例如某企业在采用 RPA 之前的某类型业务的数据错误率和拒收率是 80%，使用 RPA 之后，第一年降低为 50%，再经过不断优化调整之后，第二年和第三年降低为 5%。这部分收益平均占整体收益的 9% 左右。

3. 总成本和总收益的估算方法

通常在现实情况中，企业管理者很难完整地拿到成本的 7 项数

据指标和收益的 4 项数据指标。为了在 RPA 项目初期就能相对准确地估算出总成本和总收益的具体数值，我们可以采用反向计算的方法。例如，当我们评估出某个 RPA 项目的实施费用时，就可以按照比例反向计算可能投入的总成本，即用实施费用除以 50%。又例如，当计算出某 RPA 项目所节省的人力成本为 100 万元时，便可以估算出其为企业带来的总收益为 159 万元，即 100 除以 63%。

以上只是依据行业调研和分析数据做出的判断，当然每家企业的运营情况存在差异，国内企业和国外企业的成本和收益模型也存在差异，计算方法也就不能一概而论。但是，当企业无法及时准确地收集到自身的成本和收益数据时，这种以 Benchmark（基准值）为基础数据的计算方法就成为 RPA 项目 ROI 分析的一种常见方法。

5.2　RPA 的实施过程

RPA 旅程是企业面向自动化领域的一种宏观和长期的执行策略。当回到某个 RPA 项目的执行层面时，我们可以将 RPA 项目的实施过程划分为以下 6 个工作阶段，如图 5-4 所示。

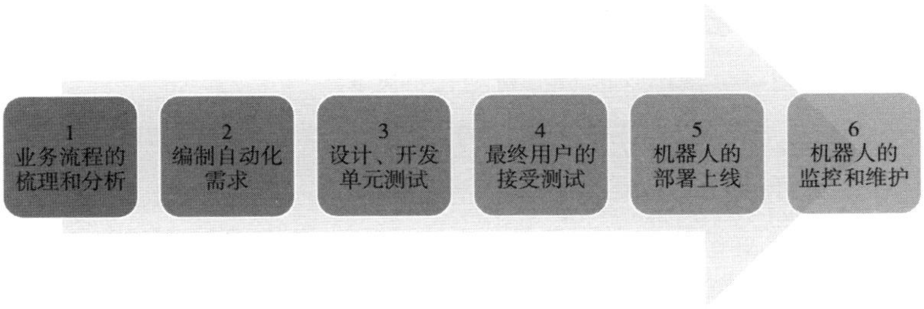

图 5-4　RPA 项目的实施过程

5.2.1 业务流程的梳理和分析

该阶段也可用于完成自动化流程的机会评估，即通过分析现有的业务流程，从中找到那些适合自动化的流程，计算业务收益和实施成本，以判断 RPA 实施的优先级。

我们首先需要了解做 RPA 流程分析的一个痛点，那就是如果希望获得精确的结果，就需要分析到业务流程的最终细节。通常我们按照业务流程的颗粒度，可以分解为 5 个级别。

- ❑ 领域（Domain，例如：信贷）
- ❑ 阶段（Phase，例如：贷前处理）
- ❑ 活动（Activity，例如：信用审核）
- ❑ 任务（Task，例如：获取客户的信用信息）
- ❑ 步骤（Step，例如：根据客户名称查询客户的信用记录）

对于传统的应用开发，将流程分解到第五级——步骤级别（Step）已经足够细致，可以直接转换为 IT 开发使用的需求文档。但是对于流程自动化开发，还需要做到更细致的一个级别——动作级别（Action）。例如将“根据客户名称查询客户的信用记录”这个步骤分解为不同的动作，如 Action 1，登录客户征信系统；Action 2，打开客户信用查询页面；Action 3，录入客户名称，以此类推。因为只有将流程细化到动作级别，才能准确评估 RPA 所执行的工作，包括自动化的可行性以及流程可自动化的比例。

但是，如果我们在梳理流程的一开始就基于这种颗粒度去分析，往往是不可行的。

第一，由于分析的工作量巨大，不只是文档收集和整理工作，还包括现场的调研和访谈工作。

第二，由于细化的流程只有基层的操作人员才真正了解，需要调用太多的企业内部资源才能完成此项分析工作。所以，在流程梳理和分析过程中，企业普遍采用的是逐步细化的分析方式。

- 第一步：按照业务板块、业务领域或者业务阶段进行“泛扫描”（Wide Scan），即通过对业务领导访谈和初步沟通，或者基于通常的行业经验，采用定性的方式初步选定某一流程范围。定性分析可以参考第 4.4 节。
- 第二步：在选定的流程范围内，通过研讨会和调研表的方式对流程范围进行“细扫描”（Narrow Scan），此时，可以基本圈出一些自动化可能性较大的业务活动。
- 第三步：基于圈定的业务活动的具体操作，通过现场调研或收集细化的流程标准、操作规程来制作细化的流程图。基于细化的流程图，再进行自动化可行性分析，这个步骤可以称作“深度扫描”（Deep Scan）。通过深度扫描的结果反推细扫描中流程的自动化可行性，最终明确由泛扫描筛选的流程范围中的自动化可行性流程。同时，分析这些候选流程的工作量情况，最后折算成 FTE。一般我们采用调研表的方式从基层部门搜集一些信息，主要包括该流程发生的周期（每月、每周还是每天）、处理时段、发生数量、处理时间等。
- 第四步：专业人员依据这些信息计算 RPA 机器人的处理时间、RPA 机器人的数量、RPA 流程的实施工作量。最终，依据企业目前的运营成本和未来 RPA 的成本投入，为每个候选自动化流程计算它的投资回报率。
- 第五步：根据投资回报率的分布情况以及实施难度和风险，识别那些投资回报率高且风险低的业务流程并优先实施自动化，剔除那些投资回报率低且风险高的业务流程。对于投资回报率高且风险高的业务流程，尽早拟定风险缓释方案和计划，再将其纳入优先级第二梯队。对于投资回报率低且风险低的业务流程，将其纳入优先级的第三梯队。企业会依据不同的梯队分布情况，结合自身的 IT 投入情况来拟定自动化实施的优先级顺序。

5.2.2 编制自动化需求

经过第一阶段的流程分析，企业已经很明确需要实施自动化的流程范围。接下来，企业需要进一步对流程的细节进行观察和分析，定义出流程中每个步骤的操作过程，标识出哪些步骤由人工来操作，哪些步骤由机器人来操作，人和机器人如何配合工作，并采用业务流程图或者电子表格的方式来表达。这个需求文档通常叫作 PDD（Process Definition Document）文档。

但是，我们在实际编制需求文档的过程中发现，由于需要将业务步骤的操作过程描述得非常详细，就需要将操作界面屏幕进行截图，并配以大量的文字说明，这会造成需求文档编制人员花费大量的工作时间在琐碎的细节描述上，而且最终呈现给开发人员的效果并不好。在正规的软件开发中，需求文档的编制是不可避免的，但在 RPA 领域是否有更高效的方式来完成这个过程呢？

实践证明，采用流程图加视频说明是一种更有效率的工作方式。业务人员将自己的操作过程录制成视频，在视频录制过程中，一边操作，一边解释，利用最直观的方式将业务需求传达给 RPA 开发人员。敏捷的需求生成有利于知识的传播和使用。

5.2.3　RPA 设计、开发和单元测试

RPA 的设计、开发和单元测试是 RPA 项目实施的核心阶段。这个实施过程并非是遵循传统的瀑布式软件开发方法，而是遵循敏捷方法论，采用冲刺 Sprint 和迭代增量 Scrum 相结合的方法。Sprint 指的是一次冲刺迭代，通常是以最快的速度完成一次开发任务的时间周期。Scrum 包括一系列最佳实践和预定义角色的管理过程，是一种更高效开发软件的管理方法。

在 RPA 项目团队组织上，我们可以将实施团队划分成不同的工作小组，每个工作小组关注 1 ～ 2 个完整流程的自动化实现。图 5-5 为一个冲刺 Sprint 实现流程。工作小组成员通常包括流程负责人、Scrum 教练、架构开发和测试人员。他们在一起紧密工作，从 RPA 设计到开发，再到单元测试可以被称为一个冲刺 Sprint。当一个冲刺 Sprint 完成后，工作小组就可以将 RPA 提交给 UAT 测试，进而转入下一个冲刺 Sprint。项目经理和总架构师需要划分不同工作小组的工作范围，跟踪任务进度。当多个工作小组并行工作时，他们可以充分复用已有资产，也并不会产生工作内容上的冲突。

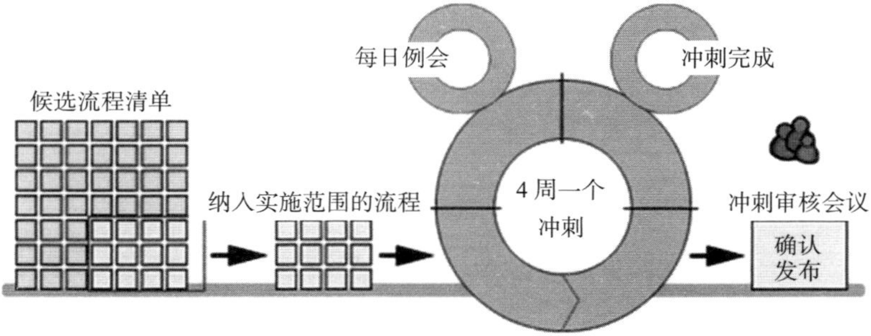

图 5-5　一个冲刺 Sprint 实现流程

1. 设计过程

在 RPA 流程的设计阶段，通常每个流程都需要产出一个独立的方案设计文档（Solution Design Document，SDD），这样就保证该流程实施的独立性，包括后续的开发、测试、部署上线工作。与传统软件开发中的概要设计文档一样，SDD 承接了 PDD 中的流程需求，体现了整体的设计要求，以及对后续 RPA 开发过程的指导。通常在单流程设计前，RPA 架构师可将项目的整体架构设计、设计开发原则和指南、可复用组件等一切共性内容，都提炼到整体架构设计或解决方案设计文档中。

虽然，目前在业内仍没有一套标准格式的 SDD 文档，但基于之前一些项目的最佳实践，我们可以大致罗列出 RPA 设计文档中的主要内容。

- ❑ 流程概述：定义该流程的基本描述和运行情况、PDD 中的业务用户需求，明确流程的业务负责人和沟通接口人，以及 RPA 设计的前提假定、技术约束、环境依赖和所要求的服务水平协议等。
- ❑ 涉及的应用系统 / 工具：描述该流程需要操作的应用系统、工具、技术。例如，是 B/S 架构还是 C/S 架构。
- ❑ 描述流程中所涉及系统的用户登录方式，如哪些系统需要业务用户登录，如果需要，在开发或测试环境下所使用的用户名和口令是什么。
- ❑ 现状业务流程：内容主要来自 PDD 中对于业务流程的描述。与 SDD 的区别是，SDD 中所描述的业务流程必须是能够被 RPA 设计人员所理解的。
- ❑ 目标业务流程：主要目的是清晰地告诉业务人员，引入 RPA 之后的业务流程是如何运行的，其中包含机器人处理的环节、人工处理的环节，以及双方的协作环节。那么，设计人员就需要收集汇总该流程在业务层面的优化点，以及由于引入机器人之后所带来的流程改进点，并将这些统一体现在目标业务流程的定义中。

- 机器人处理流：目标业务流程是面向业务人员的，而机器人处理流是面向技术人员的。机器人处理流可以拆分出该流程需要几个机器人、几个自动化任务，以及这些自动化任务的执行时间是什么，任务之间是如何编排的。
- 文件目录结构：为了区分不同业务流程的处理过程，机器人通常需要拥有专属的文件目录。SDD 中应清晰地定义出机器人程序的存储目录和所需处理的文件的存储目录，避免出现不同流程输入、输出文件混用的问题。
- 机器人设计要点：体现机器人程序之间的依赖关系，包括所需要复用的代码库、配置文件、机器人的控制方式、数据安全和数据管理、业务连续性处理手段等一切需要重点说明的设计内容。

在一些 RPA 项目中，实施人员常常会忽视对自动化业务流程的设计过程，打着“敏捷快速”的旗号直接从需求阶段转入开发阶段，这是十分有害的。如果开发人员不在 RPA 的开发过程中仔细思考如程序结构、人机协作、目录划分、异常处理等设计问题，则只能依赖于后续不断地开发迭代来解决前期的设计缺陷，反而会大大拉长开发周期。

2. 开发过程

RPA 的开发过程通常是依据 SDD 中的设计成果，在整体架构设计的要求下，一步一步将业务流程步骤转化为自动化脚本、流程图或者自动化程序。对于 SDD 文档中不能清晰表达的业务操作过程，开发人员还需要邀请具体业务办理工作人员直接参与到 RPA 开发过程中，以明确告知开发人员每个步骤的业务目的和处理方式。由于 RPA 项目的敏捷特征，RPA 的设计人员和开发人员通常是在同一个工作小组，甚至是同一个人，从而节省了从设计到开发过程中的沟通时间。

在 RPA 实际开发过程中，开发人员经常会遇到之前流程分析过程中所没有考虑到的情况，比如某个界面元素抓取不到，或是自动化操作不成功（手动操作成功），这就需要 RPA 开发人员临时转换思路，换一种技术手段来实现自动化处理。这些技术手段通常与 RPA 程序运行的稳定性有关，通常我们需要在开发过程中尝试那些稳定性更高的技术。如果按照自动化程序运行稳定性排序，由强到弱依次为捕获界面控件、快捷键操作、界面图像比对、界面坐标定位。如果各种自动化技术手段都无法解决这个技术障碍，那么就需要与该流程的负责人沟通，寻求业务层面的解决方案。

基于最佳实践，开发人员可以采取循序渐进、多次迭代的方式来实现 RPA 代码的开发，这也符合敏捷开发的指导思想。

- 第一步，搭建整个 RPA 程序框架。编写代码前，先开发主辅程序的调用方式、配置文件的读取方式、预处理、中间处理和后续处理等环节，并预留异常处理和程序补偿机制的处理环节。
- 第二步，以流程中某个业务实例的正常处理过程为基础来开发 RPA 程序。将业务数据以常量的方式来表达，这样可以快速发现该流程中所需要的自动化技术，以及存在的技术障碍点，便于尽快寻找解决方案。
- 第三步，当正常处理流程可以自动化运行之后，按照业务处理要求，再在 RPA 中加入必要的循环处理、分支处理，并将原来程序中的业务数据常量转换为参数变量。这样，多个业务流程就可以实现自动化了。

- 第四步，在满足了正常情况的自动化处理之后，开发人员需要在 RPA 程序中增加必要的日志跟踪和异常处理。异常处理需要覆盖可能出现的业务异常情况和系统异常情况，并设计相应的 RPA 补偿机制。这样，当机器人重启后，不会影响之前的操作成果。虽然这些异常在实际运行中很少出现，但在 RPA 开发过程中却要花费大量的精力去设计。也就是说，我们不得不利用 80% 的开发时间来处理那些只有 20% 概率发生的异常情况。
- 第五步，当 RPA 程序开发完成之后，开发人员就需要为将来可能存在的横向扩展、环境变更等定义项配置文件，将程序中的部分参数改为读取配置文件的方式，为下一步最终用户的 UAT 测试做准备。这个过程和传统的自动化测试开发非常相似。

RPA 的开发过程和单元测试过程几乎是融合在一起的，一边开发一边测试，开发完成，基本单元测试也就完成了。RPA 开发人员需要基于一定量的样本数据对自己所编写的自动化脚本或程序进行测试。这里需要注意的是，所准备的样本数据应尽量贴近真实的业务数据，而且应具备可逆性或可重复性，避免一些数据在提交之后，下次就再也不能重现之前的业务操作，导致无法利用 RPA 技术，并反复地进行测试工作。这个测试过程和传统的自动化测试过程也是极其相似的。

最后，开发人员完成一定规模的样本测试之后，就可以执行最终用户的 UAT 测试了。

5.2.4 最终用户的 UAT 测试

与传统应用系统项目一样，RPA 项目的 UAT 阶段相当于业务人员对 RPA 运行程序的一个确认签收过程。只有在业务部门确认和签收完成之后，RPA 才能上线，这一点在 RPA 项目中尤为重要。因为以前经常会出现系统上线，但业务未上线的情况，即由于某种原因，无业务用户真正使用这个系统。而 RPA 的作用就是替代人工操作，如果 RPA 上线之后，无法与业务人员的操作达成一致，必然会带来灾难性后果。

本质上，最终用户的 UAT 测试过程与前面开发人员的单元测试过程是基本相似的，即给出一些符合真实场景的业务数据样例，让机器人来运行，由业务人员校验运行成果是否满足业务要求。虽然这是一种黑盒测试，但在测试数据中必须要同时考虑正例和反例的存在，以保障机器人运行的可靠性。

对于 UAT 测试人员来说，也需要学习新的 RPA 知识，并转换原来的思维方式。因为测试人员不能按照传统的业务流程要求和处理过程来测试这个新的自动化流程，新的自动化流程替代了全部或部分原来的手工处理过程，必然给业务人员的传统认知带来挑战。所以，UAT 测试人员必须与 RPA 设计和开发人员一起提前了解这个新的自动化流程，如机器人是如何触发启动的；中间是否有需要人机协作的环节；当异常发生以后，业务人员如何再次接管工作，或者再次启动机器人等，不能只是检查机器人处理后的最终数据结果是否正确。

RPA 的 UAT 测试过程通常分为以下几个步骤。

- 第一步，测试准入审核。判断前期的设计和开发工作是否完成，文档和代码是否齐全。

- 第二步，准备测试数据。这些测试数据作为提供给机器人的输入数据，用于测试自动化处理过程。测试数据包含一些异常数据，以及可能出现的分支处理情况的业务数据。
- 第三步，编写测试案例。定义该案例的测试目的、输入数据和预期的处理结果。
- 第四步，执行测试。依据测试案例，执行测试，检查测试结果是否符合预期的要求。
- 第五步，签收确认。认同通过 RPA 自动化处理过程和处理结果，将该流程统一部署到生产环境。

UAT 测试可以让一线的业务人员真正感受到机器人的处理方式，对未来 RPA 上线后的运行效率和人机协作方式的改进都会有帮助。

5.2.5　机器人的部署上线

有别于传统应用系统的部署上线，RPA 的部署上线不受某个特定的时间窗口限制，也不会牵扯后台数据库的迁移和切换等工作，只是替代了一线业务人员的手工操作，所以对传统的数据中心运维人员来说，通常是无感的。而且，RPA 可以分批次部署上线，所以对原有系统和业务运行的冲击和影响很小。

在 RPA 部署上线前，开发人员需要协助运营人员同步完成 RPA 运营手册，比如配置文件、机器人启停时间或计划表、运行异常时的解决方案等，相当于开发团队到运营团队的工作成果确认和工作交接过程。

RPA 部署上线的核心处理事项是将 RPA 的程序代码从测试环境迁移到生产环境。在迁移过程中，我们需要注意如下几点内容。

- 环境配置的参数调整：最理想的情况是 RPA 的测试环境和生产环境完全是一样的。如果不能满足，RPA 通常采用读取配置文件的方式来适应运行环境的调整，不只是输入输出文件的目录改变，还包括不同环境下的浏览器版本、应用版本等。
- 将自动化程序整体打包部署：由于 RPA 所实现的自动化任务之间存在依赖关系，如 A 任务调用了 B 任务，或者该自动化任务与其他类型自动化脚本或程序也存在依赖关系，如在 RPA 任务中调用其他 Python 或者 JavaScript 脚本，所以在 RPA 部署上线时，需要将所有的自动化程序统一打包。
- 版本的管理和控制：由于 RPA 具有敏捷实施的特性，自动化流程又经常出现变更的情况，而且每个流程的 RPA 程序版本是分开管理的，导致 RPA 版本管理的复杂性增加。RPA 的管理平台可以与 SVN 等版本管理工具相结合，另外应有专人负责版本的发布，管理所有在开发态、测试态和生产态的 RPA 版本。

在 RPA 部署上线之时，企业就应当配备好相应的运维团队，明确好各方的角色和责任，并制定好 RPA 机器人管理流程，以便机器人上线之后就能保持正常运行。如果在极端特殊情况下，RPA 上线后出现大的问题，需要做下线处理，或者恢复之前的版本，则必须按照事先制定好的后备计划来执行。尽管后备计划可能都不会被使用，对于重要业务流程做万全准备，还是非常有必要的。

5.2.6 RPA 机器人的监控和维护

由于 RPA 机器人运行时会出现异常、中断、故障、业务数据非标准、案件超权限范围、规则未考虑到等情况，所以，运营人员需要既具备系统管理员、业务监督员的角色特征，又需具有能及时响应问题的速度。

企业并不需要为 RPA 重新建立一套运维体系，而应当基于企业原有的运维体系，再结合 RPA 特性，进行优化改良。这套运维体系应当具有对运行问题和风险主动监控的能力和被动响应的能力，如图 5-6 所示。

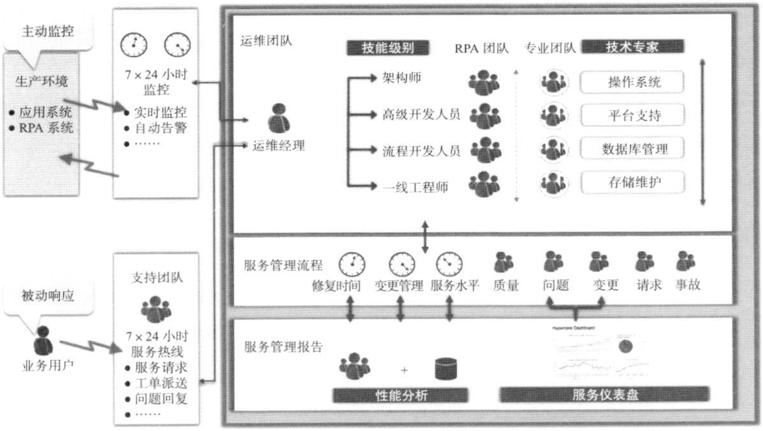

图 5-6　主动监控和被动响应

- 主动监控是指当运行的 RPA 平台或者平台中某个自动化流程发生问题时，监控平台应当有能力自动探测到这个问题，并发出警告，及时通知业务部门以及运维经理。
- 被动响应是指当业务用户发现 RPA 机器人未按照预期提供工作成果，或者发现 RPA 机器人中断执行时，可以将问题上报给 RPA 运维团队，然后由运维团队通过现场或远程的方式来解决问题。

不管是主动还是被动的方式，运维团队可以依据问题的重要程度或优先级安排技术人员解决，也可以采取问题逐步升级的方式，引入更多更专业的技术资源。如果问题涉及原有的应用系统、操作系统、数据库、存储或是网络等基础环境的调整，那么就应当引入更多的专业资源。除了发现问题和分析问题外，RPA 运维人员还需要采用最敏捷的手段将程序补丁快速部署到生产环境中，将影响降到最低；并且持续完善问题知识库、问题影响性分析、问题检查表等工作内容。

RPA 问题侦测、发现、分析、跟踪、解决的整个过程中既需要符合企业已有的 IT 服务管理流程，如问题管理、工单管理、事故跟踪管理等，又需要满足 RPA 所制定的特殊性管理要求，如服务水平协议、变更管理等。最终，RPA 运维服务情况和传统应用系统的服务管理信息应当形成统一的服务管理报告。

5.2.7 实施过程总结

虽然 RPA 实施过程与传统的实施过程有很多相似点，都是遵循需求 – 设计 – 开发 – 使用的实施过程，但是整个过程中重心和目的是不一样的。更准确地说，RPA 遵循的是学习 – 构建 – 执行 – 提高的实施过程。

- ❑ 学习：RPA 脚本和程序学习人类的操作过程。
- ❑ 构建：RPA 设计、开发、测试和部署上线的过程。
- ❑ 执行：RPA 机器人在真实业务场景下的运行管理。
- ❑ 提高：依据 RPA 机器人运营情况所做出的改进和优化。

后两个环节甚至比前两个环节的作用更为重要，也会持续为企业自动化转型工作提供动力。

接下来，将会介绍企业 RPA 之旅中最需要重点考虑的一些因素，包括机器人的稳定性、安全性、开发和运行效率，以及扩展能力。

5.3　机器人运行的稳定性

很多用户在初期应用 RPA 之时，都会遇到 RPA 运行稳定性的挑战。为什么经过 UAT 测试之后，机器人在真正的生产环境下还会出现许多异常和问题？这是 RPA 自身的技术特性造成的。RPA 不稳定的原因主要包括以下几点。

第一，生产环境和开发测试环境的差异性可能会造成异常出现。而且这些差异是非常细小的，也是经常容易被忽略的，比如操作系统或浏览器的版本、某个补丁插件是否安装、网络里的某种限制等。

第二，虽然之前在测试阶段测试人员已经尽量模拟了各种业务情况，但测试样本数据和真实业务数据之间的差异性仍旧是不能避免的。

第三，基于 UAT 测试人员和真正办理业务的一线人员之间业务知识的差异性，也可能导致一些测试过程中没有被发现的问题在生产环境中出现。

传统应用系统上线时出现这些问题，可以要求前台业务人员手工操作来弥补。而 RPA 就是在解决手工操作的问题，对于 RPA 来说已经变得没有退路了。所以，我们应当从设计方法、认知态度、业务和技术上的管理手段、超级关怀（Hypercare）方面来解决 RPA 机器人运行稳定性的问题。

1. 设计方法

为了保证 RPA 机器人的稳定运行，设计人员在 RPA 设计时需要重点考虑两方面的内容，即异常处理和日志记录。

在自动化流程运行中，异常情况主要包括三类：业务异常、应用异常和机器人异常。

（1）业务异常

业务办理过程中可能存在一些数据异常或者超越既定业务规则的情况。通常，业务人员需要采用特别的手段进行处理。在 RPA 中，通常采用拟定新的业务解决方案或流程规则判断、分支条件以及人机交互（将错误的数据交给人类员工处理，机器人只处理正常的数据）的方式来解决。

（2）应用异常

例如，RPA 运行时会出现某个应用程序中断、网站的某个页面打不开、应用出现异常报错的情况，而在设计中设计人员通常很难预测到这类异常。所以，设计人员需要在 RPA 程序中引入错误捕捉和处理机制。例如，Error Handling 或 Try Catch，即通过错误捕捉技术抓取自动化程序中的运行错误，做一些特殊处理，而不中断 RPA 机器人的运行。这些处理手段包括截取界面的错误信息、触发某种补偿任务、发送邮件通知相关人、记录错误日志等。

（3）机器人异常

例如，RPA 平台中的某个机器人运行错误，导致自动化处理流程中断。那么，我们可以采用负载均衡和机器人动态控制机制，将自动化任务分配给其他没有问题的机器人来处理。即便整个 RPA 平台出现了问题，我们也可以通过高可用（High Availability，HA）和灾备（Disaster Recovery，DR）机制来解决这类异常问题。

记录机器人运行的日志信息是非常有必要的。运维人员可以根据之前记录的日志信息分析出导致异常现象出现的原因。技术人员也可以根据日志信息快速定位到自动化程序中的 Bug，通过修改自动化程序，增加分支处理流程，增加异常处理手段，不断增强自动化流程的稳定性。在自动化流程运行中，通常需要记录三类日志信息：正常的执行过程记录、警告信息、错误信息。

- 正常执行过程的日志记录信息通常用于后续的合规和审计处理，以及对机器人处理过程的追踪和监控。
- 警告日志信息可以尽早为 RPA 运维人员提示运行风险，使运维团队及时采取适当的手段避免异常发生。
- 错误日志信息描述了自动化流程运行中已经发生的问题。机器人运维人员可通过监控系统捕获这些异常，并及时修复和处理这些异常情况。

2. 认知态度

虽然机器人初期运行时会遇到种种问题，但业务用户需要有一定的同理心去理解这种现象，就像一个新员工刚刚入职接受一份新的工作时，总会有些磕磕绊绊，手忙脚乱的现象也是正常的。但是，经过一段时间的学习之后（对于问题的修复），新员工就会随着经验的积累（自动化程序的健壮性）逐步减少工作中的错误。

3. 管理手段

在技术上，机器人运行稳定性的提升和改进也是 RPA 运维团队的重要职责之一。如同员工不断优化自己的操作处理方式，不断改进与上下游的协作关系一样，机器人也需要不断优化运行周期、触发动作、与人的协作方式等。

在业务上，就像一个业务主管对手下人类员工进行监督一样，业务主管也需要对机器人处理的业务信息进行监控，如是否有超规格的业务数据出现、业务流量的突增或突减等。以前如果出现这些情况，员工可以及时报告自己的领导，但如今机器人需要实时地展现并反映这些问题，提交给运维人员，经修复处理达到某一预设的业务规则后，及时反馈给业务主管。反过来，业务主管也应当及时发现机器人运行中的问题，上报给运维人员或者是调整业务处理策略。

4. 超级关怀（Hypercare）

保障 RPA 稳定运行的一项重要工作就是 Hypercare。Hypercare 通常是在 RPA 上线后的 1 到 6 个月有效，可依据机器人执行任务的频率缩短或延长。Hypercare 的目的是保障机器人的稳定运行，提高业务用户的满意度，避免由于 RPA 运行初期的稳定性问题给业务部门带来负面情绪。初期的 Hypercare 团队基本上是来自于 RPA 的实施团队，他们对这些上线的业务流程和实施过程最为了解，由他们来提供即时技术支持，可以确保 RPA 流程在初期的稳定运行。

一旦 RPA 的部署上线完成，运维团队就应根据业务和 IT 的项目成功目标，以及预定义的 Hypercare 退出标准，来编制 Hypercare 的执行计划，其中包括检查周期、检查方式、检查清单、信息仪表盘、错误修复流程指南、快速部署上线流程等内容，如图 5-7 所示。相当于在进入常规的运维状态前，对新上线的自动化流程的一种特殊关怀。

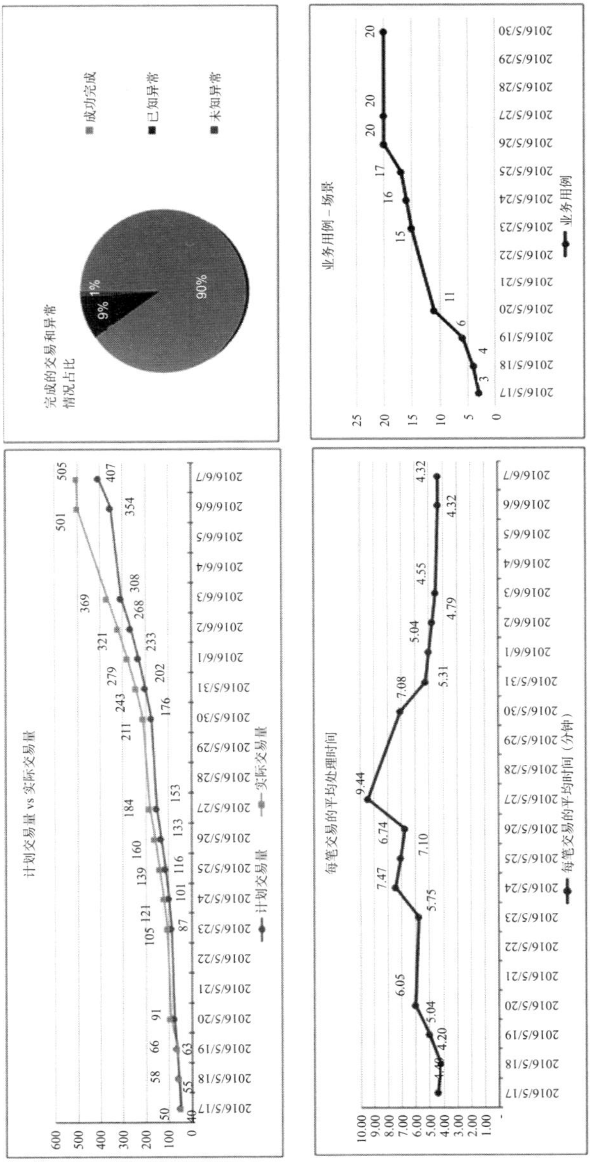

图 5-7　Hypercare 执行计划

5.4 安全风险控制管理

除了稳定性，风险控制也是 RPA 领域最为重要的一环，而安全问题却常常被管理者和开发者所忽视。风险控制之所以重要的原因主要来自以下几个方面。

第一，劳动力方式的改变避免了原来的老问题，也带来了可能的新风险。

如果使用 RPA 来替代员工原来的手工操作，首先就需要面对一个必须解决的问题——赋予机器人访问应用系统的权限。因为机器人需要像员工一样输入用户名和口令，才能进入某个应用系统。而且，需要机器人做的事情越多，赋予机器人的用户权限也越多。通常，用户权限在企业中被严格控制，因为职责权限隔离是企业运营的基本思路。另外，机器人没有办法像正式员工一样具有入职证明、身份证等证明材料，按照原有流程，如果缺少这些证明文件，后台系统的维护部门将无法给机器人申请对应的账户及权限。

原来，企业领导是通过管理员工来管理流程和业务成果的。如果某个员工的业务操作出现问题，会存在相应的控制和处罚机制。而且经过若干年的积累，一些大企业已经形成了一套行之有效的操作风险管理制度和规范。如果用 RPA 机器人替代人工操作，出现问题后就不能再用原有的规范和手段去处理了，需要制定一套面向机器人的人机协作体系下的规范和管控手段。

另外，还要避免有人恶意建造机器人，模拟某个终端真实用户的行为来危害企业的业务流程或者应用系统，这种模拟方式在传统应用系统的后台是难以被察觉的。

第二，在 RPA 中，数据信息的归属者和存放的位置转移了，需要保证这些数据的安全。

最值得关注的，由于机器人掌握的敏感信息包括人类用户的用户名和口令，原来这些用户名和口令是由业务用户自己来保管的，现在交由机器人来保管，这样就会带来两个方面的风险。一方面，机器人的开发者和管理者是否会利用这些信息做一些超出自己权力范围的事情。另一方面，企业外部的信息窃取者是否会盗取这部分用户名和口令。特别是在欧洲这种对 GDPR 规范要求严格的地区，机器人对于用户名和口令更多只是拥有使用权，而管理权仍然归用户所有。如果用户想收回或变更用户名和口令，RPA 系统平台只能无条件满足要求。

第三，RPA 机器人在操作业务的时候通常会用显性的方式来操作应用系统的界面，导致所处理的一些隐私数据或者机密信息，特别是员工薪资、客户账户金额等，很容易被泄露。因此，业务运营部门希望最大限度地保证数据安全。

第四，如果是前台机器人，开发者或者业务人员可能偷偷记录机器人所操作的业务数据，存在数据泄露或盗用的风险。

第五，RPA 系统虽然是模拟人类的操作，但终究是 IT 系统。传统 IT 系统所遇到的问题，RPA 也一样会遇到，比如网络攻击、系统入侵、代码注入、数据传输安全等。

为了解决以上风险问题，通常需要从身份识别和权限管理、数据识别和保护、网络和平台的技术安全，以及机器人安全运营机制和体系 4 个方面来进行管控。

- ❑ 身份识别和权限管理包括访问执行、预置 / 取消预置、访问认证、访问分析和访问权限管理等方面。
- ❑ 数据识别和保护包括数据分类、数据保护、数据使用监控和数据私有权等方面。
- ❑ 网络和平台的技术安全包括对网络威胁和攻击的保护、侦测和反应、生态管理、关键资产保护等。

- 机器人安全运营机制和体系包括机器人的版本和环境迁移、审计和日志管理等。

因此，RPA 的安全性要求等同于甚至高于其操作的业务应用的安全性要求。“像任何软件企业一样，员工重要的是要牢记数据安全：首先要确保遵守安全标准，确保每个访问都经过身份验证，并在传输和静止时加密和保护这些数据。在组织中，任何地方使用的标准也需要应用于 RPA 领域。”

5.5 机器人运行效率管理

首先，我们需要区分“机器人”和“机器人所能执行的任务”两个概念。一个机器人如同一个虚拟员工，而机器人所执行的任务就是这个虚拟员工所要执行的任务。一个虚拟员工在一天内可以执行多个任务，就如同一个人可以在一天内做很多事情一样。

接下来，我们需要想想，人是如何提高工作效率的？对于单件事情来讲，人类需要先找到做事情的最有效的方法和手段，再加快做事情的速度，比如先学会如何利用 Excel 表格中的公式工作，然后加快自己的打字速度。对于多件事情来讲，人类就需要提前做好计划，排好各件事情的优先级和依赖关系，再将各件事情衔接好。

其实，RPA 机器人也会遇到同样的情况。很多用户首先会关注 RPA 机器人的执行速度。完成同样业务目的的两个自动化任务的效率差异来自 RPA 机器人是否模拟了人的某种最高效的操作方式，以及是否采用了最高效的技术实现方式。比如，当我们要搜索 Excel 表中的某个数据时，可以让 RPA 程序在数据中一行一行地搜索，也可以让 RPA 程序直接在 Excel 里写个 VLOOKUP 函数，二者之间的效率可能会相差百倍。这就需要 RPA 的开发人员不能只是个单纯的技术人员，完全被动地接收业务人员的操作需求，而是需要自己多想一想，业务操作的目的是什么？有没有更好的处理手段？

在今天真实的业务场景下，由于单个自动化任务执行起来所需要的时间并不长，所以为了整体上提高机器人的利用率，就需要让机器人在一天内或者某个时段内，有序地执行多个任务，这也是今天企业中管理和部署机器人的一种常态。德勤的报告中也指出，“流程分散”是目前实现大规模自动化的一个主要障碍（32%）。这里的“流程分散”大致有两个含义。

- 目前无法更好地实现端到端的流程自动化，各个企业只是在实现流程中某个或某几个节点的自动化。
- 流程分散在各个部门、各个处室，非常琐碎和难以管理。

机器人在处理这些零碎的任务时，为了更好地提高机器人的利用率，就需要任务编排、触发管理、任务队列管理以及机器人资源池管理等能力的支持。

一个机器人就好比一个人，无法在同一时间点处理两件事情（如果希望任务被并行执行，就需要增加机器人的数量，就好像增加真实员工来同步处理工作一样），这些任务需要被顺序地执行。既然是有序执行，就需要拟定任务之间的优先级及依赖关系。优先级高的事情先做，被前置依赖的任务也需要先做，机器人的任务编排能力就是用来解决这个问题的。由于自动化替代的一些任务通常是有规律的重复发生的，如每天下午 5 点，每周二的凌晨 1 点，每周一、三、五，每月末等，那么在机器人编排能力中就需要引入日程和时间规划的能力。

但是一些任务也并非是按照固定时间规律和事先计划来执行的。而是由某个外部条件触发的。例如当某个文件被创建的时候、在电脑上某个进程被关闭的时候、收到一封特定标识邮件的时候等，这时候机器人能够自动唤醒执行任务。

或者在任务较为繁多的某个时段，一个机器人的处理能力就无法满足处理要求，则需要几个机器人组成一个工作小组（机器人资源池）来并行处理。这些任务通过负载均衡机制，动态地分配到此时空闲的某个机器人手里，这样可以最大化利用机器人。

在一个真实的工作场景中，特别是在任务不能完全实现自动化的时候，就需要人和机器人来配合工作。所以，更好的任务编排应该是人的任务和机器人的任务可以无缝地编排在一起，这就需要流程管理者以更高的视角来看待企业中的流程，一方面需要管理"人"，另一方面需要管理"机器人"。如果通过 RPA 平台对人和机器人的任务进行统一编排，并通过可视的方式进行管理，便可以解决企业中人与机器人流程分散管理的问题。在自动化初期，企业只是把机器人作为人的补充因素纳入流程中，而未来是将人的因素补充到自动化的机器人流程中，这种协作方式也被称为人机协同（Human-Bot Collaboration），详细内容可参见 6.1 节。

5.6 机器人开发效率管理

前面我们谈到自动化的总成本主要包括软件成本和实施成本。软件成本通常指机器人的软件许可证成本，也就是上一节我们努力提高机器人运行效率的原因，即在特定的机器人软件成本下完成更多的自动化任务。实施成本中最主要的就是机器人程序开发成本。降低开发成本，就需要提高机器人程序的开发效率、在 RPA 领域，开发效率通常被称为机器人周转率（Bot Velocity）。机器人周转率标准定义是每个自动化开发者每周能够交付的机器人程序数量。这就涉及每个流程对应的机器人程序数量、开发资源利用率、单位开发周期等因素。当企业能够找到自己最佳的机器人周转率时，整个

RPA 项目就可以速赢，各个实施小组之间可以保持同一种开发方法，机器人实施和上线时间也可以被预期，同时能够最大化提高资源利用率和代码的复用度，将实施风险降到最低——企业的 RPA 之旅进入一种良性循环，获得最大化的 ROI（投资回报率）。

为了得到最佳机器人周转率，我们需要从以下 5 个方面着手优化。

1. 治理能力

RPA 项目从一开始就需要积累机器人实施的各阶段的时间周期、资源投入情况，形成最佳的机器人周转率。同时，利用项目执行中的管控机制不断进行优化，如项目经理、RPA 架构师、RPA 开发人员每周对当前的机器人周转率、可复用组件数量、模板和标准化程度，以及任何的执行风险和制约加以说明，并提出解决方案。业务和 IT 高层每月或每季度参与到 RPA 项目中，了解当前的问题和可能的风险，从宏观层面和跨团队协作层面给予项目组指导。

2. 团队技能提升

项目组成员应当取得相应的 RPA 培训或认证，RPA 培训不只是针对开发人员，还针对项目经理、架构师等其他角色。除了必要的培训以外，项目组成员还应当向领域内专家学习同行业其他 RPA 项目的最佳实践和经验教训。这些学习不仅可以使开发者的单兵作战能力提升，还可以在整个 RPA 项目组形成共同的话语体系、思维概念、行动方法，以便降低项目成员之间的沟通成本，加速上下游的衔接速率。

3. 敏捷流程

例如，制定每周冲刺计划，标准化所有的交付件模板，展示跨敏捷小组的看板任务，让需求、设计、开发和测试人员之间形成一种敏捷的互动关系。需求的调整能够即时传递给设计和测试人员。

设计人员可以优化需求，并保证开发的有效承接；测试人员除了验证开发成果外，还须将反馈传递给需求方。

4. 执行加速技巧

例如，采用视频或者流程设计图自动产生需求文档的方法提升需求编制速度；最大化地复用已有的开发成果（这些成果可以是来自企业外部的，如厂商提供的机器人商店；也可以是来自企业内部的，如企业自身积累的机器人组件库）；采取先开发主线流程，再开发支线流程，最后增加异常处理，这种逐步完善的方式来开发 RPA 流程，以便避免一些特别的技术陷阱和开发返工问题。

5. 制定机器人周转率计划

机器人周转率计划是由一系列子计划组成的，如资源配备计划，包括项目组各类资源投入和退出时间点；机器人实施计划，包括设计、开发、测试、部署和上线计划；成本和收益估算计划，包括 RPA 软件投入、实施开发投入、硬件和维护投入与流程收益的评估分析；候选流程推进计划，包括收集到的待自动化的候选流程、哪些已完成可行性识别、哪些已经排入实施计划、自动化比例等。

上面谈到的各种用于优化开发效率的技术和管理手段的主要目的就是，以更高效率利用现有的可复用组件、可利用的资源来实施 RPA；提高 AFTE（自动化的 FTE）的转换率，即利用最少的机器人实现最大的 FTE。

5.7 机器人扩展性管理

机器人规模效应不单是说企业可以更高效地复用机器人的基础设施、开发和实施能力、管理和运营能力、资源调配能力，以及软件边际成本的递减效应，更重要的是当机器人在企业中广泛部署之后，人与机器人、机器人与机器人的沟通和协同会变得更加顺畅，业务流程的效率以及运营成本的节省都会加倍提升。

回看当前中国市场的现实状况，不难发现，机器人流程自动化的应用尚处于起步阶段。很多企业只是跟风启动了 RPA 项目，对于 RPA 的理解和认知并不深刻，也没有做好长远的打算，只是抱着做一点看一点的态度参与到 RPA 项目中来。正是由于 RPA 项目的投资小、影响面不大，所以也没有引起企业高管层的足够重视。当 RPA 项目试点完成，面临规模化和扩展化 RPA 应用时项目组却拿不到更多的资源和高层支持。另外，在 RPA 试点项目中，企业为了以最小的投入获取最大的回报，所以 RPA 平台的一些基础工作并没有做好，配套的实施、维护和管理团队也尚未形成。虽然在一些小范围的流程中，RPA 解决了自动化问题，但是在宏观战略上并没有取得太多的业务收益。

为此，我们从宏观战略和微观设计两个方面来解决机器人扩展性管理的问题。

在宏观层面，企业需要考虑清楚自己搭建的是一套企业级 RPA 解决方案平台，而不是设计一种桌面工具软件。工具软件将所有的使用权和管控权都留给了最终用户，而解决方案平台可以在企业级应用和管控层面加以强化，既可以满足最终用户的需求，又可以满足 IT 管控、安全合规、运维管控的需求。

企业管理层在推动 RPA 项目时，或多或少地应该并行启动自动化战略规划。否则，由于 RPA 项目自身特性的原因，项目组经常会落入解决细节问题的陷阱，而忽视整体工作的推进。高层领导需要切身实地地感受 RPA 推动过程中遇到的阻力和问题，而这些问题恰恰是潜藏在企业运营流程中的问题。通过业务和管理手段，打通一些关键环节的障碍，可能比实施 RPA 的效率更高，而且最终的实现效果也更好。

在微观层面，RPA 平台自身需要具备较强的扩展能力，而且实施的项目团队也应当具备架构设计和项目管控能力。

- 支持业务量扩展后的高负载情况，如采用负载均衡、高复用、任务队列和设备资源池等方式。
- 支持多类型用户访问和权限控制，如复杂的 RBAC（基于角色的访问控制）管理控制策略。
- 支持组件的高度复用，如采用复用组件库或第三方组件库。
- 制定总体架构设计规范，包括代码规范、日志编写规范、错误处理规范、配置文件以及接口和集成规范等。
- 规范机器人存储的目录结构，以支持更大范围的扩展应用。
- 支持从开发、测试到生产环境的文件管理和数据迁移管理，如分离环境下代码的签入 / 签出、打包、依赖性检查等。
- 制定机器人运行中的恢复和回滚机制，机器人运行状态的监控、跟踪和修复方法等。

从全球最佳实践来看，如果想实现一套规模化的企业级 RPA 平台运营，企业需要建立相应的卓越中心（CoE）组织。一个运行良好的卓越中心可以在机制上保障机器人的可扩展性管理，详细内容请参看下一小节。

5.8 机器人卓越中心

本书已经多次提到“机器人卓越中心”这个概念，即 Center of Excellence，简称 CoE。CoE 在企业中通常是重点领域，提供领导力、最佳实践、研究、支持和培训的一支团队，可以是虚拟团队，也可以实体组织，有时也被称为能力中心（Comentency Center）。CoE 具有协调功能，通过规范和标准让企业内部的员工和流程保持一致，有效地推动高层的变革计划。当今，卓越中心通常是与新的技术、平台或新的理念相匹配的。虽然 RPA 平台的 CoE 通常旨在围绕 RPA 提供技术支持，但 CoE 本身不应该仅仅与技术有关，它最关键的目标是确保 RPA 项目顺利推动并取得理想的业务成果。

5.8.1　CoE 的职责范围

CoE 的主要工作职责可以归纳为以下 6 个方面，如图 5-8 所示。

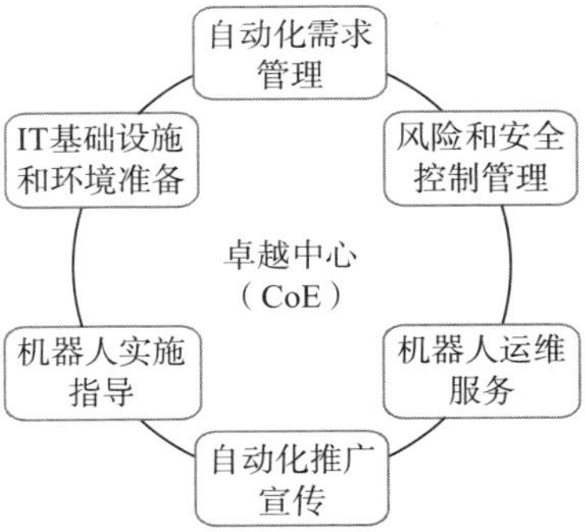

图 5-8　CoE 的工作职责

1. 自动化需求管理

CoE 负责对接各个相关的业务单元，收集和整理从各个业务单元所反馈的候选流程，并对各渠道的自动化需求进行审核和控制，最终，通过估算交付时间和流程复杂性来分析该流程是否适合自动化，最终形成一个最佳的自动化流程清单，且使用不同的颜色来标识其优先级。在 RPA 项目启动前，开发人员就应定义好自动化流程的成功标志，并使各相关方的意见一致。

2. 风险和安全控制管理

CoE 负责预先制定机器人运营风险控制指南，拟定 RPA 的安全操作手册，并建立安全风险监控和预警机制；管理 RPA 平台上的相关用户和用户权限分配；为保证业务连续性，制定机器人的应急处理方案。在架构层面，CoE 负责搭建具有高可用性和灾难恢复的 RPA 机器人技术框架。

3. 机器人运维服务

CoE 负责机器人日常运行的监控和报告，修复机器人运行中所发现的风险和问题，并向业务部门提供服务支持；为“上岗”的新机器人分配工作任务，安排作业时间；负责机器人的变更管理，并配合新的自动化流程的部署上线；设计专门的机制来保证业务连续性，提前准备负载均衡、程序回滚和前滚的方法；检查机器人是否正常运行。

4. 自动化推广宣传

CoE 负责在整个企业中介绍 RPA 的理念，宣传和推广 RPA 的价值，在各个业务单元中分享 RPA 的成功案例；帮助介绍自动化流程的优化改进方法；辅导基层员工学习 RPA 的使用方法；对其他相关的技术进行前瞻性研究，如 OCR、NLP 等人工智能技术，加速其与 RPA 相结合。

5. 机器人实施指导

CoE 负责企业级 RPA 平台的搭建以及整体架构设计，编写 RPA 代码规范和设计指导原则，辅导各个 RPA 开发小组实践，并提供一些最佳实践指导；负责开发企业级可复用的 RPA 组件；保证不同工作组之间的一致性，保持知识传递的连贯性，提供标准的运营流程方式和指导意见；定期收集整理实施过程中的问题和风险，并给予响应和解决；负责给 RPA 技术人员培训，对技术人员的工作成果进行审核；在 RPA 机器人投产前，拟定检查清单对各项内容逐一检查，主要包含流程信息、安全控制情况、异常控制方式、业务连续性、基础设施、控制台的操作、运营审计和报告、测试和回滚机制、代码标准、架构 10 个方面。

6. IT 基础设施和环境准备

CoE 负责 RPA 相关硬件资源的准备和配置，并合理分配这些资源，避免浪费；负责软件环境，如操作系统、应用软件、桌面工具的安装和配置，与用户桌面的集成以及界面变更管理；负责活动目录（AD）中用户权限的设定，并匹配到 RPA 平台；负责在网络或服务器中设定与 RPA 相匹配的安全控制策略；负责管理机器人在企业的扩展部署，如机器人服务支持（SLA）的不同等级的确定；不同机器人之间的衔接；RPA 推广部署后运营环境的一致性。

除上述工作职责外，随着 RPA 的推广和使用，CoE 还可以承担更多的职责，如 RPA 数字化劳动力工作模式的重新设计、业务价值收益的持续评估；领导业务流程自动化的改进和再造工作；甚至是企业的数字化转型、KPI 重新设计，以及人力资源再分配等，如对企业中释放的人力资源提出安置建议。

5.8.2　CoE 的治理结构

在企业着手建立 CoE 之前，领导者首先应明确 RPA 在企业中的治理结构，是分散式的、集中式的，还是混合式的；同时，应明确在企业中谁来主导运营 CoE，是业务部门、IT 部门，还是混合式的。接下来，我们分析一下这些模式的差别。

企业的内部组织结构大体可分为总部职能、各业务部门以及分支机构。站在信息化的角度，可分为IT部门和业务部门。大型集团企业的内部组织结构会更为复杂，如分支机构会存在IT部门，总部职能可能设置共享中心，业务部门之外会设置业务板块或者业务单元（BU）。所以，我们在讨论CoE的治理结构时，只是将其抽象成“总”和“分”、“业务”和“IT”这样的2×2的简单模型。基于2×2简单模型，我们可以将CoE的治理结构划分为三种模式：分散模式、集中模式和混合模式。

1. 分散模式

分散模式意味着由分支机构主导RPA建设，以实现分支机构的业务收益最大化为目标。不管CoE设置在哪里，业务部门是RPA建设的主要责任方，而IT部门的主要作用是支持分支机构做好RPA服务。这种模式的优势是高度灵活，业务收益见效快，RPA服务团队贴近业务实现主体；而劣势是无法在企业中横向扩展、标准难以统一，存在重复投入的基础设施资源，造成总体支出成本加大。

2. 集中模式

集中模式意味着由总部职能主导RPA建设，以实现企业自动化的业务收益最大化为目标。CoE通常设置在总部职能，由于IT部门也是设置在总部，所以会以IT部门牵头，或者以IT部门为主、业务部门为辅的方式来组织CoE。CoE成为RPA建设的主要责任方，业务部门需要配合整个企业的自动化转型工作。这种模式的优势是可扩展性好、整体成本低、标准化和规范化程度高；劣势也很明显，包括降低整个企业的RPA推动效率，基层的业务执行主体短期难以获得业务收益，总部与分支机构之间、IT部门与业务部门之间的沟通效率也很低。

3. 混合模式

混合模式尽量发挥了分散和集中模式的优势，而避免了二者的劣势，兼顾了实施和沟通效率、总体成本、业务收益、规范化和复用度等各方面因素。混合模式所遇到的挑战是传统企业中缺少这样的运营范例，可以说是一种模式创新，需要领导层和执行层共同认同和支持才能得以推进。在混合模式中，CoE 由总部和分支机构、IT 和业务部门的专家共同组成。

混合模式示意图如图 5-9 所示。通常，由分支机构提出自动化需求，然后在 CoE 的开发规划和框架指导下，对自动化需求进行筛选和分析，纳入实施计划中。接下来，由 CoE 分配实施建设主体——个性化开发由分支机构实现，基础和共性开发由总部实现，并在 CoE 的开发规划和框架指导下实现自动化代码的整合。最后，在分支机构完成 UAT 测试之后，CoE 统一完成 RPA 在生产环境的部署上线和运维。当然，以上过程并不是混合模式的唯一答案，每家企业可以依据自身的特性来重新组织和安排 RPA 的实施过程。

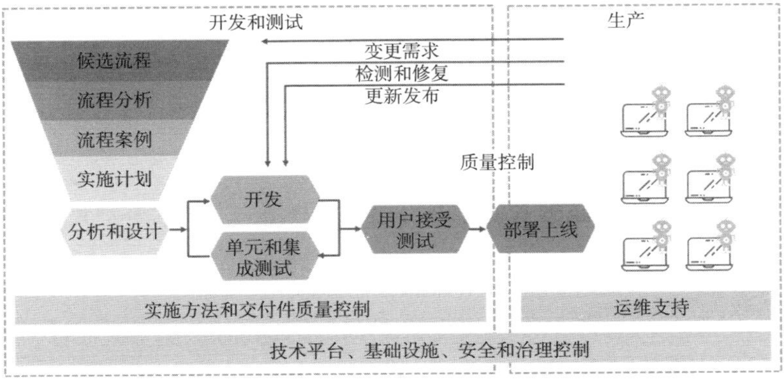

图 5-9　CoE 管理模型示例

5.8.3 建立 CoE 的考虑因素

基于以上谈到的 CoE 的主要职责和治理结构，企业在构建 CoE 时还需要考虑以下 5 个方面的因素，如图 5-10 所示。

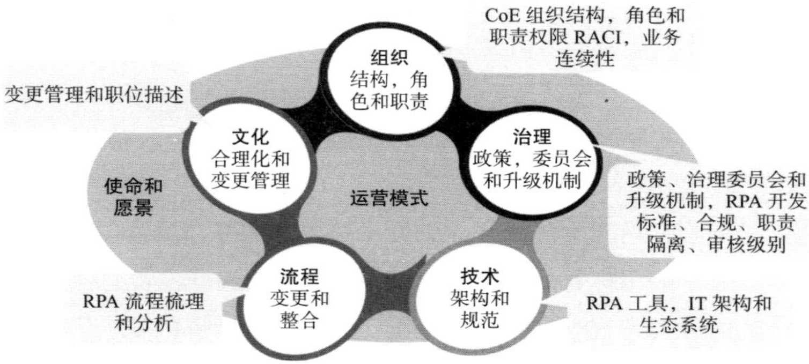

图 5-10 建立 CoE 时考虑的五大因素

1. 治理方面

构建机器人的管控框架，建立机器人的操作权限，开发和部署机器人的政策、程序和标准，以满足审核、监管、信息安全和合规性要求。

2. 技术方面

选择正确的自动化软件或平台，并对这些技术提供维护和支持，推动 RPA 集成到 IT 服务管理（ITSM）的结构中，包括变更管理和配置管理数据库（CMDB）。

3. 流程方面

执行和监视 RPA 的整个生命周期，从评估自动化机会到将机器人部署到具有可扩展的生产环境中。

4. 文化方面

分析 RPA 对人的角色改变的影响，从组织变更管理（OCM）到重新定义的职位描述。

5. 组织方面

定义 CoE 内部的组织结构，包括定义 RPA 相关角色和职责的 RACI 图表 [RACI 代表了谁负责（R = Responsible）、谁批准（A = Accountable）、咨询谁（C = Consulted）、告知谁（I = Informed）这些职责的定义]。明确 CoE 与业务部门或成员单位之间的责任和权利分配。例如，CoE 有权控制机器人的启动或停止，以及修改机器人的执行任务，而双方都有监控机器人运行的权力。

简而言之，CoE 是构建可靠的 RPA 的关键因素，但这个关键因素却时常被忽略。 在企业中建立一个能力完善的 CoE 确实需要投入大量的时间和精力，但其带来的投资回报率也是十分可观的。在试点项目初期着手考虑 CoE 是非常有必要的，哪怕 CoE 的整体能力不够完善，规范和体系尚不完整，至少在 CoE 的运营初期企业能够充分体会到其带来的益处，并可以根据实际运营情况对 CoE 中的各项设置进行调整和优化。

5.9　RPA 的生态体系

随着 RPA 软件提供商以及客户需求的不断扩大，整个 RPA 市场逐渐形成一套从产品到服务，从咨询、实施到维护的生态体系。RPA 领域的上下游厂商，各自依据自身定位，帮助客户解决自动化过程中的相关问题，推动整个 RPA 生态环境的良性发展。

RPA 生态体系主要包括三类参与者：软件提供商、技术合作方、咨询和实施服务提供商。而很多大的厂商也会跨界出现在不同类别里，如微软既是 RPA 技术合作方，也是 Power 平台的自动化技术能力的提供商；IBM 既是 RPA 软件服务提供商，也是其他产品的咨询和实施服务提供商。接下来，我们对每一类参与者进行细化。

5.9.1 软件提供商

软件提供商提供 RPA 软件（以销售 License 为主的厂商）。按照不同的成熟度水平，软件提供商可以细化为三类。

第一类：该领域的先行者和领先者，也是 RPA 的专业厂商。

例如 Blue Prism、Automation Anywhere、UiPath，这三家厂商共同引领着整个 RPA 领域的发展。RPA 的产品结构、机器人分析、机器人商店、手机端应用、云端服务这些新的产品或理念，无一不是这三个头部厂家率先提出的。

第二类：该领域的跟随者，也是 RPA 厂商。

例如 EdgeVerse、Work Fusion、Softmotive、Kryon 等，虽然这些厂商自身具有一定的特色，但在总体上依然在追随第一类提到的三家厂商的脚步。

第三类：传统软件厂商拓展了自身 RPA 产品线，将 RPA 与传统的软件相结合，提供更完整的技术能力。

例如，Nice 是将 Call Center 软件与 RPA 相结合；Kofax、IBM 是将 BPM 软件与 RPA 相结合；SAP 是将 ERP 与 RPA 相结合；微软的 Power 平台是将传统的 Office 办公软件与 RPA 相结合，来实现自动化。

国内的情况也大体类似，虽然这些软件服务厂商成立时间晚于国外，但其发展迅猛程度并不逊于国外厂商。例如，最早做客户服务领域起家的 RPA 厂商艺赛旗 i-Search；做运维自动化起家的金智维 Kingsware；以人工智能产品为依托，拓展其 RPA 产品的达观 DataGrand 和阿博茨 ABC；以及专业做 RPA 的厂商，如来也 UiBot、弘玑 Cyclone、云扩 BotTime、英诺森 Inossem ProcessGo、容智 iBot 等。

5.9.2　技术合作方

技术合作方指的是能够配合 RPA 提供其他相关技术的软件厂商或者解决方案提供商，可细化为以下几类。

- 与 RPA 相结合的人工智能相关技术的提供商。例如提供 OCR 产品的 ABBYY 和提供人工智能产品的 IBM Watson、Google、TensorFlow 等。
- 流程管理和工作流相关技术的提供商。例如 K2、IBM BPM、Celonis、Enate 等；以及为 RPA 提供基础云服务的供应商，如亚马逊的 AWS、微软的 Azure 等。
- 数据分析和商业智能软件的提供商。例如 Kibana、Kafka、Tableau 等。

从国内市场来看，目前与 RPA 厂商合作的还是以 OCR 为主的人工智能技术提供商，而其他几类技术合作方在市场上的声音还较弱，所以未来 RPA 领域发展的空间还是巨大的。

5.9.3　咨询和实施服务提供商

咨询和实施服务提供商是指围绕 RPA 软件平台，为企业提供 RPA 相关的咨询服务、自动化流程的实施服务或运维服务的咨询公司或系统集成公司。通常来讲，在 RPA 项目中，客户需要负担的软件服务费用和实施费用比例最大可达 1 ： 5，所以咨询和实施服务提供商也是 RPA 市场份额中最大的一块蛋糕。目前，几乎传统的咨询公司和系统集成商都已经进入这个领域，如传统“四大”会计事务所中的安永、德勤、普华永道。由于 RPA 对实施人员的技能门槛要求不高，软件产品又易学易用，所以全球在这个领域的咨询和实施服务提供商可以说是数不胜数。

从国内市场来看，从 2018 年开始 RPA 领域的服务厂商逐渐变多。首先是这些外资公司在国内的分支机构。他们依托于全球的成功案例和成熟的方法论在国内开拓市场，率先在国内推广 RPA 的概念和经验。其次是热衷于该领域的一些初创公司。他们的规模通常不大，但率先发现了 RPA 的发展潜力，并迅速进入 RPA 市场，抢得了第一桶金。最后是一些传统的大型系统集成商。它们为了寻求新的业务转型，而进入 RPA 市场，但是由于目前每单 RPA 服务金额并不是很高，所以还未能引起这些大型系统集成商足够的兴趣。目前，国内大多厂商具有 RPA 实施和运维能力，但是具有咨询服务能力的厂商还不是很多，并且缺乏一定的实施方法论，仍属于不断试错的一个阶段。

除了上述三类以外，参与者其实还包括 RPA 的专业培训机构、机器人商店中的组件或软件插件提供者、专业的学者、市场研究机构和专业媒体等。这些参与者以不同的身份参与到整个 RPA 生态环境中，推动着整个 RPA 市场不断前行。

5.10 本章小结

今天，国内越来越多的企业开始了自己的 RPA 之旅，此时不但要了解 RPA 的基本特征、运行原理和适用场景，还需要明白自己要如何完成这趟不同寻常的旅程。早期大家都是从概念验证（Proof of Concept，PoC）或者小范围的试点项目开始。如果更进一步地问你一个问题，你希望从 PoC 或者试点项目得到什么结论，验证什么内容？大家首先想到的答案大多是，看看业务流程能否用 RPA 的方式自动化执行。当然这个答案也无可厚非，这是对 RPA 技术的最基本要求，但这样的试点目标是远远不够的。

RPA 应该适用于什么样的流程分析和实施过程？上线后以及机器人扩展后会遇到哪些可能的问题？应该采用什么样的手段和方案来解决这些问题？这些才是试点项目应该去尝试和探索的内容，也更有意义。对于那些已经开始了 RPA 之旅的企业来说，如何做好 RPA 运维工作？如何推动 RPA 更大范围的使用？如何管控 RPA 的整个实施过程？这些问题应该时刻萦绕在管理者的脑海里。

本章希望能够作为各位读者思考和实践 RPA 的出发点，引发读者仔细思考：RPA 项目的实施过程与传统项目的实施有什么不同；在未来实际的 RPA 项目中，如何将敏捷（Agile）的思维方式融入 RPA 项目中；如何提高自动化流程的稳定性、项目的开发效率，降低部署和运维难度；采用什么样的组织来管理和推动 RPA 项目会更有效；如何解决机器人规模部署之后的问题，可以做哪些未雨绸缪的工作。当然，企业还可以借助第三方的资源和力量来帮助自己完成这趟 RPA 之旅，但是需要提前了解整个 RPA 生态环境的发展情况，了解各厂商所处的位置和发展阶段，最后再来选择自己可以充分信赖的合作伙伴。

6

|第 6 章| CHAPTER 6

RPA 未来的发展趋势

在本章中，我们将会放眼未来，分析 RPA 技术及其应用的发展前景。其中，一些内容来自行业领先者的创新实践，一些内容来自行业的前瞻性研究报告。在技术领域，随着无人值守机器人和有人值守机器人的广泛应用，我们将会看到增强能力的 RPA 可以支持更敏捷的人机协作工作模式。在设计端，支持前期的流程分析和设计技术也将会出现。

云计算和人工智能技术也都将助力 RPA 平台，在不远的未来，也许那些具备学习能力的 RPA 应用都将迁移到云上，用户再也不必为基础设施环境和流程的变化而担心。未来机器人商店或许会替代今天的人力资源招聘网站。在业务领域，企业可以依托于 RPA 技术的实现理念，再结合传统的流程再造和精益流程方法，重新构建一套全新的业务流程体系和运营体系。最后，我们将分析这场数字化劳动力革命给企业带来的影响，以及企业该如何应对挑战。

6.1 更敏捷的人机协作

在工业自动化领域，有一个专用词汇叫作“Cobot”，是“Collaborative Robot”的缩写，即“协作式机器人”，指的是设计在共同工作空间和人类有近距离互动的机器人。在工业领域，大部分工业机器人就像 RPA 领域的无人值守机器人一样，被设计成自动作业或是在有限命令的引导下执行作业，因此它们不用考虑与人类近距离互动。而 Cobot 需要解决机器人与人近距离协同工作中如安全、稳定性、友好性等一系列问题。

同理，目前在 RPA 领域传统的有人值守机器人能力也是比较弱的。例如人类可以手工启动或者通过条件触发启动机器人，也可以手工停止机器人的运行，但是无法干预正在执行的机器人，无法对正在执行的机器人给出即时的决策，所以目前的 RPA 厂商都在尝试提高前台机器人与人之间协同工作的能力，力争寻求一种更好的软件技术和解决方案，为用户带来敏捷且友好的人机协作模式。

因为业界对此类协同处理的概念尚未清晰，所以出现了多个与之关联的概念名词，如 Human-Bot Collaboration（人机协同）、Attended 2.0（下一代有人值守机器人）、Human-in-the-loop（人工介入）、Robotic Service Orchestration（RSO，机器人服务编排）等。不管此类协同处理被称作什么，回归该项能力的本质，人们其实希望解决的无外乎以下 4 类问题。

第一，人们能够介入机器人的自动化处理过程，对某些环节即时做出决策和判断，或者对异常情况即时进行处理，或者对某个结果即时进行审批。人工指令不会影响其他正在运行的自动化任务。另外，这种人机交互应该是多次性的，而不是人只能对机器人发出一次性指令或控制。

第二，人们能够灵活自主地选择给机器人输入的数据，如 Excel 表中的某几行数据，而不会对机器人原有的执行进程产生影响。

第三，形成人机协同的任务编排，即在一个业务流程人能够清晰地看到，哪些任务是机器人做的，哪些任务是人工做的，相互之间是如何协作的。在流程执行过程中，机器人可以对每个环节任务的处理情况进行监控，处理完成之后又能及时通知人类或者其他机器人。这种人机协作不能只是某个人或者某个角色与机器人的协作，而应是整个人类团队和机器人团队之间的协作。

第四，机器人能够指导或规范人类的业务操作，指导人来配合机器人完成自动化操作。此时，人类更像是在辅助机器人工作，像是机器人的助手。总而言之，人机协作需要有更好的用户体验。

为达成以上目标，未来的有人值守机器人还需要具备以下技术能力。

1. 人机并行工作的能力

最理想的状态是，在同一台设备上人的操作和机器人的自动化操作可以并行进行，且互不影响。目前，很多基于内存的自动化任务已经可以实现并行工作，但如果机器人的操作过程涉及鼠标和键盘的处理，就会与人类的操作产生冲突。一种办法就是将本地机器处理自动化任务切换到另一台机器上，而这种任务的转移对最终用户来讲是透明的、无感的。表面看起来仍然是人机并行，但实际变成人和另一台机器并行处理。

2. 机器人具有等待和响应人工处理的能力

通常机器人的自动化任务处理过程是连续性的、不可中断的，即使采用“任务暂停”方式中断之后，还需要通过手工方式才能再次启动该任务。而人机协作的目标是机器人能够在处理到某个环节后，转入人工处理，机器人会在此环节等待人类完成其工作，如异常处理、决策判断、分支选择等，在机器人得到相关的反馈后，自动继续处理，而不需要人再介入机器人的控制过程，人工只是需要介入业务流程的处理过程。

3. 丰富人与机器人的交互界面和交互方式

传统的自动化方式是人给机器人发出操作指令，或者输入一些简单的参数，比如某个指定的文件或文件夹。而这些能力是不能满足复杂的人机协作处理过程的，所以需要机器人给人工提供新的更加复杂的交互界面，如人可以在某个表单〈 Form 〉标签中输入更多的信息，一些选项菜单让人工来做单选或复选操作等。希望机器人设计者可以自定义人机交互界面，传统的界面是人与系统交互的界面，而新型的界面是人与机器人的交互界面。

以上人机交互属于单次交互，对于更复杂的人机交互需要完成多次交互，此时，需要界面交互设计满足前后操作关联性要求，并与机器人处理过程相匹配。除了在电脑端的操作以外，在移动端利用 App 也可以形成与机器人的单次或多次交互处理，满足移动办公的要求。

4. 基于常用桌面软件的自定义输入能力

人们可以通过桌面软件为机器人提供自定义的输入信息，如 Chrome 浏览器，以及 Office 中的 Excel 和 Word、Salesforce、Workday 等。由于通常人们在办公过程中会使用这些软件，为了体现更加友好的人机协作方式，可以通过这些软件来启动机器人，并且可以将这些软件中的数据传到机器人的任务中，如在 Excel 表格处理时，选中几行要处理的数据，直接启动所对应的机器人，机器人在接收到这些数据之后就可以实现自动处理了。通常，我们需要在这些软件中开发特定的插件来实现这些能力。好在目前这些通用的软件大多是基于 SaaS 的，具备较强的扩展能力，以及对第三方插件的支持能力。

5. 机器人与人类员工的交互能力

前面谈到的都是人如何来指挥机器人，反过来机器人也应当具备与人的交互能力，这体现在两个方面。

第一，机器人可以即时呼叫人来做判断，即机器人能够给人发出处理请求或信号，这是基于同步机制触发的。

第二，机器人可以给人分配工作任务，人给机器人分配任务的能力早已在当前的 RPA 产品中实现，未来更高级的能力要求就是机器人在处理完成自身的任务的同时，可以把下一个任务自动分给人类来处理，这相当于在 RPA 中嵌入了很多工作流引擎的处理能力。

6. 与人类团队协作的能力

超越独立个人或独立角色与机器人协作的能力，就是 RPA 具有与人类团队协作的能力。人机协作可以体现一个组织对自动化的协作要求，如前端的处理和后端的审核就是一个小的合作团队，为满足这个团队的自动化工作要求，同时需要有不同角色的机器人组成另外一个团队来配合，如分流做部分规范性处理的前端机器人，分流做部分简单条件审核的后端机器人，以及做预先检查或事后检查的合规性机器人。在实际场景中，人的团队和机器人团队成为相互配合工作的关系。这就需要 RPA 具备复杂团队协作处理的能力。

7. 为人机协作提供任务列表管理、人机任务分配管理、任务监控和调度中心管理能力

在传统的 RPA 设计中，这些能力基本都是建立在服务器的控制

中心端，是由专门的运维人员和机器人管理专员来统一监控调度的。而为了解决复杂的前台协作需求，有人值守机器人就必须具备这些能力，甚至更强大的实时监控和调度能力。这相当于为有人值守机器人建立微型控制中心，而且这些微型控制中心是独立控制的，相互之间不受影响。

上面谈到的这些能力其实早已纳入各家 RPA 厂商的研发计划之中，如 Automation Anywhere 在 2019 年收购了一家专门开发协作机器人的公司 KlevOps，就是在为此做准备；UiPath 在 2019 年年末也提出了自己的 Human-in-the-loop 解决方案；Enate 更是一家具有实现自动化服务编排（Robotic Service Orchestration，RSO）能力的专业软件公司。

6.2　重新审视流程设计和流程挖掘

在 RPA 领域一直有一个头痛的难题就是，在企业的众多流程中很难找到那些适合自动化的流程，虽然我们在 4.4 节也总结了挖掘自动化候选业务流程的一些方法，但是这些分析方法执行起来仍然是有难度的。

首先，企业缺少足够的业务流程专家和自动化专家帮助业务人员进行流程梳理。其次，所需分析的业务流程通常是非常细节和烦琐的，只有基层的业务人员对这些流程了解，但基层人员受限于工作的分散性和更高的视野，难以统一分析流程，致使不同团队、不同人员在分析流程时得到的结论千差万别。为了更好地得到候选自动化流程，企业就需要引入新的方法和工具来辅助业务人员来完成流程设计和分析。企业主要可以从以下三方面着手。

6.2.1 提供匹配 RPA 分析需求的业务流程设计方法和工具

流程设计工具通常被称为“Business Process Modeling Tool”。定义流程模型的常用语言被称为业务流程建模符号（Business Process Modeling Notation，BPMN）。尽管 BPMN 非常有助于理解传统意义上的业务流程，但在描述 RPA 流程时却遇到了一些问题。

- ❑ 难以描述流程中节点与数据的关联关系，如数据源、数据结构和输入数据性质的关系等。
- ❑ 难以描述流程中的决策点，在流程中反复使用网关图标并不是一个很好的选择。
- ❑ 无法体现流程在哪个系统中执行。
- ❑ 对流程进行如此细化的建模是非常耗时耗力的。

所以，采用传统的流程设计工具很难满足当前 RPA 的分析要求。

为了更好地满足 RPA 前期的流程梳理、筛选、分析和设计要求，原有的流程设计方法和工具必须做出改进或能力增强，主要包括以下几个方面。

1. 定性的分析能力

例如，该流程归属哪个业务领域，上下游流程的关联关系如何。首先导入一些采集和调研的数据，根据评分模型对实施风险和业务价值做定性判断，如时间花费、数据质量和准确度、员工满意度、有效性和灵活性等，相当于在总体上对该流程的自动化实施可行性做出判断。

2. 流程建模的能力

满足 RPA 开发要求的流程图的创建对于工具层面的要求并不复杂，但是对于设计人员的工作量是巨大的，所以我们可以在原有流程图上进行一定的改良来实现 RPA 流程的设计。例如，在原有流程图中标识出输入输出以及其关联的规范和标准要求，表达出某个环节所需要访问的应用系统或软件工具，罗列出其中的判断决策点等。这相当于对原有的流程图做细化，但是又没有达到 RPA 设计的最细颗粒度。

3. 标识自动化的能力

在流程设计中，标识哪些环节由 RPA 实现体现出一些强制性标准，如结构化数据高重复性、规则固定等，以及一些可选性标准，如是否多系统操作、触发方式、步骤的标准化程度，最终在流程图中体现哪些是人工操作的，哪些是 RPA 机器人操作的，哪些是靠系统后台执行的。

4. 业务价值评判能力

通过自动校验流程之间的依赖关系，并将不同评判分值的业务流程分类，可以方便总体 ROI 的计算和可行性评估，为后续的 RPA 实施批次提供支持。Blue Prism 为此在 2019 年推出了一款名为“Process Discovery Tool”（流程挖掘工具）的产品。

上述方法既是对原有流程建模方法的深入挖掘，又为接下来的 RPA 设计和开发提供了输入；既体现了分析与设计的关联性，又兼顾了设计人员的工作量和工作效率，但其中很多分析方法仍旧是主观判断的方式。为了更精准地分析业务流程，企业需要在流程分析中引入定量的分析方法，也就是常说的流程挖掘。

6.2.2　提供能够定量分析数据的业务流程挖掘工具

流程挖掘技术的目的是提高流程效率，理解流程并发现流程中存在的问题。流程挖掘通过从各个系统提取真实的业务日志和事件日志信息，进行模拟或仿真运行。流程挖掘与 BAM（业务活动监控）、BOM（业务运营管理）、BPI（业务流程智能）以及 Data Mining（数据挖掘）技术紧密相关。虽然这些技术都是用来对数据进行分析，但与数据挖掘不同的是，流程挖掘的关注重点是流程模型和流程运行中的问题，而并不是数据本身。流程挖掘技术是基于事实而不是基于推测或直觉来判断问题。流程挖掘可以把事件数据（观察到的行为）与流程模型（手工或自动发现）更好地联系起来，可以检查流程中的合规性、执行偏差、预测，支持决策判断并建议流程重新设计。

流程挖掘工具已经发展近十年，行业内的领导厂商包括 Celonis、ARIS、ProDiscovery 等，他们也正在与 RPA 领先厂商寻求合作。流程挖掘技术在 RPA 领域可以发挥着多方面的作用。

1. 流程发现

流程挖掘技术基于算法，在无须预先流程定义的情况下，可以获取系统的事件日志并生成流程模型。这样的流程模型是基于真实的业务信息而生成的，避免了之前谈到的 RPA 分析中过多的主观判断。流程模型可以用来计算更加贴近真实情况的 FTE 节省以及价值收益。基于这些定量的计算，流程挖掘技术可以筛选出更需要自动化的业务流程。

2. 流程实例与流程模型的对比

流程挖掘技术可以比较真实运行情况和流程设计的一致性，比较事件记录（实际业务发生情况）和流程模型（BPMN 中的理想流程和预定义流程），并标识出一致性或差异，以诊断该流程模型中存在哪些低效的处理环节，以便于后续自动化的改进。

3. 流程优化和增强

流程模型根据实际的业务数据进行调整和改进。RPA 流程同样可以通过流程挖掘技术获得的数据加以优化。当 RPA 的运行情况没有达到预期时，仍可以通过流程挖掘技术找到原因所在。RPA 运行情况示例如图 6-1 所示。

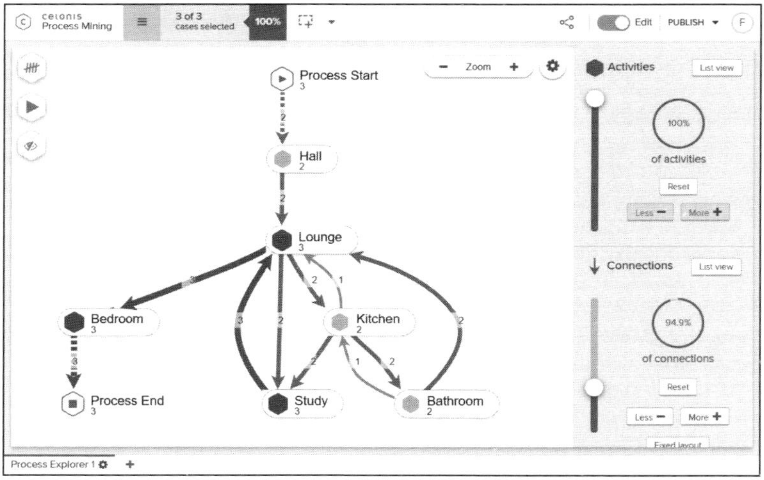

图 6-1　流程挖掘工具（Celonis）的界面示例

流程挖掘技术给 RPA 带来的分析价值是明显的，如找到手工处理的业务环节，评估当前流程的自动化比例，构建和验证自动化流程，定量选择自动化流程的优先级和可行性，评估自动化的执行效果。但流程挖掘技术适用前提也是苛刻的，比如要求企业的数字化程度非常高，流程中的运营数据都已经被采集，而且业务流程是比较规范和明确的，同时前期还需要投入较高的人力去搜集整理运营日志信息，再导入流程挖掘工具。国内企业尚不能广泛使用流程挖掘技术的原因也正是受制于这些前提条件。

6.2.3 提供能够追踪和支持动态变化的反向流程工具

即使有了上述流程设计和流程挖掘工具，在实际的 RPA 工作中，流程设计文档的工作量仍然非常大。同时，鉴于 RPA 在上线之后经常需要调整，而这种调整又不能及时反映到最初的设计文档中，此时，可以利用反向流程工具自动捕获业务流程中员工的每个操作步骤，包括自动截屏每个用户操作，提供文本说明，并自动生成详细的流程设计文档。基于流程文档，企业可以分析和选择相对应的 RPA 解决方案，以及对业务流程进行改进。最后，企业可以将流程模型直接导入 RPA 工具，降低开发过程中的代码编写量。

为此，UiPath 在 2019 年收购了 StepShot 和 ProcessGold 两家技术公司。StepShot 创立于 2015 年，总部位于爱沙尼亚，主要通过 OCR（光学字符识别）、ML（机器学习）、NLP（自然语言处理）为客户提供文档识别和创建服务。用户可以通过 StepShot 的自定义模板快速创建知识文库和用户手册。而 ProcessGold 是一家总部位于荷兰的人工智能初创公司，主要为客户提供可视化业务分析流程工具，可以深入地帮助企业分析现有业务流程，找出那些效率低下、有风险的业务流程。

6.3 云原生的 RPA 解决方案

根据 CompTIA（美国计算机行业协会）2018 年云计算趋势报告，将近一半的公司表示内部 31% 至 60% 的 IT 系统是基于云的。企业正在努力利用云的优势，降低 IT 成本。如今，云原生（Cloud Native）架构正在彻底改变着行业对开发、部署和管理应用系统的思考方式。企业 RPA 应用转化成云原生是智能自动化的未来。

传统的 RPA 采用本地部署的客户端来构建应用程序，而 Server 端采用云的方式来部署已经变得非常常见。而未来的云原生 RPA 又代表了什么呢？在云原生的 RPA 系统中，从控制端到开发端都在充分利用云的能力。云原生的 RPA 系统可以通过敏捷的 DevOps 流程完成持续交付，并且基于弹性云基础架构部署到容器（如 Kubernete）中，作为微服务部署的完整功能单元。总之，云原生的 RPA 系统不仅限于虚拟化本地应用程序，而且意味着采用云的方式从头开始重新设计应用程序的设计、实现、部署和操作。

企业用户可以通过云原生 RPA 在任何地方、任何时间访问网页，就像流行的 SaaS 软件一样，用户可以在浏览器中采用最直观的方式来构建和使用机器人。由于没有软件客户端，基础设施管理成本也大大降低。如果一些企业仍面临着严格的监管限制问题，那么理想的云原生 RPA 平台可部署在本地云中，或以编排流程的方式进行云的混合部署。RPA 这种类似 SaaS 的应用模式，也被称为 RPA 即服务（RaaS）。

云原生 RPA 除了具备云服务的一些基本特征外，还应具备以下特征。

- 云原生 RPA 几乎支持各类不同平台所有业务流程的自动化处理。

由于云原生 RPA 是基于 Web 界面的，无论用户采用哪种平台（PC、Mac 或平板电脑），用户界面是始终保持一致，不会让用户感到陌生。一项用户体验（UX）研究表明，用户的熟练程度可以快速提高操作速度，也可以让经验丰富的用户更好、更快地使用高级功能，创建复杂的软件机器人。

- 对于云原生上的 RPA，用户只要简单地操作，就可以在各种设备上实现自动化任务。

基于网页的现代界面交付，云原生 RPA 可与 Chrome、Firefox 和 Edge 等常见浏览器兼容，以便简化任务自动化处理和管理。IT 管理员能够同时连接和查看多个服务端来管理开发、测试和生产部门。

- 云原生 RPA 可以非常便捷地部署机器人。

云原生 RPA 无须在最终用户的计算机上下载和安装 RPA 客户端，这也就意味着用户无须等待下载和更新，提高了工作效率。RPA 平台可以无障碍升级，随时使用最新功能，快速地将机器人扩展到成百数千个，降低了整体部署成本。

- 云原生 RPA 确保了应用的安全性。

云原生 RPA 的另一大优势是，机器人的数据不会写入本地设备的硬盘中。如果电脑丢失或被盗，他人也无法获取机器人程序和业务数据。这样可以满足金融和医疗等监管严格的行业的要求。

- 云原生 RPA 使用户工作更便捷。

云原生 RPA 顺应了当前的 IT 发展潮流和新的职场行为习惯，满足自选设备（CYOD）和自带设备（BYOD）用户使用 RPA 的需求。无论用户选择何种设备，云原生 RPA 都可以让流程自动化变得轻松，更容易地创建机器人，帮助员工提高工作效率。

2019 年 10 月 5 日，Automation Anywhere 宣布推出世界上第一个完全基于网页的原生数字化自动化平台 A2019。A2019 可在企业内部部署和使用任何公共、私有或混合云，支持的语言超过 14 种，新增 175 种功能，极大地降低了企业级 RPA 应用的 IT 资源成本。Everest Group 执行副总裁兼首席分析师 Sarah Burnett 说道：“当今许多企业都意识到 RPA 的好处，并且正在积极了解最佳实施的策略。”

“通过高可用性的云上服务以及内置的 AI 等功能，Automation Anywhere 的 RPA 新版本可以降低企业在部署机器人方面的成本，使得那些中小企业也可以享受到自动化带来的益处，”Eastman Intelligent 的顾问 Marshall Couch 谈到，“ A2019 拥有一个全新的 Web 操作界面，极大地简化了操作环境。以前，用户使用和管理 RPA 机器人的工作非常烦琐。但是借助于新的云平台，用户可以随时随地按需使用 RPA 机器人。”

6.4　具有自我学习能力的自动化流程

自我学习能力能够把 RPA 一步带入 AI 领域。原理上，自我学习系统具有按照自己运行过程中的经验改进控制算法的能力，是自适应系统的延伸和发展。虽然各个厂家也宣称其 RPA 产品具有自我学习能力，但其实谈到的都是 RPA 的录制功能，而录制只能算是一种复制式的学习过程。截至目前，市场上尚没有出现能够生成和分配 RPA 流程的自我学习引擎，但这并不妨碍各个厂商在自我学习这条路上的探索。

理想中的具备自我学习能力的 RPA 机器人应该是如何工作的？

RPA 机器人通过观察工作中的人来学习，通过不断重复分析用户操作流程，调整或更正自动化处理流程。通过 NLP、ML、知识表示、推理、大规模并行计算和快速域适应（Rapid Domain Adaptation）等技术，RPA 机器人会自动提取决策所需的数据，并不断从用户的反馈中学习。创建一个 RPA 的自我学习机器人，需要使用机器学习或深度学习算法来处理传入的数据，然后对数据进行分析和处理。总之，一个理想的 RPA 自我学习引擎应该具备以下能力。

- ❑ 可以利用机器人来记录人工处理过程，以及执行流程。
- ❑ 可以分析业务流程并优化，甚至学会自动执行。
- ❑ 在业务流程中识别可复用的对象和处理任务，并保存在集中控制的存储库中。
- ❑ 可以创建业务流程程序库，能够引用可复用的对象或处理任务。
- ❑ 可以自动确定优先级并将相应的流程分配给数字化员工。
- ❑ 当某个用户的使用界面变更时，可以警告相关的机器人，并提出解决方案（或自动解决问题）等。

当然，RPA 做到完全自我学习是非常难的，也许根本就不能够实现，但是做到部分自我学习还是有可能的。接下来介绍 RPA 实现自我学习的 4 种思路。

6.4.1 基于自定义方式的自我学习 RPA

第一种是基于自定义方式来实现自我学习 RPA 的解决思路。

机器人接收到非结构化数据（例如，图像和自然语言），并尝试使用从之前自动化处理过程中获得的知识，对新的自动化任务进行适当处理。这其中需要解决的问题包括：从非结构化数据中如何提取自动化任务所需的数据；如何调整自动化处理比例；如何基于非规则化的方法对自动化任务做决策。解决方案是首先使用 AI 技术识别非结构化数据并转换为结构化数据，然后根据信任度分数对识别结果进行分类，并手工处理 AI 技术无法自动处理的输入数据，如图 6-2 所示。通过自我学习模型可从处理结果中学习到新的知识，以便提升下次识别处理的准确度。

日本的日立公司正在研究这种具备自我学习能力的 RPA 技术，

以实现传统上需要人工识别或判断的一些处理任务。从 2018 年开始银行账户文件自动化检查已经实现。日立公司也计划在未来几年扩大自我学习 RPA 技术的应用范围。Automation Anywhere 的 IQBot 是一款可以模仿人类用户行为的自动化处理软件，它是将机器学习、推理、自然语言处理、语音、视觉相结合的一个认知自动化平台。

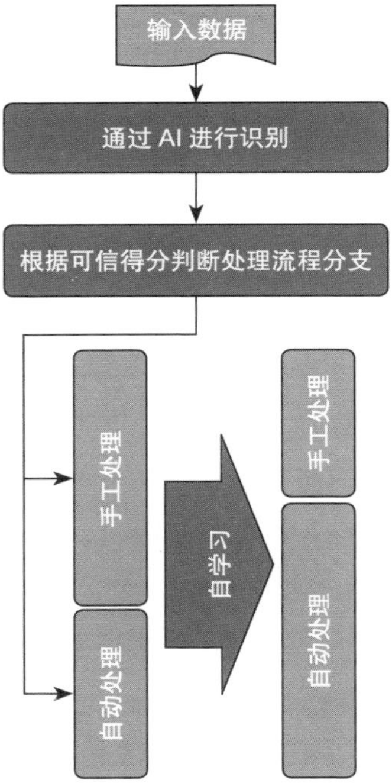

图 6-2　自定义方式实现自我学习 RPA 示意图

6.4.2　结合自动化机器学习的 RPA

第二种是RPA结合自动化机器学习（Automated Machine

Learning，AutoML）的解决思路。

AutoML已实现很多自动化环节，如自动地准备数据和提取数据、自动检测数据类型、自动检测意图、自动检测任务、自动完成特征工程（特征选择、特征提取、元学习和转移学习、检测和偏斜数据处理）、自动选择模型、自动完成学习算法的超参数优化和特征化、自动选择评估指标/验证程序、自动检查问题、自动分析获得的结果等。RPA与AutoML已有成果的结合还能够创造出更多具有自我学习能力的自动化处理任务。例如，DataRobot通过企业功能扩展平台，提供端到端的解决方案，包含上传数据、选择目标变量、一次性构建多个模型、浏览顶级模型并获取洞察、部署最佳模型及预测五大步骤。DataRobot与RPA结合的自动化场景如下。

- 邮件分类：RPA获取新的电子邮件之后，DataRobot通过机器学习模型来对邮件进行分类处理。DataRobot可以预测适合的后续处理渠道，通过指定部门及时跟进，保证更高的客户满意度和更及时的响应。
- 银行贷款处理：RPA结合OCR技术从纸质申请中自动提取申请数据，然后交由DataRobot进行风险评估并提供利率报价。获得所有批准后，RPA机器人再将贷款决定发送给客户。
- 运维预测：对于企业而言，如果能够预测设备何时将发生故障，以确保手头有足够的更换零件，并且有合适的维修人员提前解决问题，这将会节省大量的运维成本，并保证运营的顺利进行。RPA通过收集服务日志并调用DataRobot来标记故障设备或故障来帮助企业解决问题，对预计会遇到问题的区域创建警报，并在可能发生停机之前修复设备。

- 呼叫中心路由：RPA 在获取客户资料信息之后，再调用 DataRobot 预测适合与客户交谈的部门、客户的全生命周期价值以及客户流失风险。
- 除此之外，DataRobot 与 RPA 结合还可实现的场景包括公共健康和安全、员工挽留、医疗欺诈等。

6.4.3　基于学习用户操作过程的 RPA

第三种是记录并学习用户操作行为习惯来实现自我学习 RPA 的解决思路。

如果说上面两种思路还是在传统的 AI 上做文章，那么第三种方式可定义为一种新的自我学习能力模型，或者说是学习的生命周期，如图 6-3 所示。

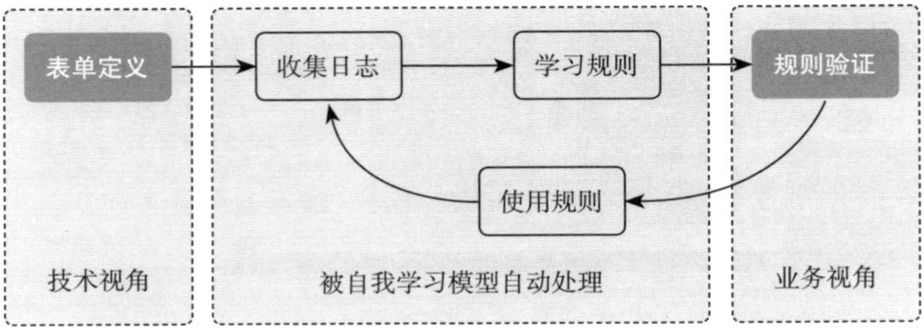

图 6-3　记录并学习用户操作行为的自我学习 RPA 的解决思路

这个模型需要满足人机交互的两个方面，即表单定义和规则验证。在表单定义过程中，需要识别 IT 系统中的表单内容，以便模型在与表单的交互过程中进行学习；在规则验证过程中，需要人工对模型的学习规则进行验证，确定新学习的规则符合业务规则。学习模型在处理过程中，首先在人工或者机器人处理表单时自动记录输入 / 输出日志，然后根据日志进行规则学习，最后由人来对规则进行校验。校验之后的规则就可以应用到下一次的自动化处理过程中了。

6.4.4 基于自动化构建脚本的 RPA

第四种是通过自动化构建 RPA 脚本来实现自学习 RPA 的解决思路。

Gartner 的预测中提出，“截至 2023 年，50% 的新的 RPA 脚本是能够动态产生的”。其中，定义的自动化脚本的产生过程结合了流程挖掘、流程分析、机器学习和流程录制等技术，如图 6-4 所示。

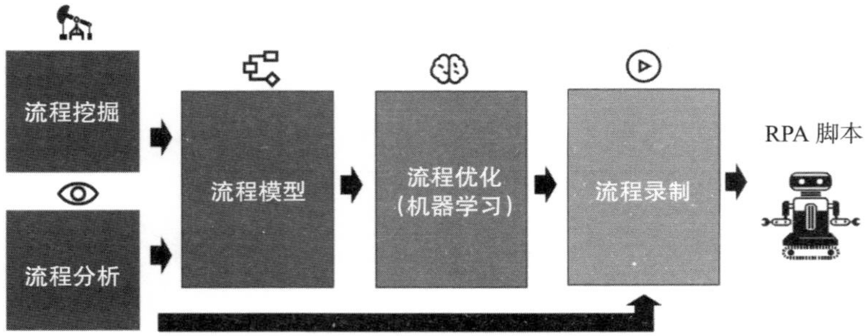

图 6-4 自动化构建 RPA 脚本实现自我学习 RPA 的解决思路

通过流程挖掘技术从服务器端获取流程日志，再通过流程模型建立起处理流程的各种分支。通过流程分析工具记录用户在系统界面的操作过程，将键盘和鼠标的操作以及界面的显示和变化情况记录到日志里，最终也导入流程模型中。在流程优化过程中通过机器学习技术，清楚人机交互中的额外（不必要的）数据信息。通过训练好的业务流程规则改进处理流程，基于流程实现的软件环境从技术上再来增强流程的稳定性。最后，RPA 动态脚本自动生成。

以上两种方式更像是目前 RPA 软件中录制功能的升级版，丰富了录制的来源，并通过机器学习对流程模型或者流程录制的结果进行优化改进。虽然这种理论模型的实际应用价值尚不明确，但说明业内已经有专家在这个方向上进行探索。例如，Automation Anywhere 即将推出的 Discovery Bot 工具。

6.5　机器人商店的一站式采购

为了鼓励和促进 RPA 机器人的发展以及快速实施和部署自动化业务流程，Automation Anywhere 于 2018 年 3 月建立全球第一家机器人商店（Bot Store）。这个网上商店类似于 Apple 的 App Store 或 Salesforce 的 AppExchange，目的是围绕 Automation Anywhere RPA 平台来创建一个生态系统。

6.5.1　机器人商店

机器人商店构建了厂商（提供平台）、合作伙伴（提供商品）和客户（消费商品）之间协调统一的生态环境。在这种生态环境中，对于客户来说，可以快捷地获取所需要的 RPA 资源，提高自身的开发效率；对于合作伙伴来说，可以通过售卖这些资源来增加收入，并且借助这个平台触达全球更多的客户；对于厂商来说，可以通过这个生态环境扩大其产品的影响力，以及通过合作伙伴实现更大范围的扩展能力，为客户带来价值。

机器人商店也是一个开放的市场，这意味着未来任何人都可以在其中创建和添加自己开发的RPA应用，例如在Salesforce上创建新账户或新报价、在SAP ERP中发布日记账等。同时，为了鼓励开发者创建更加具有创造性且可重复使用的自动化程序，Automation Anywhere也在全球范围内面向广大RPA开发人员和爱好者推出了多场机器人竞赛。

业内的另一家巨头UiPath在2018年10月也建立了名为UiPath Go的机器人商店，它连接了UiPath的合作伙伴、客户和更广泛的社区成员。大家都可以在商店中访问可重复使用的组件，并对技能以及专业的服务和产品进行评价，从而加速自动化的实施过程，提高生产效率，实现全新的自动化解决方案。

在2018年11月，Blue Prism推出了自家的机器人商店Digital Exchange（DX）。其合作伙伴公司基于此商店添加新的智能自动化功能，成为Blue Prism技术联盟计划（TAP）的一部分。该计划通过DX和在线社区来增强和扩展传统的RPA功能，采用带头创新的方法为客户提供更适合的解决方案。

机器人商店提供的RPA“商品”主要分为以下几类。

1. 功能组件

功能组件作为原有RPA产品自动化能力的补充，在AA中被称为Metabot，在UiPath中被称为Activities。例如，Outlook的相关处理或者Excel的各种增强处理等，这一类组件大多是由合作伙伴开发的，也有一部分是由原厂商开发提供的。

2. AI能力组件

由于RPA与AI技术结合得较为紧密，所以机器人商店也提供大量的AI技术组件。例如人脸识别、语音识别和自然语言的处理组件等，有的是可以本地部署的组件，有的是以云端服务的方式来提供服务的，这些组件大多是由 AI 厂商提供的，如 Google、Microsoft、IBM 等。

3. 适配工具组件

在 RPA 应用过程中，有一些处理过程经常出现，如把 Json 文件转换为 XML 文件、将数字转换为字符、随机密码生成等。所以，机器人商店也提供适配工具组件。这些小的适配工具组件实现起来并不复杂，如果应用得当，不但可以节省机器人程序的开发时间，还有助于在企业内形成统一的应用标准。

4. 预定义好的自动化业务流程组件

机器人商店除了提供以上实现片段化的功能组件外，还提供打包的自动化处理流程。例如财务领域的生成发票、在 SAP 中生成总账、人力资源领域的生成员工工资条、在简历中搜索匹配技能的处理流程等。所实现的这些流程必须基于某个广泛使用的应用系统，如 SAP、Oracle、Salesforce 等，这样可复用的价值才会最大。

5. 数字化员工组件

Automation Anywhere 最新的机器人商店中还存在一类非常特殊的资源，就是数字化员工。数字化员工像人类在工作中的某个角色一样，具有更广泛的能力，如思考、行动和分析等技能，能够帮助某个角色将原来的手工任务实现自动化。截至目前，机器人商店已经提供了 25 个数字化员工，如图 6-5 所示。正如人类一样，每个数字化员工具备各项不同技能，每个技能代表了前面提到的某个自动化任务组件或者自动化流程，这些技能组合起来就能具有某个人工角色的能力。

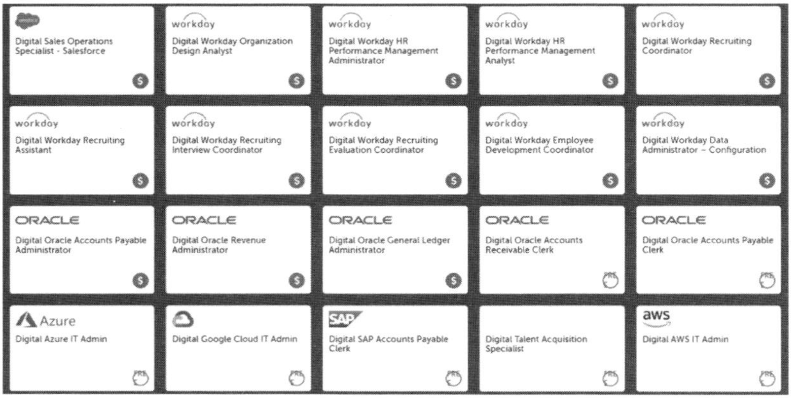

图 6-5　Automation Anywhere 机器人商店页面示例

6.5.2　机器人经济

从未来趋势来看，更多开发者会加入机器人商品的开发队伍中来。随着 RPA 生态规模的不断扩大，一个新的词汇——机器人经济应运而生。麦肯锡全球研究所（McKinsey Global Institute）2017 年的一项关于自动化经济的研究报告指出，机器人将发展成为价值 1000 亿美元的市场规模，而且这个趋势是指数增长，而不是线性增长。未来机器人市场中也许会出现具备垂直行业领域特征的专业机器人，或者具备人格特征的个性化机器人，或者满足个人使用习惯的消费者端的软件机器人。

如果我们对机器人经济的增长趋势仍旧将信将疑，那么可以横向对比 Salesforce 所创建的“应用经济”来推断其发展潜力。著名公司 Salesforce 非常鼓励由第三方创建可在其平台上运行的应用程序。同时，Salesforce 开发了用户之间销售和购买的应用程序，并且构建了客户向其他合作伙伴购买应用程序的运营机制。Salesforce 的整个应用经济的战略是成功的，主要目的是扩大其所提供的 CRM 解决方案的使用范围和应用能力。IDC 认为，机器人经济将具有类似于应用经济的特征。

- 机器人商店平台拥有一套软件分发模型，了解谁提供了机器人程序、经过什么样的核准、谁又下载和使用这个机器人程序。
- 给用户提供免费和付费的机器人程序，以便吸引新的初始用户，降低入门成本，同时，让商品提供方在深度用户中得到收益，为整个平台带来更大的推动力。
- 一家公司的产品研发能力总是有限的，如果借助于第三方的能力和资源，就可以通过第三方平台便捷地引入 RPA 解决方案的其他扩展能力。
- 提供一种生态环境，创造机器人商品提供者和消费者买卖交易的渠道，让更加真实的用户需求与具备相应能力的提供商直接对接，及时响应市场。
- 但与应用经济不同的是，由于用户环境的差异，一开始开发者可能不会在机器人商店中寻求端到端的解决方案，只是搜索一些可定制的可复用组件。这些组件既可以相互连接，也可以与用户开发的组件相连接。通过组件整合，共同创建一套完整的自动化流程。

虽然目前仍然是几家头部厂商在做类似的平台，但是随着 RPA 应用的不断深入，也许市场会出现跨平台的机器人商店来兼容各家的 RPA 产品。随着机器人商店商品的不断丰富，未来 RPA 开发人员可通过一站式采购的方式快捷地实现机器人开发。

6.6 业务流程的自动化再造

业务流程再造（Business Process Re-engineering，BPR）是一种诞生于1990年的战略管理工具。BPR注重分析、设计企业内的工作流程和业务流程，帮助企业重新思考该怎么工作，以便提高客户服务，削减运营成本。

在介绍业务流程再造理念和如何应用到RPA领域之前，我们首先了解一下更能落实到执行层面的两个方法，即“精益流程”和“六西格玛”。

6.6.1 精益流程和六西格玛

精益流程或者精益思维最早诞生于20世纪70年代的日本丰田，后来在80年代演变成“及时生产”（Just In Time），90年代演变为“精益制造”（Lean Manufacturing），也是后来业务流程再造理论的源头。简而言之，精益流程的核心就是用最少的工作，为企业创造最大的价值。精益流程生产过程中的要素组成如图6-6所示。

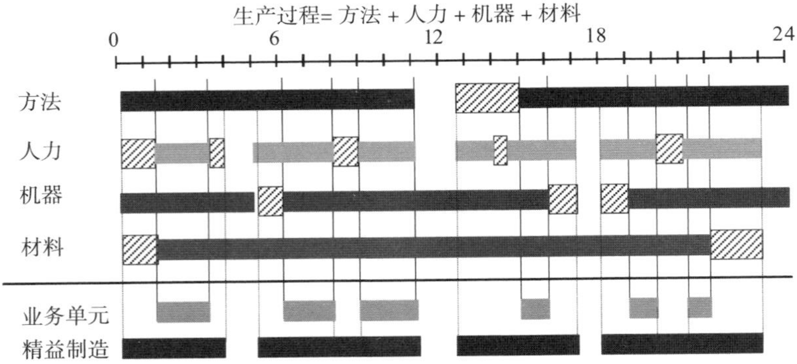

图6-6　精益流程生产过程中的要素组成

六西格玛（Six Sigma）最早由摩托罗拉任职的工程师在 1986 年提出，而后从 20 世纪 90 年代开始被通用电器（GE）从一种全面质量管理方法演变成一个高度有效的企业流程设计、改善和优化的技术。

当这两种理论被结合起来使用的时候，就变成了“精益六西格玛”（L6S）。精益六西格玛是一种持续的业务改进方法，兼顾质量和速度，其中包含一系列方法和工具。当精益六西格玛的理论和 RPA 的实施方法结合在一起时，又能碰撞出很多火花，如在流程分析和设计阶段。

- L6S 中的价值流映射（Value Stream Mapping）方法不仅可以帮助 RPA 评估人员通过分析子流程的数量异常找出正确的业务流程，还可以找到一些高效的业务解决方案。
- 在收集业务流程自动化需求的时候，我们可以采用类似于 L6S 中的质量功能展开（Quality Function Deployment，QFD）方法，将一个业务需求转换为多个并行的技术需求。
- 在选取候选的自动化流程时，我们可以使用 L6S 中的约束分析理论（Theory of Constraints，TOC），通过发现流程中的瓶颈环节来确定业务价值链中合理的候选自动化流程。
- 通过 L6S 中正确的采样方法（Sampling Method），可获取候选自动化流程的详细样本信息，并对自动化解决方案的预期进行更准确的预测。
- 通过 L6S 控制图（Control Chart）和箱线图（Box Plot），可以更好地描述业务量的波动情况、可能的变化因子以及有哪些常见或偶然的因素会影响整个业务流程的最终交付。
- 通过 L6S 中的失效模式与影响分析（Failure Mode Effect Analysis，FMEA）方法，可以提高业务流程的健壮性，制定合理的解决方案来解决可能发生的问题，从而使整个流程更适合于自动化的实现。

- 在目标流程的设计中，我们可以采用精益流程体系中的流管理（Flow Management）方法，特别是端到端的跨角色、跨时序的长流程。对于任务的处理时间和处理节拍（每个处理环节完工后的时间间隔），我们可以采用类似于制造领域的 4M 分析方法进行编排。

综上所述，我们可以把传统生产制造领域的一些精益六西格玛的分析方法和工具迁移到办公室业务流程自动化中。但在应用过程中我们需要灵活使用，而不能生搬硬套。虽然尚没有专家整理出一套精益六西格玛在 RPA 领域分析的详细方法，但至少提供了一些分析思路和手段。我们也期待未来更多的有精益生产经验的专家能够进入 RPA 领域。

6.6.2 业务流程再造

接下来，我们再看看业务流程再造理论与 RPA 实施方法之间的联系和区别。

第一，在业务流程再造概念产生之初，信息科技（IT）是主要的解决方案。各个企业的领导者都在思考着如何利用 IT 技术来支持现有企业业务能力，提高企业效率，构建新的运营模式，以及与其他企业之间合作。传统的 IT 实现方法主要包括 BPM（业务流程管理工具）、ERP（企业资源管理）系统和 CRM（客户关系管理）系统等。而如今 RPA 技术可以将更细的流程步骤转换成自动化处理，这无疑为传统的业务流程再造工程添加了新的技术落实手段。

第二，业务流程再造理论对于流程的梳理和分析方法与 RPA 流程梳理和分析方法几乎是一致的。只是分析流程深度不一样，最终实现的技术手段上也不同。分析方法的一致性指的是前期都需要对业务流程进行调研和信息获取，需要找到流程中的痛点，在梳理现状流程（As-is）后，再基于优化目标来定义目标流程（To-be）。分析流程的深度不一样指的是传统的业务流程再造中的流程深度只需要到任务级（L4）或者步骤级（L5），不需要细化到动作级别，而 RPA 中的流程深度需要到动作级别。最终实现的技术手段不一样指的是传统的业务流程再造工程中最后总是通过数据整合、主数据管理、ERP 系统或 BPM 软件来实现流程的串接，而 RPA 项目最终以更敏捷、更零散的技术手段来实现。

当我们采用业务流程再造这种宏观视角来分析 RPA 流程时，其主要关注点是站在全企业的战略层面，即当流程涉及跨组织、跨部门协作时，如何来达成业务目标。所以，业务流程再造是一种“自顶向下”（Top-down）的方法。而 RPA 的分析方法本质上是一种“自底向上”（Bottom-up）的方法。这两种方法结合在一起应用且保持关联和一致性的载体就是“流程模型”（Process Model）。

流程模型是对具体业务流程或流程实例的总结和抽象。同时，流程模型具有可讨论性，可以让参与方讨论后达成共识。当流程需要被调整时，企业也可以以流程模型为基础进行调整，体现出流程模型的生命力、灵活性和扩展性。

通过自动化再造以后的业务流程，可以打通跨部门甚至是跨企业之间的壁垒，并且串接了前台和后台的业务流程，形成人机协作运营流程。接下来，举例介绍如何利用由 RPA 和 AI 技术组成的数字化劳动力来实现前台和后台的业务流程再造，如图 6-7 所示。在前台业务中，前台机器人可以直接用来处理中、低复杂度的客户查询。客服的辅助机器人可以帮助客服人员解决高复杂度的客服查询。前台机器人可以与后台机器人相互集成，便于根据客户查询提取 /

输入相关信息。在后台业务中，RPA 机器人和认知机器人混用，分别执行基于业务处理和基于知识分析类型的业务流程。前台和后台机器人的工作可以由智能的工作流平台进行编排，以实现最佳的运行计划，满足业务流程的连续性和端到端的数据分析。

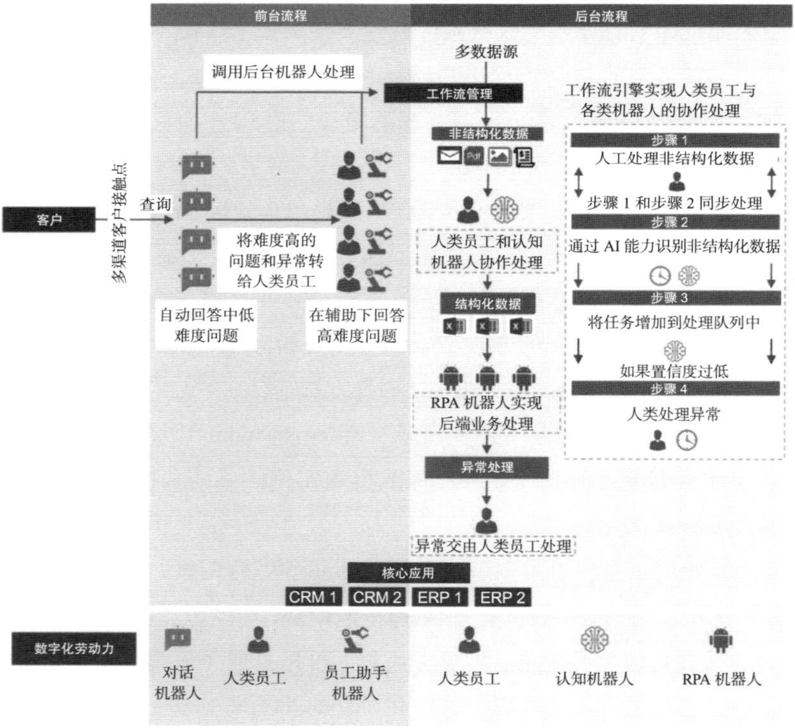

图 6-7　再造后的前台和后台的自动化业务流程示例

6.7　搭建全新的机器人运营体系

在今天，RPA 的理念和方法已经超出了技术领域，涵盖了从企业业务流程再造、数字化转型到人员组织优化等各个领域。如果说 RPA 为企业带来了大范围的业务流程再造，那么必然会影响到企业的运营模式和运营体系。严格来讲，我们可以依据目标运营模型（Target Operating Model，TOM）完整地定义一家企业的运营体系。该模型涉及资产和位置、外包和联盟、治理、考核指标、客户体验、流程、技能和能力、技术 8 个维度。

如图 6-8 所示，顶层的结构设计中最主要的就是资产和位置代表的组织结构、外包和联盟代表的服务交付模式。本文无意详细探讨企业的运营模型将如何建立，而是分析最主要因素（资产和位置，外包和联盟）与 RPA 技术变革的关联。

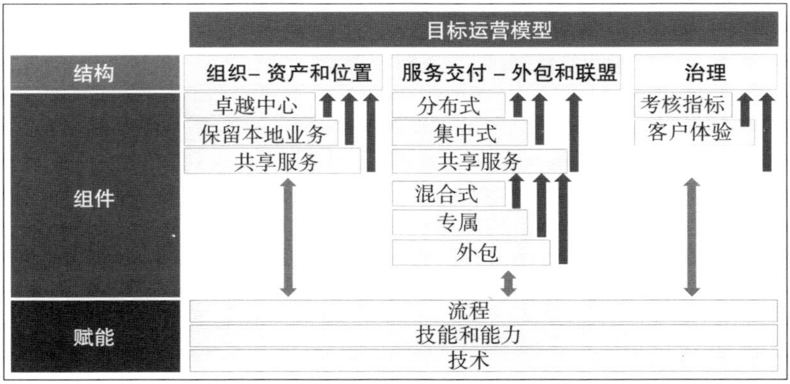

图 6-8　机器人目标运营模型示例

在考虑资产分布时，企业需要从两个维度来分析。

第一，处理事务的能力要求。

第二，是否需要适应当地的管控和客户要求。

如果对事务处理的能力要求低，且不需要适应当地的管控和客户要求，就应该考虑共享服务中心模式（Shared Service Center），反之，就应该考虑分支机构或当地办公室。企业在共享服务中心模式下首先考虑的就是后台业务，比如财务、人力资源、采购、IT，随后才是呼叫中心、集中运营处理等。共享服务中心在服务交付模式上又可以分为分散式、共享式、混合方式、专属和外包式等。

6.7.1 对共享服务中心模式的影响

自20世纪90年代以来，作为大型组织或企业运营模式的共享服务中心已经被广泛接收。据统计，目前80%的财富500强企业已经实现了某种类型的共享服务。共享服务提供了整合和标准化流程的能力，以及增加新业务部门或拓展新市场的灵活性。RPA技术对共享服务中心模式的影响来自两个方面。

第一，对于那些尚未建立共享服务中心的企业。

建立共享服务中心，企业首先面临的就是选址问题，除了寻找人力成本低的城市外，还需要充分理解当地人才的质量和储备情况。所以，拥有众多大专院校的西安、武汉、成都等城市，最近都成为国内共享服务中心建设的首选。接下来，如何把原来企业中有经验的员工迁移安置到这些城市，也有相当大的困难。那么，依托RPA技术建立的虚拟共享服务中心或者数字共享服务中心，就成为企业领导层的另一种选择。

虚拟共享服务中心是以数字化员工的工作方式和业务流程为主，人类员工配合数字化员工工作，这样就会大大减少需要被物理集中和迁移的员工数量。这是一种将人类员工和数字化员工服务相结合的共享服务中心新模式。

第二，对于那些正在建设共享服务中心的企业。

RPA会对传统共享业务的实施路径产生影响。共享业务实施方法是先确定共享业务的范围，分析共享业务所能带来的价值，再设计共享解决方案，最后通过试点单位推广至全企业。在共享解决方案设计中，事先需要拟定标准化的业务服务流程。该流程需要得到各个成员单位或部门的认同后才能够进一步推广。由于区域性的差异和所面临的业务状况不同，这种标准化的业务服务流程的推行通常举步维艰。

6.7.2 内包还是外包

除了我们上面提到的内包（Insourcing）式的共享服务中心，为了更好地降低人力和运营成本，很多企业还将自身的业务采用外包（Outsourcing）的形式转给其他外包服务（BPO）公司。从全球来看，这些外包服务公司通常会设在人力成本更低的一些国家，如印度、马来西亚、中国等。这种情况正在发生着改变，近年来中国和印度的人工工资每年持续以两位数的幅度增长，且存在巨大的导入成本、双方的沟通成本以及甲方的合规控制成本。

既然 RPA 技术可以在外包服务公司得到广泛应用，那么为什么企业不能采用这些软件机器人直接为自己服务？答案当然是肯定的。德勤、Everest 和毕马威的专家曾经做出估计，与外包服务相比，RPA 可以带来如下好处。

- 节省高达 70% 的成本，并且还会带来更多的额外收益。
- 企业获得对既有业务的完全控制权。
- 自动化不会只限于外包业务内，可以应用在更广泛的上下游流程中，以提高整体效率。
- 企业可以随时做出业务规则的调整，而不必考虑原来与外包公司的合同约定，满足了业务活动的灵活变化要求。

- 自动化使业务流程更加合规和安全，避免了第三方处理所带来的操作风险。

总之，利用自动化实现这种由“外包”转“内包”的方式确实会给目前的 BPO 行业带来冲击，但这些 BPO 公司恰恰正是最早应用 RPA 的实践者，他们深知这项技术为这个行业带来的影响，也在纷纷寻求转型。

不管是内包的共享服务，还是离岸外包，成功企业的主要特征在于具有灵活性、敏捷性以及根据客户需求以最高效率扩展或缩减业务的能力。RPA 恰恰可以发挥这些差异化优势，使企业提高生产效率，降低运营成本，并将人力资源分配到那些更具战略意义的业务活动中。

6.7.3 机器人运营中心

前面谈到的是 RPA 对企业现有运营模式的影响和挑战，但当我们建设好一个机器人运营中心的时候，企业又当如何来管理和运营这个全新的“物种”呢？

通常，企业需要在内部建立一个全新的组织，那就是在 5.8 节介绍的机器人卓越中心，简称 CoE。机器人运营中心不代表 CoE 的全部，只是其中的一部分，主要负责机器人运维管理、基础设施和环境管理。机器人运营中心不是企业中专权的领导机构，而是为业务部门提供机器人服务的一个运营组织，同时也是联合各方力量、统一理念方法、推动数字化转型的一个服务组织。

在企业中，新建一个组织机构通常会遇到种种困难，特别是当管理者面对一种全新技术时，更是难以做决定。Forrester 的一份分析报告针对机器人运营中心的建立和运营给出了若干建议。

- 机器人运营中心在最开始可以是以项目组为核心的虚拟组织，随着模式、方法和制度体系的健全，再逐步形成实体的运营组织。
- 当 RPA 刚刚在企业应用时，可以集中所有可用的资源和专家形成合力，以集中的模式来建立机器人运营中心，随着后续应用规模的扩大，再转变为协作式运营中心。未来，机器人运营中心还可以延伸到实际应用 RPA 的业务部门或分支机构中，特别是针对那些有人值守机器人的运营管理。
- 机器人运营中心的主要工作方向不能只是围绕着自动化技术，而是应将重心放在数字化劳动力的运营上。
- 机器人运营中心的目标是帮助运营机器人，而不是替代原来的业务领导来管理业务流程。所以，企业需要通过技术和方法培训，让业务人员更加了解 RPA 的运行机制，以便后续能够管理各自领域的业务流程。
- 企业需要采用敏捷的方式来管理机器人运营中心。我们会因一些流程复杂度过高或者 ROI 不合理，认为该自动化流程部署失败。这种情况在 RPA 运营中是常见的。企业应该采用更加敏捷的管理方式，及时下线不合理流程，选择其他更合适的流程来部署运营。
- 机器人运营中心应具有三个核心团队：第一个团队负责与流程负责人保持协作；第二个团队负责指导和管理机器人的实施团队；第三个团队负责执行测试、运维和补救问题的支持保障工作。在这些团队中，业务人员和 IT 人员都是紧密合作的。
- 机器人运营中心也应该尽量减少运营成本，如把机器人运营中心建在人力成本更低的城市，或者外包给第三方服务公司来运营。

- 在必要时，一家企业也可以同时拥有多个机器人运营中心，虽然通常并不推荐这种模式。但如果集团下属单位的业务模式不同、IT 系统不同，而且也是独立运营核算的，则没有必要通过集团统一的 CoE 来运营管理下辖所有的机器人。
- 企业为了更好地推广自动化技术，在机器人运营中心可以用拟人化的方式为机器人命名，如“小张”或“小李”，有助于员工接受这些新的工作伙伴，并且须专为机器人建立一个登记注册机制。
- 企业可以试着建立自己的首席机器人官（Chief Robot Officer，CRO）或者首席自动化官（Chief Automation Officer，CAO）来布局全企业的数字化劳动力战略以及自动化战略。
- 机器人运营团队不应只是具备 RPA 平台的运维能力和自动化流程的监控能力，同样应该具备自动化流程的设计能力。机器人运营区别于传统的系统运维，不但关注技术平台的运维，还关注业务流程的运行情况，所以存在着对业务流程的重新设计和编排，而这些设计工作在实施阶段恰恰是无法完成的。
- 通过机器人运营中心在企业内部建立成本收益模型。例如，在企业内部为数字劳动力制定一个收费标准，并根据业务部门的 SLA 要求调整费用。当业务部门人手不足之时，业务部门主管就需要衡量到底是在人才市场招聘新员工更划算，还是选取一个机器人为自己服务更划算。

以上建议大多来自全球企业机器人运营体系中的最佳实践成果，当然如果我们需要完整地定义一家企业的机器人运营体系，还应该从 TOM 模型入手，结合企业发展情况、技术应用状况，完整清楚地定义前面提到的八个维度，才是更科学的做法。

6.8 数字化劳动力革命

前几次的工业革命主要是将体力劳动者（蓝领）的工作实现了自动化，而随着白领员工的不断增加，这种自动化革命也就自然延伸到了办公室。虽然我们尚处在这次自动化变革的早期阶段，不过麦肯锡全球调研机构（MGI）的报告指出，即便仅采用当前已知的这些自动化技术（包括 RPA、人工智能、语音技术等），企业中有近 45% 流程可以实现自动化。而且，这种自动化的趋势并不是孤立发生的，还伴随着业界其他趋势同步发生，如全面的组织变革、劳动力转型、零工经济、个人隐私保护、数据透明性要求、员工体验等。来势汹汹的数字化劳动力会对未来的工作方式、职业岗位、人员技能、劳动力结构，甚至是整个企业组织和社会都带来深远的影响。

在前面两节中，我们已经介绍了自动化是如何影响企业流程和运营体系的，接下来将会探讨自动化对人们工作方式的影响和改变。

6.8.1 对传统工作方式的影响

由于自动化技术发展迅速，因此组织上下必须对自动化的工作方式有更广泛和深入的了解，以确保这种变革对企业、管理者和员工来讲都是很有意义的，否则将不会产生更有影响力的变革。Forrester 的研究报告中将自动化对未来人们工作方式的影响归结为三个主要方面，如图 6-9 所示。

- 自动化是采用数字化方式来扩大企业的规模，而不是增加人类员工的数量。如今，全球市值最高的公司大多是通过技术和数字化方式来不断壮大公司的规模，而非传统意义上的人力、土地或资本。

- 对一些流程的控制权从人的身上转移到具有丰富数据集和高级算法的机器上。未来，更多的决策会由机器做出，也许人们一开始会非常不适应，但就像今天人们已经习惯于地图软件给出的行车导航路线一样，慢慢也会变得习以为常。
- 大多数工作由物理世界和数字世界汇聚而成。办公场所、工厂、机器设备和包括建筑基础设施在内的各种组件组成了物理世界。随着物联网的发展，它们会转换为数字资产并与工作中的数字资产相衔接和整合。

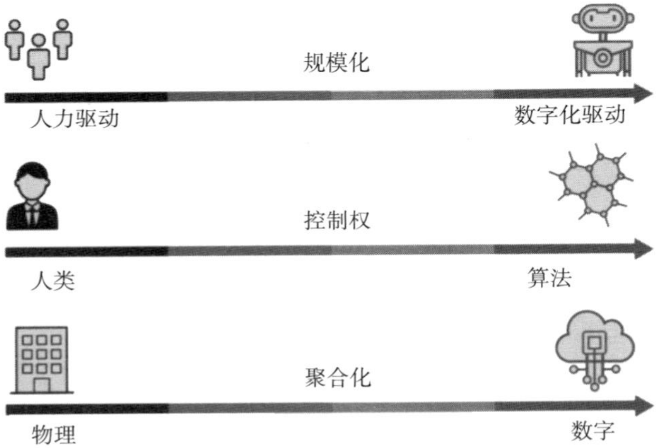

图 6-9　自动化对未来人们工作方式的影响

6.8.2　对企业员工的影响

基于以上这些改变，新的工作方式又会对企业员工带来哪些影响？

自动化将会消除员工对于繁复工作的抱怨和不满情绪，为员工拓展更多领域知识积累铺平道路。未来，员工需要解决的是那些启发式任务和创造性任务，人类在这些工作任务上是远远胜过机器人的。如果员工可以将释放出来的时间用于做对企业和社会更有意义的贡献，他们的满足感也会大幅提升。

员工将在这场新的自动化之旅中一起对业务流程进行重新建设，激活更多基于团队协作的灵活工作方式。由于企业的竞争环境在不断变化，员工所面临的工作内容也在不断变化，那么企业领导者原来设计的那些流程和规范也必然存在很多优化和调整空间。因此，一些企业正好借助这场自动化变革的契机，为团队重新设计业务流程和改善团队协作机制，使员工与机器人、员工与员工在一起更高效地工作。一些企业为此正在重新配置办公环境和工作区域，以促进更好的人机协作和更少的沟通层级。在此过程中，员工拥有更大的自主权来编排自己的日常工作流程，逐渐对自己的工作产生掌控感和使命感，从而增强员工的内在驱动力。

自动化不仅释放了大量的伏案工作，还从侧面提高了员工在工作场所中与其他同事的社交和情感沟通技能。与此同时，企业会对员工的一些软性技能，如创造、沟通、谈判和适应能力，以及领导力、同理心等产生更大的需求。而且，随着人与人之间的沟通和互动频率增加，大家相互之间的信任度也随之加深，这都便于企业的经营和发展。

同样，这场自动化革命也引发了人们对于就业前景的悲观讨论，特别是关于失业的问题。早在 1930 年，经济学家约翰·梅纳德·凯恩斯（John Maynard Keynes）就创造了“技术失业”（Technological Unemployment）的概念，代表着生产力超过了劳动力的增长。当前我们确实要面临诸多现实情况。例如大量的工作将会被自动化所取代。牛津大学教授卡尔·弗雷（Carl Frey）和迈克尔·奥斯本

（Michael Osborne）2013 年在一份颇具影响力的学术论文中分析了 702 种不同的职业，并得出结论：美国约有 47% 的工作具有被自动化取代的高风险，19% 的工作面临着中等风险。即使那些受过高等教育和专业训练的员工也难以幸免。

马丁·福特（Martin Ford）在《机器人时代 ：技术、工作与经济的未来》一书中谈到，“员工必须面临这样一个世界性挑战，机器将接管大部分常规的、可预测执行的任务；机器学习将接管那些非机械式的工作”。但是，人们很难想象出那些今天尚不存在，在未来产生的某种新的工作岗位。所以，不必过分担忧！

6.8.3 对工作岗位的影响

既然这一切不可避免，为什么我们不能抱有乐观的态度，去思考一下人类如何与机器人一起并肩工作的场景，人类员工应当在未来的工作中承担哪些岗位？其实，自动化只会改变人类的工作方式，而并不会替代人类。在此过程中，一些岗位将会消失，一些新的岗位也会被创建，原有的岗位人员又会被转移到新的岗位中。2017 年，Forrester 以美国岗位为例的一份调研报告内容如下。

1. 消失的工作

从 2017 年到 2027 年，自动化将取代 2470 万个工作岗位，意味着将替代人们 17% 的工作。这些工作发生在如建筑、采矿、制造、办公室文员、财务、采购、销售等相关领域。在这个分析模型中，专家认为 2022 年将是各种智能自动化技术腾飞的一年，将会加速具有高能力要求的工作岗位的替代，并从 2022 年开始，这一替代进程还将会加速。

2. 新增的岗位

自动化将在未来十年中创造出 1490 万个新的工作岗位。自动化每取代 15 个工作岗位，就会在软件、工程、设计、维护、支持、培训或其他特定工作领域中创建出一个新的工作岗位。

就如同在 2006 年，没人知道什么是手机 App 开发人员一样，因为那时候智能手机还未面世。未来，新的工作岗位包括新一代的商业和财务管理。例如，管理人员需要管理由人工和机器人组成的新的劳动力资源。财务会计需要分析企业中的自动化资产，并且考虑这种新业务模式下的审计控制和风险计量。又如新增人机资源管理岗位，如下一代 HR 专人可能会同时管理人类资源和机器人资源；新增创意和艺术类型的工作岗位，如为机器人提供创意或修正工作成果的岗位。这些新的工作岗位的确很难被理解，就像今天很多人仍旧难以理解网络主播这项工作一样。

3. 被转换的岗位

自动化将转变原有的 25% 的岗位。这就像在 20 世纪 60 年代财务主管花费大量时间使用计算器和纸质分类账簿进行部门预算一样。当 Office 的电子表格可以帮助他们自动完成大部分工作后，他们的工作重心就可以转移到财务战略和投资等工作中。这些工作岗位的核心目的并没有改变，而是在采用新的技术之后，工作手段和方式进行了转换。

6.8.4　如何应对这场自动化变革

不管是新增的岗位，还是转换后的岗位，都依赖于员工学习新的技能。员工能力的提升又依赖于企业的战略、文化、机制和相应的管理措施，领导者的决断力和执行力。不管自动化的工作方式距离我们还有多远，企业领导者都必须事先做出判断，取得清晰的认识，并建立一支具备全新作战力量的团队。

首先，领导者必须采取一些措施来应对这场自动化变革。

1. 管理自动化产品组合

一些企业已经开始尝试采用自动化技术了，尽管规模不大，但是也具有一定的代表性。这些新的思维方式也会影响到企业原有的运作方式。自动化的实现可能分布在企业中的不同部门中，那些用于后台办公和运营的自动化流程风险较低，收益也会体现在未来的运营扩展之中；而用于前台的自动化流程可以获得更多的收益，但风险却很大。领导者必须全盘统筹管理不同类型的自动化产品组合，以平衡企业的总体风险和收益。

2. 准备和提升自动化领导力

领导一支能够适应未来变化的团队是非常困难的。企业需要不断适应劳动力结构的改变，还需要保持独立的目标、文化和品牌，以保持竞争优势。也就是说，企业既要保持原有的发展，维持现有的业务，明确自动化技术在企业中的应用方向，还要确保自己的员工有能力去适应这种复杂的工作环境，这是非常有挑战的。

3. 最大化员工价值

正因为机器人替代了人工原有的繁复工作，使得员工在企业中的价值不但没有下降，反而得到提升。员工变成未来工作中至关重要的文化粘合剂和内在推动力，可以自发地成为自动化品牌和文化的宣传者。 他们恰恰也代表了企业的核心能力，因为很多基础的业务流程设计者决定着数字化劳动力与人类劳动力的工作方式。为此，企业应该让员工尽早加入自动化旅程，帮助他们了解自动化，并密切关注员工的能力提升、自主意识权，以及与机器人的亲密感。

4. 建立机器人商（RQ）

情商（EQ）已经成为衡量员工能力的重要标准，涵盖了与他人互动、合作方面的情感能力。而 RQ 可能成为衡量人才的下一个标准，意味着可以按照机器人的思维方式来理解它们的行为能力，了解机器人与人合作的方式。RQ 将在未来新型的数字化劳动力工作中发挥更大的作用。

另外，在这些措施之上，为了统一大家的思维方式和行动方式，企业还需要制定一些专门针对自动化转型工作的执行策略。

第一，在企业自动化转型过程中，员工的体验是非常重要的。员工的参与度和幸福感是企业自动化实现变革的驱动力。

- 在自动化之旅的开始就要对员工的心理预期进行管理

基层员工很难对这种大的趋势变化做出理性的反应，最初了解到机器人可能替代他们的工作时，也许表面很平静，但是心中一定会提出这样的问题："机器人做了我的工作，我去做什么呢？"管理者应依据企业自身的情况，提前准备好答案，而且这种答案在组织的不同层级领导中必须是一致的，否则会引起基层员工情感上的强烈抵抗，从而影响整体的自动化项目。

- 将"以人为本"作为在新的自动化流程的设计原则

数字化劳动力的实施效果取决于调整后的流程执行情况。评估一个自动化流程的执行效果应该是多维度的。节省的成本、提高的效率固然重要，但是企业更应该仔细考虑人的因素，以确保员工在自动化变革过程中感受到被重视。也就是说，企业应更多考虑人的情感因素，而不是客观的理性因素。

- 在实施过程中，企业应持续与员工进行沟通并提供培训心理研究证明，人们在工作效率最高的时候是最快乐的，这也代表着员工觉得自己的工作是有价值的，更愿意为之努力。当自动化已经成为现实，那么对于这些员工来说，失去工作的恐惧也就近在眼前。但是自动化也带来许多新的工作机会，企业领导者应鼓励员工完成技能提升和职业转型，并提供相应的技能培训。企业还应该充分释放员工自身的创造潜力。

❑ 在企业中推进“自动化民主”的理念

让员工接受数字化员工的最好方式就是要求他们自己亲手创建数字化员工。鉴于自动化技术门槛逐渐降低，企业内以及行业内的开源组件库和复用资源也变得越来越丰富，因此每一个员工都可能具备创建机器人的能力。到那个时候，企业中就自发地形成一种“众包”的创新机制。随着更多的员工自发地提供自动化资源，“自动化民主”逐渐体现。

第二，截至今天，人们对于自动化领域的探索才刚刚开始，也很难找到可以直接参考的最佳实践，那么就需要在整个自动化转型过程中保持探索创新的理念。

❑ 保持多元化的思维方式

因为没有谁能够预知数字化劳动力转型的未来，那么就需要更多的人参与到这个过程中来，包括领导者、运营者、业务主管、基层员工，每个人都可以对此提出建议。这既是对自动化的一种创新方式，也是让各方都有机会了解数字化劳动力转型会给企业带来的价值。

❑ 用未来思考现在，而不是用现在思考未来

当我们在思考数字化劳动力的工作方式时，需要跳出现有的条条框框，考虑更多的可能性和假设前提，判断多种可能发生在未来的业务场景。

❑ 保持勇于试错的心态

企业在尝试自动化的过程中，不能害怕失败。如果这条业务流程不适合自动化，可以再换一条流程重新实现；一种方式做不通，就换一种方式。创新的过程中总会有失败，但只要保持正确的大方向，这些暂时的失败都是经验的积累。

❑ 采用以点带面的创新方式

试点的自动化创新成果可以影响到更多的部门和人员，促使更多的人参与到数字化劳动力转型变革中。

6.8.5　对组织转型的影响

即将到来的数字化劳动力变革将会引发人们对企业的组织结构、影响力和控制权的重新思考。其中，最重要的认识就是，原有的生产力方式被打破，而新的工作方式尚未形成，企业的业务流程和工作方式都处于一种不稳定的状态。

基于自动化的分析方法，企业需要将原有的业务流程分解为可以自动化和不可自动化的子任务，再将其重新优化和组合后形成新的业务流程。这个过程中涉及组织和角色的转变。在这些重组流程中，组织、角色、人员和数字化劳动力之间要建立新的关联关系。如果企业中的员工弄不清自己的工作是什么、其他人在做什么、在哪里做以及为什么这么做，必然会引发组织管理上的崩溃。只有敏捷型组织才能做到既维持企业的稳定管理，又适应全新的劳动力变革。

企业应该通过敏捷型平台而不是固化的规章制度来适应数字化劳动力转型。这个平台可以变成传统人力资源平台的拓展，不只包括人力资源，还包括数字化劳动力资源，如各项资源总数量、可用数量、资源的能力、待分配的任务、适合的匹配、计价和考核方式等，也可以帮助前台、中台和后台的员工降低运营成本，提高工作效率。

随着业务流程的分解和自动化，角色和职位的定义与工作绩效评估之间的相关性变得更低。好处是员工的工作内容变得非常流动，且十分灵活。坏处是会增加员工的离职率。高离职率又会造成企业管理的不稳定、战略无法延续，而且新的招聘和培训也会带来高昂的成本。所以，数字化劳动力平台应该通过帮助员工投入到他们的工作任务中，并对一些危险信号标记出预警信息，以便企业管理人员可以在员工离职之前进行干预。

企业领导者一直试图采用市场化机制来调度内部的人才资源，使得人尽其才，才尽其用。例如内部工作轮岗、人才定价、竞聘上岗、内部众包等，但是一直不能得到理想的效果，原因在于无法对工作量、任务难度和人的能力进行量化关联。而数字化劳动力正好可以弥补这一劣势，管理者在企业内部寻找人才的时候，多了一种新的选择。而且数字化劳动力的收益和成本都可以通过量化指标来衡量，反向对比人类劳动力时，其价值也会变得更加明确。管理者也可以摆脱原来对人的评估负担，采用数字化方式对数字化劳动力进行量化评估，因此他们可以将更多的精力放在管理、报告和专业技能的成长上。这样，企业可以在人力资源需求方、人力资源供给方以及数字化劳动力资源池三者之间找到最佳的配置。

在自动化流程的推进过程中，企业必须要坚持“以人为本”，避免陷入“数字泰勒主义”（Digital Taylorism）的陷阱。（注：“数字泰勒主义”是指利用数字化方式对员工加以区分，追求用“数字”来定义人的管理，而缺失了人性关怀。）

在传统上，企业更注重客户体验，甚至专门设置客户体验师岗位，但是随着数字化劳动力转型工作的推进，还应该注重员工体验。一方面，一些内在因素（如工作的目的、人生的意义）比外在因素（例如岗位职级、金钱）可以更有效地激励员工的工作积极性。另一方面，尽管自动化能够创造更多的发展机会，但数字化劳动力的侵入还是会让员工感到脆弱。而改善员工体验可以帮助消除这种脆弱感，如对办公场所、员工工位的重新设计。

在这个数字化劳动力即将到来的时代，企业领导者应该清晰地了解到人与机器人一起肩并肩的工作方式会成为常态。越是重视自动化，企业就越应该认识到“人”的重要性。一方面在企业中强力推进数字化劳动力转型的工作，另一方面还要关心组织是否能够健康地发展。企业领导者必须调整自己的领导行为，拥抱数字化劳动力时代，并与数字化劳动力和人类员工深度接触，以开放和乐观的心态拥抱这场变革的同时，让企业重新焕发活力。

6.9　本章小结

立足现在，仍然要展望未来。从技术领域来讲，更敏捷的人机协作关系、云原生 RPA 解决方案以及自我学习 RPA 都是在技术方面对原有的 RPA 和人工能力的增强。从方法和工具来讲，企业可以引入流程设计和流程挖掘工具，以强化自动化的分析方法和手段。从生态环境的建设讲，以机器人商店为核心的平台可以连接起客户、合作伙伴和厂商三方，并且让三方都受益。本章除了介绍战术层面的趋势外，最后从数字化劳动力对业务流程的影响、对企业运营的影响，以及这场革命对员工、岗位和组织的影响方面入手，介绍了 RPA 与流程再造理论的结合、机器人管理和运营体系的建立、数字化劳动力的转型方式，便于从企业高管到基层员工为这场新的革命做好准备。

后　记

事实上，我从2019年初就开始编写本书，而后由于工作的繁忙，一直到2020年春节才最终完成。而2020年的这个春节也注定了与往年不同，新冠病毒迫使中国武汉全面封城，全国上下齐心抗击疫情。截至2020年4月初，全球已经超过100万人感染，死亡人数超过5万。

随着疫情的发展，这已经不再是一个短期性事件和孤立性事件，它将长期影响我们的生活、工作，甚至我们的思维方式以及我们和这个世界相处的方式。

阿里巴巴和京东不得不承认，今天的成就得益于17年前非典期间全国人民消费行为习惯的突然改变。虽然现在看来，电子商务已是互联网发展的必然趋势，但在当时网上购物还只是少数人的新鲜体验。

如果说2003年的非典让我们开始网上购物，那么2020年的新冠病毒让我们学会了利用互联网来工作。消费者无法进入商场，那就开启线上直播售卖；员工无法碰面交流，那就采用视频远程会议；孩子们无法回到学校，就采用线上授课。其实这些技术并不新奇，也早已存在，只是缺少一个契机让这些领域爆发出活力。

疫情期间，所有物理的接触方式都改成线上的沟通方式，甚至有了“云蹦迪”和“云饭局”各种创新之举。目前，各种线上直播和线上会议都不得不依赖云计算这种新的基础设施资源。犹如家里日常用的水、电、燃气一样，云服务变成人们工作的一种基础保障。

另外，对于企业来说，数字化能力的建设从“需要”变成“必须”。对那些已经完成数字化建设的企业来说，疫情的影响会更小，因为很多工作依赖线上的系统就可以完成。而那些尚未完成数字化建设的企业，由于不能有效规避线下工作，在疫情期间生产和经营就会面临具大挑战。而且，远程工作让员工对数字化系统的操作变得更加熟练。事实上，FlexJobs 和 Global Workplace Analytics 研究报告中曾指出，企业远程工作的现象已经增长了 44%，这次不过是对之前累积效益的一次集中爆发。

从更长远的角度看，疫情对社会的影响可能会持续很久。即使在未来恢复正常生产秩序，企业重新招工所给出的工作岗位也会发生巨大的变化，所以整个人才市场可能面临着一次“洗牌”。

对企业和个人来说，需要做到的是“厚积而薄发”。作为企业，应及时调整自身的运营模式、成本和收入结构，重新分配企业中的各类资源，调整与各方的协作关系，顺势探索新的经营模式和技术手段。作为个人，应该多读些书，广泛获取各类知识，学习更多新的技能，以便在疫情退去以后，在新一轮的人才比拼中获得优势。

总结来说，云服务将成为不可取代的基础设施，企业会将更多的业务从线下迁移到线上，员工的所有工作不得不更加依赖于数字化，企业会重新思考人的定位，因为劳动力密集型或者服务密集型的企业在疫情中影响最大。如何调整人力分工协同的机制、工作组织的方式等，将是每个管理者必须思考的问题。

而以上问题正是 RPA 的优势所在——基于云的数字化环境，利用全新的工作协同模式去适应世界的不确定性。

这次疫情就如同让这个世界做了一次系统升级一样，以前的漏洞会被清除，新的秩序也必然会被重新建立。在未来，我们应当学会如何让机器人协助我们工作，如何使用和管理这些机器人，如何与机器人相互协作，就如同我们应该学会如何与这个物理隔离的世界相处一样。

推荐阅读

中台战略
中台建设与数字商业
MIDDLE-PLATFORM STRATEGY

数据中台
让数据用起来
DATA MIDDLE OFFICE
MAKE DATA VALUABLE

X.BUSINESS
感性商业
用户体验驱动业务增长的方法论

私域流量

私域流量池
锁定你的流量资产，低成本实现指数级销售增长
3大系统，4大步骤
轻松玩转私域流量池
PRIVATE DOMAIN

用户增长方法论
USER GROWTH

推荐阅读

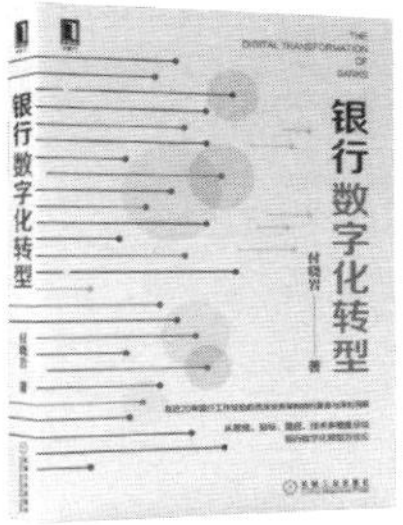

《智能RPA实战》

这是一部从实战角度讲解“AI+RPA”如何为企业数字化转型赋能的著作，从基础知识、平台构成、相关技术、建设指南、项目实施、落地方法论、案例分析、发展趋势8个维度对智能RPA做了系统解读，为企业认知和实践智能RPA提供全面指导。

达观数据是国内智能RPA领域的龙头企业，服务了近千家企业客户，本书将它们的工作经验和方法论都融入了其中。

《用户画像》

这是一本从技术、产品和运营3个角度讲解如何从0到1构建一个用户画像系统的著作，同时它还为如何利用用户画像系统驱动企业的营收增长给出了解决方案。作者有多年的大数据研发和数据化运营经验，曾参与和负责了多个亿级规模的用户画像系统的搭建，在用户画像系统的设计、开发和落地解决方案等方面有丰富的经验。

《银行数字化转型》

这是一部指导银行业进行数字化转型的方法论著作，对金融行业乃至各行各业的数字化转型都有借鉴意义。

本书以银行业为背景，详细且系统地讲解了银行数字化转型需要具备的业务思维和技术思维，以及银行数字化转型的目标和具体路径，是作者近20年来在银行业从事金融业务、业务架构设计和数字化转型的经验复盘与深刻洞察，为银行的数字化转型给出了完整的方案。